大飞机出版工程

总主编 顾诵芬

民用飞机飞行试验
风险评估指南

Flight Test Risk Assessment Guide
for Civil Airplanes

修忠信 由立岩 等 编译

上海交通大学出版社
SHANGHAI JIAO TONG UNIVERSITY PRESS

内容提要

本书根据 NASA 试飞安全数据库中 FAR25 部和 FAR23 部对应的民用飞机试飞风险评估资料编译而成,汇集了美国数十年来在飞行试验风险评估方面所积累的富贵经验,对民用飞机合格审定飞行试验活动进行了试飞风险评估,针对试飞中可能出现的风险给出了相应的降低风险措施及应急处理程序。

本书可作为试飞机构开展民机试飞风险评估和管理的工作指南,供从事民机研发试飞、申请人表明符合性试飞、型号合格审定试飞和生产交付试飞等试飞活动人员,以及与之相关的地面试验和保障活动的人员使用,也可供各大专院校的航空器设计、制造、适航、发动机、机载设备以及安全性等相关专业教学使用。同时,对军用飞机的试飞风险评估和管理也有很高的参考价值。

图书在版编目(CIP)数据

民用飞机飞行试验风险评估指南/修忠信等编译.
—上海:上海交通大学出版社,2015
ISBN 978 - 7 - 313 - 12498 - 2

Ⅰ.①民…　Ⅱ.①修…　Ⅲ.①民用飞机-飞行试验-风险评价-指南　Ⅳ.①V217 - 62

中国版本图书馆 CIP 数据核字(2014)第 309303 号

民用飞机飞行试验风险评估指南

编　　译:修忠信　由立岩　等
出版发行:上海交通大学出版社　　　　　　地　　址:上海市番禺路 951 号
邮政编码:200030　　　　　　　　　　　　电　　话:021 - 64071208
出 版 人:韩建民
印　　制:上海万卷印刷有限公司　　　　　经　　销:全国新华书店
开　　本:787mm×1092mm　1/16　　　　印　　张:21.5
字　　数:423 千字
版　　次:2015 年 1 月第 1 版　　　　　　　印　　次:2015 年 1 月第 1 次印刷
书　　号:ISBN 978 - 7 - 313 - 12498 - 2/V
定　　价:100.00 元

大飞机出版工程

丛书编委会

总　序

国务院在 2007 年 2 月底批准了大型飞机研制重大科技专项正式立项,得到全国上下各方面的关注。"大型飞机"工程项目作为创新型国家的标志工程重新燃起我们国家和人民共同承载着"航空报国梦"的巨大热情。对于所有从事航空事业的工作者,这是历史赋予的使命和挑战。

1903 年 12 月 17 日,美国莱特兄弟制作的世界第一架有动力、可操纵、比重大于空气的载人飞行器试飞成功,标志着人类飞行的梦想变成了现实。飞机作为 20 世纪最重大的科技成果之一,是人类科技创新能力与工业化生产形式相结合的产物,也是现代科学技术的集大成者。军事和民生对飞机的需求促进了飞机迅速而不间断的发展和应用,体现了当代科学技术的最新成果;而航空领域的持续探索和不断创新,为诸多学科的发展和相关技术的突破提供了强劲动力。航空工业已经成为知识密集、技术密集、高附加值、低消耗的产业。

从大型飞机工程项目开始论证到确定为《国家中长期科学和技术发展规划纲要》的十六个重大专项之一,直至立项通过,不仅使全国上下重视起我国自主航空事业,而且使我们的人民、政府理解了我国航空事业半个世纪发展的艰辛和成绩。大型飞机重大专项正式立项和启动使我们的民用航空进入新纪元。经过 50 多年的风雨历程,当今中国的航空工业已经步入了科学、理性的发展轨道。大型客机项目其产业链长、辐射面宽、对国家综合实力带动性强,在国民经济发展和科学技术进步中发挥着重要作用,我国的航空工业迎来了新的发展机遇。

大型飞机的研制承载着中国几代航空人的梦想,在 2016 年造出与波音 B737 和空客 A320 改进型一样先进的"国产大飞机"已经成为每个航空人心中奋斗的目标。然而,大型飞机覆盖了机械、电子、材料、冶金、仪器仪表、化工等几乎所有工业门类,集成了数学、空气动力学、材料学、人机工程学、自动控制学等多种学科,是一个复杂的科技创新系统。为了迎接新形势下理论、技术和工程等方面的严峻挑战,迫切需要引入、借鉴国外的优秀出版物和数据资料,总结、巩固我们的经验和成果,编著一套以"大飞机"为主题的丛书,借以推动服务"大型飞机"作为推动服务整个航空科学的切入点,同时对于促进我国航空事业的发展和加快航空紧缺人才的培养,具有十分重要的现实意义和深远的历史意义。

2008 年 5 月,中国商用飞机有限公司成立之初,上海交通大学出版社就开始酝酿"大飞机出版工程",这是一项非常适合"大飞机"研制工作时宜的事业。新中国第一位飞机设计宗师——徐舜寿同志在领导我们研制中国第一架喷气式歼击教练机——歼教 1 时,亲自撰写了《飞机性能及算法》,及时编译了第一部《英汉航空工程名词字典》,翻译出版了《飞机构造学》、《飞机强度学》,从理论上保证了我们飞机研制工作。我本人作为航空事业发展 50 年的见证人,欣然接受了上海交通大学出版社的邀请担任该丛书的主编,希望为我国的"大型飞机"研制发展出一份力。出版社同时也邀请了王礼恒院士、金德琨研究员、吴光辉总设计师、陈迎春副总设计师等航空领域专家撰写专著、精选书目,承担翻译、审校等工作,以确保这套"大飞机"丛书具有高品质和重大的社会价值,为我国的大飞机研制以及学科发展提供参考和智力支持。

编著这套丛书,一是总结整理 50 多年来航空科学技术的重要成果及宝贵经验;二是优化航空专业技术教材体系,为飞机设计技术人员培养提供一套系统、全面的教科书,满足人才培养对教材的迫切需求;三是为大飞机研制提供有力的技术保障;四是将许多专家、教授、学者广博的学识见解和丰富的实践经验总结继承下来,旨在从系统性、完整性和实用性角度出发,把丰富的实践经验进一步理论化、科学化,形成具有我国特色的"大飞机"理论与实践相结合的知识体系。

"大飞机"丛书主要涵盖了总体气动、航空发动机、结构强度、航电、制造等专业方向,知识领域覆盖我国国产大飞机的关键技术。图书类别分为译著、专著、教材、工具书等几个模块;其内容既包括领域内专家们最先进的理论方法和技术成果,也包括来自飞机设计第一线的理论和实践成果。如 2009 年出版的荷兰原福克飞机公司总师撰写的 *Aerodynamic Design of Transport Aircraft*（《运输类飞机的空气动力设计》），由美国堪萨斯大学 2008 年出版的 *Aircraft Propulsion*（《飞机推进》）等国外最新科技的结晶；国内《民用飞机总体设计》等总体阐述之作和《涡量动力学》、《民用飞机气动设计》等专业细分的著作；也有《民机设计 1000 问》、《英汉航空双向词典》等工具类图书。

　　该套图书得到国家出版基金资助，体现了国家对"大型飞机项目"以及"大飞机出版工程"这套丛书的高度重视。这套丛书承担着记载与弘扬科技成就、积累和传播科技知识的使命，凝结了国内外航空领域专业人士的智慧和成果，具有较强的系统性、完整性、实用性和技术前瞻性，既可作为实际工作指导用书，亦可作为相关专业人员的学习参考用书。期望这套丛书能够有益于航空领域里人才的培养，有益于航空工业的发展，有益于大飞机的成功研制。同时，希望能为大飞机工程吸引更多的读者来关心航空、支持航空和热爱航空，并投身于中国航空事业做出一点贡献。

2009 年 12 月 15 日

序

  民用飞机飞行试验是一项复杂的系统工程,其最根本的目的就是验证飞机的安全性。对于民用运输类飞机而言,满足适航法规所要求的最低安全标准是所有参研人员的基本工作准则和目标。因此,按照适航规章的要求,民用飞机需要在超出飞行包线、特殊环境下和极端气象条件下进行飞行试验验证工作。这些试验点的验证需要在失速边界、颤振边界、载荷边界以及高原、高寒、高温、高湿、结冰天气和大侧风等条件下进行,是对飞机的性能品质、操稳特性和系统功能及性能的全面考核。除此之外,飞行试验还需要在诸如舵面卡阻、动力装置失效、液压系统失效和电源系统失效等系统故障情况下进行,这些试验技术复杂、风险极高,必须经过科学的风险识别和有效的风险降低措施,才能安全地执行。

  飞行试验是探索性和开创性的工程活动,即使在包线内、正常环境条件和普通气象条件下进行的试验也经常伴随着一定的不确定性,这就决定了飞行试验始终伴随着风险,控制好飞行安全是确保试飞有序推进的重要任务。根据《航空器型号合格审定试飞安全计划》(AP-21-AA-2014-31R1)要求,民用飞机在开展飞行试验时,必须进行试飞风险的评估与控制。因此,试飞工作的重要任务之一就是要预先清晰地识别出飞行试验中的风险,明确风险发生的概率和发生后的危害程度,制定出规避和降低风险的相应措施,将风险控制在可接受范围内,确保飞行试验能够安全地实施。

  《Flight Test Safety Data Base》是美国国家航空航天局(NASA)根据多年型号试飞经验建立的综合性试飞风险数据库,涵盖了几乎所有的民机试飞科目,其内容包括可能发生的风险、风险等级、风险发生后的后果、风险发生的原因、风险降低措施以及风险涉及的适航条款等,是开展民机试飞十分有价值的参考资料。本书选取了该数据库中适用于运输类飞机(CCAR-25部飞机)和正常类、实用类、特技类和通勤类飞机(CCAR-23部飞机)的内容进行编译,以期为我国民用飞机试飞风险管理和控制提供参考和指导。

当前，ARJ21-700飞机试飞取证工作已进入最后阶段，C919飞机的试飞准备工作也在紧张地进行中。《Flight Test Safety Data Base》的英文原稿已经在ARJ21-700飞机的试飞实践中和C919飞机的试飞技术准备中普遍采用，对两个型号试飞工作的推进及开展FAA的影子审查工作起到了具体的指导作用。将其准确地翻译成中文既是两个型号试飞工作的现实需要，也是中国民机试飞技术和试飞安全管理尽快与西方标准体系接轨的需要。

本书的编译人员均是ARJ21-700飞机和C919飞机试飞一线的设计人员和试飞工程师，他们在工作之余利用自己在ARJ21-700飞机试飞中积累的宝贵经验和在C919试飞技术准备过程中的心得，在充分尊重原文的基础上，结合自己的型号试飞经验和对原文的理解完成了本书的编译。

本书的出版必将对ARJ21-700飞机和C919飞机以及后续其他型号飞机的试飞工作起到现实的指导和重要的借鉴作用，同时也会对提升我国民机试飞取证的能力和水平，构建我国民机试飞安全管理体系起到积极的促进作用。

2014年11月

上海

前　言

为提升我国民用飞机飞行试验技术能力，提高飞行试验安全管理水平，确保试飞过程中人员、飞机和其他财产的安全，我们以中国民用航空规章CCAR25部和CCAR23部为基础，结合对美国联邦航空条例FAR25部和FAR23部，以及FAA颁发的与试飞风险管理相关的咨询通告、适航指令等资料的深入研究，编译了这本《民用飞机飞行试验风险评估指南》。

本书所列的技术信息，主要取自NASA的试飞安全数据库。

本书是上海交通大学出版社于2013年出版的《运输类飞机合格审定飞行试验指南》一书的续篇。《运输类飞机合格审定飞行试验指南》全文编译了FAA最新颁发的咨询通告AC25-7C，详细列出了有关运输类飞机合格审定试飞的技术要求和实施方法。本书针对按照《运输类飞机合格审定飞行试验指南》所述方法执行的合格审定飞行试验活动，给出了相应的试飞风险评估方法，其中包括了飞行试验风险的识别、发生原因和风险等级，并给出了一套降低风险的措施和应急处理程序等。因此，民用飞机在参照《运输类飞机合格审定飞行试验指南》一书开展合格审定飞行试验的同时，应参照本书所给出的方法和建议，进行试飞科目的风险评估，以确保飞行试验得以安全实施。

全书共分为两个部分，分别给出与中国民用航空规章CCAR25部和CCAR23部所规定的试飞内容相对应的风险评估资料。各部分均以规章的条款为主线划分章节结构，并继承了《运输类飞机合格审定飞行试验指南》一书的成文体系和书写层次，依次为：章；节；条；a, b, ……；(1), (2), ……；(a), (b), ……；1, 2, ……；(aa), (bb), ……；(i), (ii), ……，以便于读者配套使用这两份指南。

本书由修忠信和由立岩主持编译，各部分编写人员分工如下（按姓氏笔画）：第一部分由王虎成、王俊杰、王翊、乐娅菲、朱卫东、刘超强、张宏亮、梁远东、赖培军负责编译，由立岩负责审校；第二部分由王嘉一、朱海云、刘立苏、张大伟、苏翼、范祝彬、凌宁、殷湘涛负责编译，田海玲负责审校。

全书最后由修忠信负责统校和审定。

本书所提供的飞行试验风险评估资料具有权威性、适用性和严谨性。因此，就提升我国的民用飞机飞行试验水平、规避风险而言，是一本极具使用价值的指导性资料。本书可作为飞行试验机构在开展民机首飞、研发试飞、申请人表明符合性试飞、型号合格审定试飞、生产交付试飞以及与之相关的地面试验和保障活动的过程中，对试飞科目风险进行评估的工作指南。本书也可供各大专院校的航空器设计、制造、适航、发动机、机载设备以及安全性等相关专业教学使用。同时，对军用飞机试飞风险评估和管理也有很高的参考价值。

本书的编译和出版过程中，得到了中国商飞公司研发中心和试飞中心的多位从事民用飞机研发和飞行试验工作的资深专家的大力帮助和指导。在此表示衷心感谢！

由于编者水平有限，书中存在的错误之处，恳请读者批评指正。

2014 年 11 月

目　　录

第二部分 FAR 23 部试飞风险分析

缩略语、符号

A

AC	Advisory Circular	咨询通告
ACAS	Airborne Collision Avoidance System	机载防撞系统
AEO	All Engine Operative	全发工作
AFCS	Automatic Flight Control System	自动飞行控制系统
AGL	Above Ground Level	离地高度
AOA	Angle of Attack	迎角
AP	Autopilot	自动驾驶仪
APU	Auxiliary Power Unit	辅助动力装置
ASOS	Automated Surface Observing System	自动地面观察系统
ATC	Air Traffic Control	空中交通管制
ATTCS	Automatic Takeoff Thrust Control System	起飞推力自动控制系统
AWOS	Automatic Weather Observation System	自动气象观测系统

C

CFIT	Control Flight into Terrain	受控撞地
CRM	Crew Resource Management	机组资源管理

D

DER	Designated Engineering Representative	工程委任代表

E

ECAM	Electronic Centralized Aircraft Monitor	飞机电子中央监视器
EFIS	Electronic Flight Instrument System	电子飞行仪表系统
EGPWS	Enhanced Ground Proximity Warning System	增强型近地警告系统

EGT	Exhaust Gas Temperature	排气温度
EICAS	Engine Indication and Crew Alerting System	发动机指示和机组告警系统
EMI	Electro Magnetic Interference	电磁干扰

F

FAA	Federal Aviation Administration	联邦航空局
FADEC	Full Authority Digital Engine Contrd	全权限数字式发动机控制
FMS	Flight Management System	飞行管理系统
FOD	Foreign Object Damage	外来物损伤

G

| GPS | Global Positioning System | 全球定位系统 |
| GPWS | Ground Proximity Warning System | 近地警告系统 |

H

| HMI | Hazardously Misleading Information | 危险的误导性信息 |

I

| ILS | Instrument Landing System | 仪表着陆系统 |

M

| MCP | Maximum Continuous Power | 最大连续功率 |
| MDA | Minimum Decision Altitude | 最低决断高度 |

N

NASA	National Aeronautics and Space Agency	国家航空和宇航局
NOTAM	Notice To Airmen	航行通告
NWS	Nose Wheel Steering	前轮转弯

O

| OEI | One Engine Inoperative | 单发失效 |

P

| PDA | Premature Desent Alert | 过早下降警告 |
| PFD | Primary Flight Display | 主飞行显示器 |

PIO	Pilot Induced Oscillation	驾驶员诱发振荡
PLA	Power Lever Angle	油门杆角度
PND	Primary Navigation Display	主导航显示器

R

| ROC | Rate of Climb | 爬升率 |
| RTO | Rejected Take off | 中断起飞 |

S

| SPC | Stall Protect Computer | 失速保护计算机 |

T

TAWS	Terrain Awareness and Warning System	地形提示和警告系统
TCAS	Traffic Alert and Collision Avoidance System	交通警告和防撞系统
TERPS	Terminal Instrument Procedures	仪表进近着陆程序
TGT	Turbine Gas Temperature	涡轮燃气温度
THA	Test Hazard Analysis	试飞风险评估单
TSO	Technical Standard Order	技术标准规定

V

V_1	Takeoff Decision Speed	起飞决断速度
V_2	Takeoff Safety Speed	起飞安全速度
V_A	Design Maneuvering Speed	设计机动速度
V_{DF}/M_{DF}	Demonstrated Flight Diving Speed	经演示验证的飞行俯冲速度
V_{EF}	Critical Engine Failure Speed	临界发动机失效速度
V_{FC}/M_{FC}	Maximum Speed for Stability Characteristics	具有稳定性的最大速度
V_{LE}	Maximum Landing Gear Extended Speed	起落架伸态最大速度
V_{LOF}	Lift Off Speed	离地速度
VMC	Visual Meteorological Conditions	目视飞行气象条件
V_{MCA}	Minimum Air Control Speed	空中最小操纵速度
V_{MCG}	Minimum Ground Control Speed	地面最小操纵速度
V_{MO}/M_{MO}	Maximum Operating Speed	最大使用速度
V_{MU}	Minimum Unstick Speed	最小离地速度
V_{NE}	Never Exceed Speed	不得超越的速度
V_{S0}	Stalling Speed Landing Config	着陆构型下的失速速度

V_{SR0}	Reference Stalling Speed Landing Config	着陆构型下的参考失速速度
V_{SR1}	Stalling Speed in a specified Config	特定构型下的失速速度
V_{SW}	Stall Warning Speed	失速告警速度
V_R	Rotation Speed	抬前轮速度

第一部分
FAR 25 部试飞风险分析

第1章 总 则

第 2 章 飞 行

第 1 节 总 则【备用】

第 2 节 性 能

1. 第 25.101 条 总则

a. THA 编号:167

(1) 条款号:25.101(c)。

(2) 试验名称:单发失效起飞。

(3) 试验描述:见 AC25 - 7C 第 9 条 25.101 的 b 段:

(a) 额定起飞推力;

(b) 发动机性能—推力安装特性/起飞推力的直减率包括对高原机场起飞性能和航路爬升梯度的影响;

(c) 模拟发动机失效起飞。

(4) 危险:撞击地面。

(5) 风险等级:高。

(6) 原因:

(a) 对于给定环境条件下的试验机场飞机性能不足;

(b) 起飞时失速;

(c) 大迎角下发动机异常。

(7) 降低风险措施:

(a) 确保飞机在给定环境下的试验机场具有足够的性能;

(b) 首先将发动机油门收至慢车位置;

(c) 在开始试验之前完成最小操纵速度(V_{MCA}/V_{MCG})的评估;

(d) 确定最小跑道长度;

(e) 推力次序应是从高至低推力状态;

(f) 所有车辆离跑道中线至少 400 ft;

(g) 单发起飞是在发动机慢车状态下进行;

(h) 机组穿戴保护性装备及头盔;

(i) 试验过程中消防车和救护车辆处于可用状态以备快速响应。

b. THA 编号:168

(1) 条款号:25.101(c)。

(2) 试验名称:单发失效起飞。

(3) 试验描述:见 AC25 - 7C 第 9 条 25.101 的 b 段:

(a) 额定起飞推力;

(b) 发动机性能—推力安装特性/起飞推力的直减率包括对高原机场起飞性能和航路爬升梯度的影响;

(c) 模拟发动机失效起飞。

(4) 危险:飞机损坏。

(5) 风险等级:高。

(6) 原因:

(a) 失去方向控制;

(b) 尾部擦地。

(7) 降低风险措施:

(a) 确保飞机在给定环境下的试验机场有足够的性能;

(b) 首先将发动机油门收至慢车位置;

(c) 在开始试验之前完成最小操纵速度(V_{MCA}/V_{MCG})的评估;

(d) 确定最小跑道长度;

(e) 推力次序应是从高至低推力状态;

(f) 熟悉最大抬前轮角度;

(g) 所有车辆离跑道中线至少 400 ft;

(h) 单发起飞是在发动机油门收至慢车的状态下进行;

(i) 机组穿戴保护性装备及头盔;

(j) 试验过程中消防车和救护车辆处于可用状态以备快速响应。

c. THA 编号:169

(1) 条款号:25.101(c)。

(2) 试验名称:单发失效起飞。

(3) 试验描述:

(a) 见 AC25 - 7C 第 9 条 25.101 的 b 段;

(b) 额定起飞推力;

(c) 发动机性能—推力安装特性/起飞推力的直减率包括对高原机场起飞和航路爬升梯度的影响;

（d）模拟发动机失效起飞；

（e）将发动机性能数据外延到比最高试验高度高 3000 ft（直到要批准的最大起降场高）可以被接受，前提是支持性的数据（包括已完成的飞行试验）建立一致性的基线。

（4）危险：发动机损伤。

（5）风险等级：低。

（6）原因：在高功率下最大引气状态时发动机超温。

（7）降低风险措施：在高功率设定值下的监控发动机参数，若有必要减小推力以避免发动机超温。

2. 第 25.103 条　失速速度

a. THA 编号：170、220

（1）条款号：25.103。

（2）试验名称：失速。

（3）试验描述：据 AC25 - 7C 第 6 节"失速"第 29 条所述：

（a）在 $1.13V_{SR1}$ 到 $1.3V_{SR1}$ 之间配平飞机到松杆飞行；

（b）机翼水平减速，减速率 1 kn/s；

（c）慢车功率；

（d）失速定义为不可控低头、制止性抖振，推杆器推杆或操纵杆到达后止动点（至少 2 s）。

（4）危险：失去控制。

（5）风险等级：高。

（6）原因：

（a）非预期的气动响应；

（b）推杆器没能阻止飞机进入气动失速；

（c）不恰当的控制输入。

（7）降低风险措施：

（a）使用逐步逼近的方法进行失速试飞：

1　从最低风险到最高风险；

2　在逐步逼近过程中如果滚转角超出 FAR 的限制则立即终止试验。

（b）给以下动作建立最低高度要求：

1　进入失速；

2　开始改出；

3　打开改出伞；

4　跳伞离机。

（c）在飞行前检查失速告警和推杆器（如果适用）；

（d）必须安装失速改出伞，并保证功能正常且处于预位状态；如果适用时，在飞行前检查和试验前进行失速改出伞检查；

（e）最小机组上机；

（f）必须安装应急离机系统并处于预位状态。如果适用的话，飞行前和试验前进行应急离机系统检查；

（g）机组佩戴头盔和降落伞；

（h）地面风速应小于一定的数值（取决于降落伞）；

（i）不得使用剧烈的输入进入失速，所有失速都应使侧滑球位于中间位置；

（j）不得进行不对称推力的失速；

（k）如果飞行偏离可控状态，则将油门杆收至慢车位并将操纵杆置于中间位置；

（l）改出过程中直到速度增加到 $1.2V_S$ 之前都不要增加推力。

b. THA 编号：171、221

（1）条款号：25.103。

（2）试验名称：失速。

（3）试验描述：据 AC25 - 7C 第 6 节"失速"第 29 条所述：

（a）在 $1.13V_{SR1}$ 到 $1.3V_{SR1}$ 之间配平飞机到松杆飞行；

（b）机翼水平减速，减速率 1kn/s；

（c）慢车功率；

（d）失速定义为不可控低头、制止性抖振、推杆器推杆或操纵杆到达后止动点（至少 2 s）。

（4）危险：失速改出伞在得到指令时无法展开。

（5）风险等级：高。

（6）原因：

以下功能失效：

（a）驾驶舱开伞开关；

（b）开伞电路；

（c）只有一个展开火药筒工作导致低展开速度；

（d）改出伞未打开；

（e）未使改出伞处于预位状态；

（f）锁扣没有上锁，击锤未处于指定位置或爆破栓失效。

（7）降低风险措施：

（a）飞行前检查开伞开关、电池和线路状态；

（b）失速改出伞可通过应急开关接通，应急线路绕过正常线路；

（c）飞行员与地面工作人员应对限位开关、失速改出伞预位状态和电源状况进行监控；

（d）如果应急开伞失效：通过收起襟翼，放下起落架，操纵杆前后移动，使用最大连续推力尝试改出；

（e）如果失速改出伞不能打开，应急程序应包括在 15 000 ft 高度的应急离机程序；

（f）应对火药筒附近温度进行实时监控；

（g）气动失速时要有安全伴飞；

（h）通过以下功能试验检查失速改出伞打开装置运行情况：

1 在深失速时，失速改出伞应能在预计动压条件下充分展开；

2 失速改出伞打开系统有冗余设计；

3 应急电源与失速改出伞系统直接相连；

4 火药装置不得超过有效期。

c. THA 编号：172、222

（1）条款号：25.103。

（2）试验名称：失速。

（3）试验描述：据 AC25 - 7C 第 6 节"失速"第 29 条所述：

（a）在 $1.13V_{SR1}$ 到 $1.3V_{SR1}$ 之间配平飞机到松杆飞行；

（b）机翼水平减速，减速率 1 kn/s；

（c）慢车功率；

（d）失速定义为不可控低头、制止性抖振、推杆器推杆或操纵杆到达后止动点（至少 2 s）。

（4）危险：失速改出伞抛伞失败。

（5）风险等级：高。

（6）原因：

（a）机械抛伞系统卡死或损坏；

（b）安全销断开失效；

（c）锁钩钢索缠绕；

（d）应急抛伞开关卡死或损坏；

（e）由于不正确的安装、插入或者超过温度极限所引起的一个或两个爆破栓同时失效；

（f）一个或全部两个抛伞弹没有安装；

（g）抛伞系统电路失效。

（7）降低风险措施：

（a）在每次飞行之前应对抛伞手柄、操纵钢索、连接接头和锁钩等部件进行运动的自由度检查；

（b）在每次失速飞行试验时进行机械抛伞系统练习；

（c）在主机械系统失效时，飞行员可以使用备用应急抛伞系统；

(d) 进行机库拉力测试以检查机械抛伞系统工作情况；

(e) 对锁钩钢索进行冷浸透试验：

<u>1</u> 在开伞之后，安全销必须断开。如果没有断开，在达到抛伞速度时必须断开。实际抛伞速度将适当的大于抛伞功能试验时的抛伞速度；

<u>2</u> 抛伞将在迎角指示值稳定的小于 5° 和飞机速度达到 200 kn（校准空速）时启动，以防止伞组提带角和载荷超过设计限制。

(f) 飞行前检查应急开关和应急电路；

(g) 限位开关能检测到两个抛伞弹都在正确的位置上，且应该作为试验之前的检查项之一；

(h) 在开伞指示灯亮起前，继电器检测到抛伞断路器已接通；

(i) 点火装置应在使用期限内；

(j) 机组人员可以通过应急出口逃生；

(k) 紧急程序包括一个最低撤离高度；

(l) 选择慢车功率可能减小机械缠绕；

(m) 对点火装置处的温度进行实时监控：

<u>1</u> 每个抛伞弹有双余度点火线路；

<u>2</u> 供应商成功测试过两个抛伞弹。

d. THA 编号：173、223

(1) 条款号：25.103。

(2) 试验名称：失速改出伞功能试验。

(3) 试验描述：失速改出伞地面试验：

(a) 沿跑道中心线加速；

(b) 在 60～80 kn，选择慢车功率；

(c) 开伞；

(d) 伞张开后抛伞。

(4) 危险：偏离跑道。

(5) 风险等级：高。

(6) 原因：

(a) 失速改出伞可能产生相当大的俯仰或偏航力矩；

(b) 失速改出伞打开时可能在跑道上产生拖曳。

(7) 降低风险措施：

(a) 试验应在大重量、前重心下进行；

(b) 试验在跑道中线以及侧风小于 5 kn 的条件下进行；

(c) 试验将在发动机慢车推力下进行以排除尾流冲击的影响；

(d) 检查使用的跑道；

(e) 试验后打扫跑道的外来物；

（f）确认改出伞筒以及尾锥安装合适；

（g）需要跑道观测员。

e. THA 编号：174、224

（1）条款号：25.103。

（2）试验名称：失速。

（3）试验描述：据 AC25-7C 第 6 节"失速"第 29 条所述：

（a）在 $1.13V_{SR1}$ 到 $1.3V_{SR1}$ 之间配平飞机到松杆飞行；

（b）机翼水平减速，减速率 1kn/s；

（c）慢车功率；

（d）失速定义为不可控低头、制止性抖振、推杆器推杆或操纵杆到达后止动点（至少 2s）。

（4）危险：工作发动机失效。

（5）风险等级：高。

（6）原因：进气道畸变所引起的压气机失速。

（7）降低风险措施：

（a）在慢车推力下执行失速速度机动动作；

（b）在第一个压气机失效开始时降低迎角并检查慢车推力；

（c）如果不能防止"不可逆转"喘振，关闭发动机；

（d）只要可能，试验时保持 APU 工作；

（e）将使用遥测、机载测试系统（GIFTS）或驾驶舱指示实时监控关键测试参数，提前确定机组资源分工（CRM）和试验终止口令；

（f）初始失速试飞应该在发动机点火和引气接通下进行；

（g）所有的失速均保持侧滑球居中，并且在对称推力下完成，如果有可能实时监控飞机的侧滑，并失速前保持侧滑角小于 5°（提前确定机组资源分工（CRM）和试验终止口令）。

f. THA 编号：175、225

（1）条款号：25.103。

（2）试验名称：失速。

（3）试验描述：据 AC25-7C 第 6 节"失速"第 29 条所述。

（a）在 $1.13V_{SR1}$ 到 $1.3V_{SR1}$ 之间配平飞机到松杆飞行；

（b）机翼水平减速，减速率 1kn/s；

（c）慢车功率；

（d）失速定义为不可控低头、制止性抖振、推杆器推杆或操纵杆到达后止动点（至少 2s）。

（4）危险：失速改出伞非指令打开。

（5）风险等级：高。

（6）原因：

（a）电压波动；

（b）机械故障。

（7）降低风险措施：

（a）在除了失速试验外的所有飞行阶段，失速改出伞均不预位；

（b）合适的检查单（起飞前、尾旋前、尾旋后、着陆前）。检查单按安装失速改出伞的飞行需要进行修改。

3. 第25.105条 起飞

a. THA 编号：143

（1）条款号：25.105。

（2）试验名称：全发起飞。

（3）试验描述：据 AC25 - 7C 第 10 条 25.105 和 25.107 的 b 段。

（4）危险：飞机失去控制/飞机偏离跑道。

（5）风险等级：中。

（6）原因：

（a）失去横航向控制；

（b）侧风条件下操纵能力不足；

（c）空速降低到小于失速速度。

（7）降低风险措施：

（a）所有试验在硬质干跑道（至少 150 ft 宽度）上白天、目视飞行气象条件下进行；

（b）只有执行该试验所必需的机组人员登机；

（c）使用适合于稳态风和阵风的进场速度；

（d）对当地消防和救援人员就试验机和试验任务进行讲解；

（e）在每次起飞和着陆后检查机轮、轮胎和刹车；

（f）固定客舱内所有松散的物件；

（g）在侧风试验前必须完成横航向静稳定试飞和数据分析；

（h）如果观察到长时间的过大操纵力或达到操纵舵面满行程，则终止试验；

（i）使用机上系统和 ATC/AWOS/ASOS 提供的风报告监视风切变。

（8）应急程序：

（a）根据需要使用所有飞行操纵器件来恢复飞机控制；

（b）如果出现结构损伤，不对飞机构型进行任何改变；

（c）如果起飞时怀疑轮胎爆胎且起飞没有中止，不得收起落架，按照单个轮胎爆胎的着陆检查清单执行（如果没有其他引导，降落在爆胎轮胎相反方向的跑道一侧上）。

b. THA 编号:144

(1) 条款号:25.105。

(2) 试验名称:起飞和初始爬升(首飞)。

(3) 试验描述:据 AC25-7C 第 10 条 25.105 和 25.107 的 b 段首飞——研发。

(4) 危险:失去控制或飞机损坏。

(5) 风险等级:高。

(6) 原因:未验证的飞行特性。

(7) 降低风险措施:

(a) 在合适的模拟器或相似的机型上进行首飞剖面演练;

(b) 准备好非正常和应急程序的检查清单;

(c) 抢险、消防、救援车辆在整个飞行过程中待命,救援人员熟悉试验飞机;

(d) 飞机伴飞;

(e) 工程技术专家通过遥测系统持续地监控飞行;

(f) 飞行机组穿戴降落伞和头盔;

(g) 安装失速改出伞且功能正常;

(h) 达到目视飞行规则的最低气象条件;

(i) VMC 条件下执行飞行;

(j) 最大侧风风速 10 kn。

c. THA 编号:145

(1) 条款号:25.105。

(2) 试验名称:单发失效起飞。

(3) 试验描述:见 AC25-7C 第 2 章第 10 条 b 段。

在大于 V_{MCG} 但小于 V_R 的速度上收发动机油门使发动机转速降低。

(4) 危险:发动机失效或异常。

(5) 风险等级:高。

(6) 原因:由于大的迎角或侧滑角,进气口气流受到扰动。

(7) 降低风险措施:

(a) 任何方向的风速不大于 5 kn,不允许顺风;

(b) 发动机点火开关接通;

(c) 熟悉 AFM 中发动机失效程序;

(d) APU 工作;

(e) 试验前确认推杆和抖杆迎角;

(f) 通过遥测监控飞行试验关键参数并显示给机组。

d. THA 编号:146

(1) 条款号:25.105。

(2) 试验名称:单发失效起飞。

（3）试验描述：见 AC25-7C 第 2 章第 10 条 b 段。

（4）危险：飞机偏离跑道或飞机误撞地。

（5）风险等级：高。

（6）原因：

（a）失去方向控制；

（b）爬升能力不足；

（c）起飞过程中过度抬前轮/失速；

（d）单发失效飞行；

（e）起飞过程中飞控系统失效。

（7）降低风险措施：

（a）所有试验在硬质干跑道、白天目视飞行规则条件下进行；

（b）试验前确定所需的最小跑道长度和宽度；

（c）对救援人员进行与试验执行情况、飞机情况和救援程序相关的介绍。人员和设备在距跑道中心线至少 400 ft 外待命；

（d）所需的最小机组上机；

（e）机组人员配备防护服和戴头盔；

（f）任何方向的风速不大于 5 kn，不允许顺风；

（g）试验前检查轮胎、支柱和刹车，在限制范围以内；

（h）首先将发动机收到慢车；

（i）试验开始前已完成最小操纵速度评估；

（j）在每次切断燃油起飞试验开始前确定爬升能力；

（k）如果切断燃油后无法爬升，可以考虑选择较小的襟翼位置；

（l）确定爬升能力要考虑所需的越障高度；

（m）每次进行在最小爬升梯度所需推力下切断燃油试验前，首先进行油门杆收慢车起飞的试验；

（n）试验应按照推力由高到低顺序进行；

（o）发动机点火接通；

（p）熟悉 AFM 中发动机失效程序；

（q）APU 工作；

（r）试验的尾橇和尾部触地警告装置必须工作；

（s）试验前确认推杆和抖杆迎角；

（t）通过遥测监控飞行试验关键参数并显示给机组。

4. 第 25.107 条　起飞速度

a. THA 编号：94

（1）条款号：25.107（d）。

（2）试验名称：V_{MU} 演示。

（3）试验描述：见 AC25－7C 第 2 节第 10 条 b 段。

（a）起飞滑跑时（可以等到 40～60 kn）首先将操纵杆拉到后止动点，离地时保持俯仰姿态；

（b）对于低推重比试验，当飞机静止在跑道上准备起飞时，设置需要的发动机功率额定值（EPR）并在紧靠油门杆后侧油门台上横贴一条不透明胶带。设置起飞EPR，开始起飞滑跑，在 60 kn 时收油门到胶带位置。如需中断起飞，胶带必须保证在收油门杆至慢车位置过程中很容易被撕开；

（c）如果飞机离地后一发失效，降低俯仰姿态，建立稳定坡度，推工作发动机的油门杆使飞机加速和爬升。尽可能最小化不对称推力。所有的转向都是朝向工作发动机进行，以不低于 V_2 的速度爬升到离地高度 1500 ft；

（d）如果飞机过度抬头，或过早抬头和失速，减小俯仰姿态，保持机翼水平，推油门，加速、爬升。

（4）危险：飞机偏离跑道或误撞地。

（5）风险等级：高。

（6）原因：

（a）飞机在低速状态下抬前轮力过大/过渡抬头或低高度失速；

（b）飞机在小推重比试验状态下发动机失效。

（7）降低风险措施：

（a）所有试验在硬质干跑道上、白天、目视飞行规则条件下进行；

（b）试验前确定所需的最小跑道长度和宽度；

（c）对救援人员进行与试验执行情况、飞机情况和救援程序相关的介绍。在进行试验时，人员和设备在距跑道中心线至少 400 ft 外待命；

（d）所需的最小机组上机；

（e）机组人员穿防护服和戴头盔；

（f）任何方向的风速不大于 5 kn，不允许顺风；

（g）试验前检查轮胎和刹车，按要求维护；

（h）失速保护系统在试验过程中保持正常工作。试验前失速保护系统必须经过飞行试验验证；

（i）试验采用逐步逼近的方式进行。先在全发状态进行大推重比试验，然后过渡到要求的小推重比。所需的渐进次数和重复试验的次数由试验团队决定；

（j）单发失效试验采用模拟单发失效状态，将单发不工作时的推力对称平分到所有发动机；

（k）俯仰角限制在一定迎角之下（推杆 AOA 度数，抖杆 AOA 度数）；

（l）对于小推重比试验，试验前计算出加速—停止距离/加速—继续起飞距离并提供给飞行机组；

(m) APU 工作;

(n) 飞行员熟悉 AFM 中的发动机失效程序;

(o) 试验尾橇和触地警告装置必须工作;

(p) 通过遥测监控关键的飞行试验参数并将其显示给机组;

(q) 熟悉试验终止程序—继续起飞或者中断起飞。

b. THA 编号:95

(1) 条款号:25.107。

(2) 试验名称:单发失效起飞,误操作—过早抬前轮。

(3) 试验描述:见 AC25 - 7C 第 2 节第 10 条 b 段。

(a) 过早抬前轮单发失效试验包含在高于 V_{MCG} 但低于 V_R 时收发动机油门以让发动机转速降低;

(b) 在 V_R - 5 kn 时抬头,离地 35 ft 时空速不得低于 V_2 - 5 kn,起飞距离增加不超过 1%。

(4) 危险:飞机偏离跑道或误撞地。

(5) 风险等级:高。

(6) 原因:

(a) 失去方向控制;

(b) 爬升能力不足;

(c) 起飞过程中过度抬前轮/失速;

(d) 单发失效飞行;

(e) 起飞过程中飞控系统失效。

(7) 降低风险措施:

(a) 所有试验在硬质干跑道上完成,白天目视飞行规则条件;

(b) 试验前确定所需的最小跑道长度和宽度;

(c) 对救援人员进行与试验执行情况、飞机情况和救援程序相关的介绍。人员和设备在距跑道中心线至少 400 ft 外待命;

(d) 所需的最小机组上机;

(e) 机组人员穿防护服和戴头盔;

(f) 任何方向的风速不大于 5 kn,不允许顺风;

(g) 试验前检查轮胎、支柱和刹车,在限制范围以内;

(h) 首先将发动机拉到慢车;

(i) 试验开始前完成最小操纵速度评估;

(j) 在每次切断燃油起飞试验开始前确定爬升能力;

(k) 如果切断燃油后不能进行爬升,可以考虑选择较小的襟翼位置;

(l) 当计算爬升能力时考虑所需越障高度;

(m) 每次进行最小爬升梯度所需推力下切断燃油试验前,先进行收慢车起飞试验；

（n）试验顺序应当按照推力由高到低顺序进行；

（o）发动机点火接通；

（p）熟悉 AFM 发动机失效程序；

（q）APU 工作；

（r）试验尾橇和触地告警装置必须工作；

（s）试验前抖杆和推杆角必须经过验证；

（t）通过遥测监控关键的飞行试验参数并将其显示给飞行机组。

c. THA 编号:96

（1）条款号:25.107。

（2）试验名称:全发起飞。误操作—过早抬前轮、快速抬前轮、过度抬前轮、失配平。

（3）试验描述:见 AC25-7C 第 2 节第 10 条 b 段。

（a）在 $V_R - 7\%$ 或 $V_R - 10\,\mathrm{kn}$（取较低者）抬前轮,起飞距离增加不得大于 1%；

（b）在 V_R 抬前轮,但失配平量为俯仰配平 ±2 个单位无构型警告,起飞距离增加不得大于 1%；

（c）采用快速抬前轮或比正常俯仰角高 2°（两个不同的试验）,轻微的和安全的尾部擦地是可以接受。

（4）危险:飞机偏离跑道或误撞地。

（5）风险等级:中。

（6）原因:

（a）无法抬前轮；

（b）起飞过程中过度抬前轮/失速。

（7）降低风险措施:

（a）所有试验在硬质干跑道上、白天、目视飞行规则条件下进行；

（b）试验前确定所需的最小跑道长度和宽度；

（c）对救援人员进行与试验执行情况、飞机情况和救援程序相关的介绍。人员和设备在距跑道中心线至少 400 ft 外待命；

（d）所需最小机组上机；

（e）机组人员穿防护服和戴头盔；

（f）任何方向的风速不大于 5 kn,不允许顺风；

（g）试验前检查轮胎、支柱和刹车,在限制范围内；

（h）在进行下一个襟翼构型试验开始前,前一个襟翼构型的试验应该全部完成；

（i）通过分析研发数据确定 AEO/OEI 起飞的程序规定起飞速度,用以准备相关试验；

（j）工程上确保尾橇在结构上可以承受与地面的撞击（过渡抬前轮时）；

（k）安装包括尾橇近地和俯仰角指示的驾驶舱显示器，尾橇接地信号用测试数据进行记录；

（l）遥测系统在每次试验过程中都应采用，并给飞行机组提供反馈；

（m）确保每次试验确保显示的和所需要的参数都是有效的；

（n）机组的准备包括熟悉以前的试验数据和在离地时刻出现尾部擦地或失速警告时应遵循的处置程序；

（o）飞机准备包括尾橇、擦地告警探头和尾橇结构（如果发生尾橇接地）的常规检查；

（p）从 $V_R - 5\,\mathrm{kn}$ 这个速度点开始进行循序渐进的试验；

（q）这些试验开始前正常双发起飞性能试飞（V_R，$V_2 + 10\,\mathrm{kn}$）必须令人满意地完成。

d. THA 编号：101

（1）条款号：25.107。

（2）试验名称：单发失效起飞。误操作—过早抬前轮。

（3）试验描述：见 AC25 - 7C 第 2 节第 10 条 b 段。

（a）在高于 V_{MCG} 但低于 V_R 时收发动机油门以让发动机转速降低。

（b）在 $V_R - 5\,\mathrm{kn}$ 时抬头，离地 $35\,\mathrm{ft}$ 时空速不低于 $V_2 - 5\,\mathrm{kn}$，起飞距离增加不超过 1%。在 $V_R - 7\%$ 或 $V_R - 10\,\mathrm{kn}$（取较低者）抬前轮，起飞距离增加不得大于 1%。

（4）危险：发动机失效或异常。

（5）风险等级：高。

（6）原因：由于大的迎角或侧滑角，进气口气流受到扰动。

（7）降低风险措施：

（a）任意方向的风速不大于 $5\,\mathrm{kn}$，不允许顺风；

（b）发动机点火接通；

（c）熟悉 AFM 中发动机失效程序；

（d）APU 工作；

（e）试验前抖杆和推杆角必须经过验证；

（f）通过遥测监控关键的飞行试验参数，并显示给飞行机组；

e. THA 编号：103

（1）条款号：25.107。

（2）试验名称：全发起飞。误操作—过早抬前轮、快速抬前轮、过度抬前轮和失配平。

（3）试验描述：见 AC25 - 7C 第 2 节第 10 条 b 段。

（a）在 $V_R - 7\%$ 或 $V_R - 10\,\mathrm{kn}$（取较低者）抬前轮，起飞距离增加不得大于 1%；

（b）在 V_R 抬前轮，但失配平量为俯仰配平 ± 2 个单位且无构型警告，起飞距离增加不得大于 1%；

（c）采用快速抬前轮或比正常俯仰角高 2 度（两个不同的试验）进行试验。轻微的和安全的尾部擦地是可以接受。

（4）危险：发动机失效或异常。

（5）风险等级：高。

（6）原因：由于大迎角或侧滑角，进气口气流受到扰动。

（7）降低风险措施：

（a）任意方向的风速不大于 5 kn，不允许顺风；

（b）发动机点火接通；

（c）熟悉 AFM 中发动机失效程序；

（d）APU 打开；

（e）试验前抖杆和推杆角必须经过验证；

（f）通过遥测监控关键的飞行试验参数，并显示给飞行机组。

5. 第 25.109 条　加速—停止距离

a. THA 编号：97

（1）条款号：25.109。

（2）试验名称：中断起飞。

（3）试验描述：见 AC25 - 7C 第 2 章 11 条 25.109。

（a）刹车盘必须在磨损极限内；

（b）需要完成湿跑道试验；

（c）需加上 V_1 速度下 2 s 的距离；

（d）反推只能在湿跑道试飞时使用，明确禁止干跑道试飞时使用；

（e）至少重复进行 6 次试验；

（f）大重量到轻重量；

（g）最临界重心；

（h）襟翼起飞位；

（i）冷胎压力。

（4）危险：飞机偏出跑道。

（5）风险等级：高。

（6）原因：

（a）由于单发失效、不对称反推、飞控系统失效、前轮转弯失效或单刹车失效导致失去方向控制；

（b）由于过热或刹车系统故障导致刹车失效。

（7）降低风险措施：

（a）所有试验在硬质干跑道上（除了湿跑道试验），白天、目视飞行规则条件下进行；

　（b）确定所需最小跑道长度和宽度；

　（c）对救援人员进行与试验执行情况、飞机情况和救援程序相关的介绍。人员和设备在距跑道中心线至少 400 ft 外待命；

　（d）所需的最小机组上机；

　（e）机组人员穿保护服和戴头盔；

　（f）任何方向的风速不大于 5 kn，不允许顺风；

　（g）试验前检查轮胎、支柱和刹车，在限制范围以内；

　（h）监控过大的偏航趋势，如果需要，可以收回反推保持航向控制；

　（i）监控刹车和轮胎温度，遵守试验限制值；

　（j）地面人员配备灭火器、防火斧、机轮/轮胎和刹车组件备件以及冷却风扇和隔热手套；

　（k）当轮胎/刹车变热时，确保热熔塞压力释放区域无人；

　（l）地面观测人员遵守关于检查刹车和测量温度的相关限制条件，当每个限制条件都解除后，立即从前面和后面接近主起落架，避免从侧面接近；

　（m）失速改出伞可以使用并预位；

　（n）如果发生机轮抱死，停止使用最大刹车，使用其他任何可用的减速措施：反推、轻踩脚刹和失速改出伞，低速时使用前轮转弯（NWS）控制方向；

　（o）飞行试验前完成刹车最大动能吸收能力分析、刹车动力计试验和热熔塞试验；

　（p）试验使用慢车推力；

　（q）在大重量试验开始前完成小重量试验，在 $1.0V_1/V_R$ 试验开始前完成更小的 V_1/V_R 试验。

b. THA 编号：98

（1）条款号：25.109。

（2）试验名称：中断起飞。

（3）试验描述：见 AC25-7C 第 2 章 11 条 25.109。

　（a）刹车盘必须在磨损极限内；

　（b）需要完成湿跑道试验；

　（c）需加上 V_1 速度下 2 s 的距离；

　（d）反推只能在湿跑道试飞时使用，明确禁止干跑道试飞时使用；

　（e）至少重复进行 6 次试验；

　（f）大重量到轻重量；

　（g）最临界重心；

　（h）襟翼起飞位；

　（i）冷胎压力。

（4）危险：轮胎爆破、刹车/机轮/轮胎着火。

（5）风险等级：高。

（6）原因：刹车升温过高。

（7）降低风险措施：

（a）所有试验在硬质干跑道上（除了湿跑道试验），白天、目视飞行规则条件下进行；

（b）试验前确定所需的最小跑道长度和宽度；

（c）对救援人员进行与试验执行情况、飞机情况和救援程序相关的介绍。人员和设备在距跑道中心线至少 400 ft 外待命；

（d）所需的最小机组上机；

（e）机组人员穿防护服和戴头盔；

（f）任何方向的风速不大于 5 kn，不允许顺风；

（g）试验前检查轮胎、支柱和刹车，在限制范围以内；

（h）监控刹车和轮胎温度，遵守确定的试验限制；

（i）地面人员装备灭火器、消防斧、备用机轮/轮胎和刹车装置以及冷却风扇和隔热手套；

（j）轮胎/刹车高温时离开热熔塞释压区；

（k）地面人员遵守与刹车和温度检查相关的限制，当每个限制都解除后，立即从前方或后方靠近主起落架，避免从侧面接近；

（l）失速改出伞可以使用并预位；

（m）如果机轮抱死，停止使用最大刹车，并用其他任何减速方法：反推、轻踩脚刹和失速改出伞，低速时用前轮转弯控制航向；

（n）飞行试验前完成刹车最大动能吸收能力分析、刹车动力计试验和热熔塞试验；

（o）在轻重量试验前先完成大重量试验，在 $1.0V_1/V_R$ 试验前先完成低于 V_1/V_R 试验。

c. THA 编号：99

（1）条款号：25.109。

（2）试验名称：中断起飞。

（3）试验描述：见 AC25 - 7C 第 2 章 11 条 25.109。

（a）刹车盘必须在磨损极限；

（b）需要完成湿跑道试验；

（c）需加上 V_1 速度下 2 s 的距离；

（d）反推只能在湿跑道试飞时使用，明确禁止干跑道试飞时使用；

（e）至少重复进行 6 次试验；

（f）大重量到轻重量；

（g）最临界重心；

（h）襟翼起飞位；

（i）冷胎压力。

（4）危险：上仰或偏航过大。

（5）风险等级：高。

（6）原因：由于不正确使用反推导致上仰或偏航过大。

（7）降低风险措施：

（a）所有试验在硬质干跑道（除了湿跑道试验）上，白天、目视飞行规则条件下进行；

（b）试验前确定所需的最小跑道长度和宽度；

（c）对救援人员进行与试验执行情况、飞机情况和救援程序相关的介绍。人员和设备在距跑道中心线至少 400 ft 外待命；

（d）所需最小机组上机；

（e）机组人员穿防护服和戴头盔；

（f）任何方向的风速不大于 5 kn，不允许顺风；

（g）监控过大的上仰和偏航趋势，如果需要，可以收起反推维持控制。根据需要使用方向舵、差动刹车、前轮转弯以恢复/保持方向控制；

（h）试验使用慢车推力。

d. THA 编号：100

（1）条款号：25.109。

（2）试验名称：中断起飞。

（3）试验描述：见 AC25-7C 第 2 章第 11 条 25.109。

（a）刹车盘必须在磨损极限；

（b）需要完成湿跑道试验；

（c）需加上 V_1 速度下 2 s 的距离；

（d）反推只能在湿跑道试飞时使用，明确禁止干跑道试飞时使用；

（e）至少重复 6 次试验；

（f）大重量到轻重量；

（g）最临界重心；

（h）襟翼起飞位；

（i）冷胎压力。

（4）危险：发动机损伤或停车。

（5）风险等级：高。

（6）原因：由于不正确使用反推导致吸入排气或外来物损伤（FOD）。

（7）降低风险措施：

（a）确定和遵循在 RTO 过程中的反推使用程序；

(b) 动力专业相关人员将评估任何失速事件或可能的外来物损伤(FOD)的严重性,并按需检查飞机。

6. 第 25.111 条　起飞航迹

a. THA 编号:147

(1) 条款号:25.111。

(2) 试验名称:全发起飞。

(3) 试验描述:见 AC25 - 7C 第 12 条 25.111 的 b 段。

高高度推力安装特性/起飞推力的直减率和 8 s 后的推力。

(4) 危险:碰撞地面或障碍物。

(5) 风险等级:中。

(6) 原因:

(a) 爬升过程中越障能力不够;

(b) 起飞过程中发动机失效;

(c) 飞机低高度失速。

(7) 降低风险措施:

(a) 熟悉机场区域的障碍物和疏散路径;

(b) 熟悉发动机失效的安全速度和飞行技巧;

(c) 性能数据适用于所有构型;

(d) 对每次起飞,特别在一发真实失效的情况下,确定有足够的爬升梯度、越障能力和跑道长度;

(e) 发动机推力减小时的速度始终大于 V_{MCG};

(f) 按性能减小的顺序执行该试验;

(g) 在执行这一程序的其他试验点之前,先执行这个程序中逐步逼近的试验点;

(h) 确定合适的备用机场;

(i) 在试验开始前确保有足够的燃油飞到备用机场。

b. THA 编号:148

(1) 条款号:25.111。

(2) 试验名称:单发失效爬升性能。

(3) 试验描述:见 AC25 - 7C 第 12 条 25.111 的 b 段。

高高度推力安装特性/起飞推力的直减率和 8 s 后的推力。

(4) 危险:发动机失效或异常。

(5) 风险等级:高。

(6) 原因:迎角或侧滑角过大。

(7) 降低风险措施:

（a）试验开始前完成最小操纵速度评估（V_{MCA}/V_{MCG}）；

（b）熟悉机场区域的障碍物和疏散路径；

（c）熟悉发动机失效的安全速度和飞行技巧；

（d）性能数据适用于所有构型；

（e）对每次起飞,特别在一发真实失效的情况下,确定跑道长度是足够的；

（f）发动机推力减小时的速度始终大于 V_{MCG}：

（g）按性能减小的顺序执行该试验；

（h）在执行这一程序的其他试验点之前,先执行这个程序中逐步逼近的试验点；

（i）机组穿防护装备和戴头盔；

（j）所有车辆在离跑道中心 400 ft 以外的地方就位；

（k）确定合适的备用机场；

（l）在试验开始前确保有足够的燃油飞到备用机场。

c. THA 编号:150

（1）条款号:25.111。

（2）试验名称:单发失效爬升梯度。

（3）试验描述:见 AC 25 - 7C 第 12 条 25.111 的 b 段。

高高度推力安装特性/起飞推力的直减率和 8 s 后的推力。

（4）危险:碰撞地面或障碍物。

（5）风险等级:高。

（6）原因:

（a）地形或越障能力不足；

（b）飞机低高度失速。

（7）降低风险措施:

（a）熟悉机场区域的障碍物和疏散路径；

（b）熟悉发动机失效的安全速度和飞行技巧；

（c）性能数据适用于所有构型；

（d）对每次起飞,特别在一发真实失效的情况下,确定有足够的爬升梯度、越障能力和跑道长度；

（e）发动机推力减小时的速度始终大于 V_{MCG}；

（f）按性能能力减小的顺序执行该试验；

（g）在执行这一程序的其他试验点之前,先执行这个程序中逐步逼近的试验点；

（h）确定合适的备用机场；

（i）在试验开始前确保有足够的燃油飞到备用机场。

d. THA 编号:151

（1）条款号:25.111。

（2）试验名称：单发失效爬升梯度。

（3）试验描述：见 AC25-7C 第 12 条 25.111 的 b 段。
高高度推力安装特性/起飞推力的直减率和 8s 后的推力。

（4）危险：飞机偏离跑道。

（5）风险等级：高。

（6）原因：

（a）丧失方向控制；

（b）跑道长度不够。

（7）降低风险措施：

（a）发动机收到慢车；

（b）试验开始前已完成最小操纵速度评估（V_{MCA}/V_{MCG}）；

（c）熟悉机场区域的障碍物和疏散路径；

（d）熟悉发动机失效的安全速度和飞行技巧；

（e）性能数据适用于所有构型；

（f）对每次起飞，特别在一发真实失效的情况下，确定有足够长的跑道长度；

（g）发动机推力减小时的速度始终大于 V_{MCG}；

（h）按性能能力减小的顺序执行该试验；

（i）在执行这一程序的其他试验点之前，先执行这个程序中逐步逼近的试验点；

（j）机组穿防护装备和戴头盔；

（k）所有车辆在离跑道中心至少 400 ft 以外的地方就位；

（l）确定合适的备用机场；

（m）在试验开始前确保有足够的燃油飞到备用机场。

7. 第 25.113 条　　起飞距离和起飞滑跑距离

a. THA 编号：185

（1）条款号：25.113。

（2）试验名称：起飞。

（3）试验描述：

（a）干跑道的起飞距离—条款 25.113（a）。

起飞距离为飞机上一点从主起松刹车时到飞机最低部分高于起飞表面 35 ft 时的经过的水平距离。在干跑道上的起飞距离是下列中的较大者：

1　临界发动机在 V_{EF} 失效时，高于起飞表面 35 ft 时所测量的距离；

2　全发工作时高于起飞表面 35 ft 高度时测量的距离的 115% 以及

（aa）基于飞机在高于开起飞表面 35 ft 前达到 V_2；

（bb）符合在离起飞表面高度 400 ft 处平稳过渡到稳定初始爬升速度。

（b）湿跑道的起飞距离—条款 25.113（b）。

$\underline{1}$ 湿跑道的起飞距离是上述确定的干跑道的起飞距离(用干跑道上的速度 V_1),和用下述的减低的距离起飞表面高度(以及湿跑道速度 V_1)来确定湿跑道上的距离两者中取大:

$\underline{2}$ 湿跑道上的起飞距离确定为从主起落架松刹车时起到飞机上最低部分高于起飞表面 15 ft 处时移动的水平距离。飞机必须在抵达跑道尽头时达到高于起飞表面 15 ft 高度并且在达到高于起飞表面 35 ft 高度前获得 V_2 速度。

(c) 起飞滑跑距离 条款 25.113(c)。

$\underline{1}$ 当起飞距离包含净空道时可用起飞滑跑距离就是跑道长度(也就是,加速滑跑距离不完全在跑道上),而且起飞滑跑距离应是以下两者中的较大者。当用净空道来确定起飞滑跑距离时,飞过净空道的距离不应超过从 V_{LOF} 到 V_{35} 的距离的一半。

(aa) 临界发动机在 V_{EF} 失效状态下,从起飞始点到离地点和高于起飞表面 35 ft 的中点之间的距离。对于湿跑道上的起飞,起飞滑跑距离等于起飞距离(也就是对于湿跑道不包含净空道)。

(bb) 全发工作,从起飞始点到离地点和高于起飞表面 35 ft 点两点的中点的距离的 115%,且符合:

基于飞机在到达高于起飞表面上 35 ft 之前达到速度 V_2,以及在高于起飞表面 400 ft 高度平稳过渡到稳定的初始爬升速度。

$\underline{2}$ 对于起飞滑跑距离(需要的跑道长度)或者起飞距离(需要跑道长度加净空道),单发失效的情况可能确定一个距离标准,而全发工作情况确定的是另一个距离标准。因此,这两种情形都应该被考虑。

$\underline{3}$ 净空道定义为从跑道尽头延伸的向上坡度不超过 1.25% 平面,在这个表面以上没有物体或者其他突出地形。为了确定起飞距离和起飞滑跑距离,将净空道作为与起飞表面有相同坡度的延伸部分,而且 35 ft 高度应从这个延伸表面测量起。

$\underline{4}$ 在净空道平面的剖面以上应无突出的固定障碍,而且机场官方必须控制这个区域可移动的障碍以确保没有飞行占用净空道,除非毫无疑义地确定当飞机飞过净空道期间没有可移动的障碍物存在。

(4) 危险:飞机偏离跑道。

(5) 风险等级:高。

(6) 原因:

(a) 失去方向控制;

(b) 爆胎。

(7) 降低风险措施:

(a) 在开始试验前应完成最小操纵速度评估($V_{\mathrm{MCA}}/V_{\mathrm{MCG}}$);

(b) 确定所需最小跑道长度;

(c) 推力次序应从高到低;

(d) 所有车辆应离跑道中线至少 400 ft 远;

（e）机组应穿防护服和戴头盔；

（f）所有被列为"最大起飞"的试验点必须遵守重量、高度、温度限制；

（g）飞行讲评必须强调潜在的爆胎危险；

（h）为了最大限度地冷却刹车、轮胎和机轮，在多次起飞和着陆过程中不收起起落架；

（i）如果怀疑某个轮胎已爆掉，飞机将在跑道上停止并检查，不清空跑道；

（j）如果在起飞中怀疑爆胎并继续起飞，不收起落架并且应按照爆胎着陆清单的程序执行（在没有其他指导的情况下在爆胎相反的那一侧跑道降落）。

b. THA 编号：186

（1）条款号：25.113。

（2）试验名称：起飞。

（3）试验描述：

（a）干跑道的起飞距离—条款 25.113（a）。

起飞距离为飞机上一点从主起松刹车时到飞机最低部分高于起飞表面 35 ft 时的经过的水平距离。在干跑道上的起飞距离是下列中的较大者：

1　临界发动机在 V_{EF} 失效时，高于起飞表面 35 ft 时所测量的距离；

2　全发工作时高于起飞表面 35 ft 高度时测量的距离的 115% 以及

（aa）基于飞机在高于起飞表面 35 ft 前达到 V_2；

（bb）符合在高于起飞表面 400 ft 高度处平稳过渡到稳定初始爬升速度。

（b）湿跑道的起飞距离—条款 25.113（b）。

1　湿跑道的起飞距离是上述确定的干跑道的起飞距离（用干跑道上的速度 V_1），和用下述的减低的距离起飞表面高度（以及湿跑道速度 V_1）来确定湿跑道上的距离两者中取大；

2　湿跑道上的起飞距离确定为从主起落架松刹车时起到飞机上最低部分的在高于起飞表面 15 ft 处时移动的水平距离。飞机必须在抵达跑道尽头时达到高于起飞表面 15 ft 高度并且在达到起飞表面 35 ft 高度前获得 V_2 速度。

（c）起飞滑跑距离—条款 25.113（c）。

1　当起飞距离包含净空道时可用起飞滑跑距离就是跑道长度（也就是，加速滑跑距离不完全在跑道上），而且起飞滑跑距离应是以下两者中的较大者。当用净空道来确定起飞滑跑距离时，飞过净空道的距离不应超过从 V_{LOF} 到 V35 的距离的一半。

（aa）临界发动机在 V_{EF} 失效状态下，从起飞始点到离地点和飞机距离起飞表面 35 ft 的中点之间的距离。对于湿跑道上的起飞，起飞滑跑距离等于起飞距离（也就是，湿跑道不包含净空道）。

（bb）全发工作，从起飞始点到离地点和高于起飞表面 35 ft 点两点的中点的距离的 115%，且符合：

基于飞机在到达起飞表面上 35 ft 高度之前达到速度 V_2，以及在高于起飞表面 400 ft 高度平稳过渡到稳定的初始爬升速度。

2　起飞滑跑距离(需要的跑道长度)或者起飞距离(需要跑道长度加净空道)，单发失效可能确定一个距离标准，而全发工作情况确定的是另一个距离标准。因此，这两种情形都应该被考虑。

3　净空道定义为从跑道尽头延伸的向上坡度不超过 1.25% 平面，在这个表面以上没有物体或者其他突出地形。为了确定起飞距离和起飞滑跑距离，将净空道作为与起飞表面有相同坡度的延伸部分，而且 35 ft 高度应从这个延伸表面测量起。

4　在净空道平面的剖面以上应无突出的固定障碍，而且机场官方必须控制这个区域可移动的障碍以确保没有飞行占用净空道，除非毫无疑义地确定当飞机飞过净空道期间没有可移动的障碍物存在。

(4) 危险:受控撞地(CFIT)。

(5) 风险等级:高。

(6) 原因:

(a) 没有爬升能力;

(b) 起飞时失速;

(c) 大迎角引起的发动机失效。

(7) 降低风险措施:

(a) 确定所需最小长度跑道;

(b) 推力次序应从高到低;

(c) 所有车辆应在离跑道中线至少 400 ft 的位置;

(d) 机组应穿防护装置和戴头盔;

(e) 飞行专业应提供修正后的相应构型的起飞重量限制数据，所有被列为"最大起飞"的试验点必须遵守重量、高度、温度限制;

(f) 采取逐步逼近方式完成试验点:

1　首先发动机收至慢车;

2　在开始试验前完成最小操纵速度评估;

3　确定所需最小跑道长度;

4　在每次燃油切断起飞前确定爬升能力;

5　如果在燃油切断后不能获得爬升，考虑收起襟翼到所需角度;

6　在确定爬升能力时考虑上升地形;

7　在每次进行 2.4% 爬升梯度推力下切断燃油试验之前，进行收慢车起飞试验。

(g) 首先将发动机接通;

(h) 熟悉发动机重起程序;

(i) 熟悉单发着陆程序;

(j) 改装的尾撬和尾部近地警告必须处于工作状态；

(k) 在试验前应验证 SPC 抖杆和推杆角度。

c. THA 编号:187

(1) 条款号:25.113。

(2) 试验名称:起飞。

(3) 试验描述:

(a) 干跑道的起飞距离—条款 25.113(a)。

起飞距离为飞机上一点从主起松刹车时到飞机最低部分高于起飞表面 35 ft 时的经过的水平距离。在干跑道上的起飞距离是下列中的较大者:

1 临界发动机在 V_{EF} 失效时,高于起飞表面 35 ft 时所测量的距离;

2 全发工作时高于起飞表面 35 ft 高度时测量的距离的 115% 以及

(aa) 基于飞机在高于起飞表面 35 ft 前达到 V_2;

(bb) 符合在高于起飞表面 400 ft 高度处平稳过渡到稳定初始爬升速度。

(b) 湿跑道的起飞距离—条款 25.113(b)。

1 湿跑道的起飞距离是上述确定的干跑道的起飞距离(用干跑道上的速度 V_1),和用下述的减低的高于起飞表面高度(以及湿跑道速度 V_1)来确定湿跑道上的距离两者中取大;

2 湿跑道上的起飞距离确定为从主起落架松刹车时起到飞机上最低部分的在高于起飞表面 15 ft 处时移动的水平距离。飞机必须在抵达跑道尽头时达到高于起飞表面 15 ft 高度并且在达到起飞表面 35 ft 高度前获得 V_2 速度。

(c) 起飞滑跑—条款 25.113(c)。

1 当起飞距离包含净空道时可用起飞滑跑距离就是跑道长度(也就是,加速滑跑距离不完全在跑道上),而且起飞滑跑距离应是以下两者中的较大者。当用净空道来确定起飞滑跑距离时,飞过净空道的距离不应超过从 V_{LOF} 到 V35 的距离的一半。

(aa) 临界发动机在 V_{EF} 失效状态下,从起飞始点到离地点和飞机高于起飞 35 ft 点两点的中点之间的距离。对于湿跑道上的起飞,起飞滑跑距离等于起飞距离(也就是,湿跑道不允许净空道)。

(bb) 全发工作,从起飞始点到离地点和高于起飞表面 35 ft 点两点的中点的距离的 115%,且符合:

基于飞机在到达起飞表面上 35 ft 高度之前达到速度 V_2,以及高于起飞表面 400 ft 高度平稳过渡到稳定的初始爬升速度。

2 起飞滑跑距离(需要的跑道长度)或者起飞距离(需要跑道长度加净空道),单发失效情况可确定一个距离标准,而全发工作情况确定的是另一个距离标准。因此,这两种情形都应该被考虑。

3 净空道定义为从跑道尽头延伸的向上坡度不超过 1.25% 平面,在这个表面以上没有物体或者其他突出地形。为了确定起飞距离和起飞滑跑距离,将净空道作为与起飞表面有相同坡度的延伸部分,而且 35 ft 高度应从这个延伸表面测量起。

　　4　在净空道平面的剖面以上应无突出的固定障碍。而且机场官方必须控制这个区域可移动的障碍以确保没有飞行占用净空道,除非毫无疑义地确定当飞机飞过净空道期间没有可移动的障碍物存在。

　　(4) 危险:尾部撞地。

　　(5) 风险等级:高。

　　(6) 原因:过度抬头。

　　(7) 降低风险措施:

　　(a) 确定所需最小跑道长度;

　　(b) 推力次序应该从高至低;

　　(c) 所有车辆应在离跑道中线至少 400 ft 的位置;

　　(d) 机组应穿防护装置和戴头盔;

　　(e) 飞行专业应提供相应构型下修正后的起飞重量限制数据。所有被列为"最大起飞重量"的试验点必须遵守重量、高度和温度限制;

　　(f) 采用逐步逼近的方式完成试验点;

　　(g) 试验的尾撬和尾部近地警告必须处于工作状态。

8. 第 25.115 条　起飞飞行航迹【备用】

9. 第 25.117 条　爬升:总则【备用】

10. 第 25.119 条　着陆爬升:全发工作

　　a. THA 编号:188

　　(1) 条款号:25.119。

　　(2) 试验名称:着陆爬升。

　　(3) 试验描述:设置发动机推力为 8 s 复飞推力,即开始将油门杆从最小飞行慢车位置推到复飞推力位置 8 s 后的实际可用推力。

　　程序:

　　(a) 发动机配平至慢车配平带的底部。

　　(b) 在最不利的试验高度,但不超过最大的取证机场高度加上 1 500 ft,以及最不利的引气构型下,稳定飞机全发对称功率平飞,起落架放下,襟翼在着陆位置,速度为 $1.3V_{S0}$。减小试验发动机油门以慢车飞行,由如下定义确定试验发动机达到稳定 rpm 所需的时间,同时剩余发动机推力(不大于最大可持续推力)保持平飞或能得到的最小下降率飞行,当所有转子快速减速完成时认为发动机飞行慢车 rpm 已经稳定,通常需要 8~20 s。驾驶舱内可确定这一时刻,即转速指针快速移动停止的那一点,有些飞机通过 rpm 的时间历程图确定减速时间是合适的。

(c) 在临界引气构型下,起落架放下,襟翼在着陆位置,稳定飞机全发对称功率平飞,速度为 $1.3V_{S0}$,重量为受爬升约束的最小着陆重量(目的是低空速,低慢车 rpm),高度在试验高度之上的足够高度处,使得油门关闭后下降到试验高度所用的时间等于上面的(2)段中确定的发动机 rpm 稳定时间。减小油门到飞行慢车位置,以 $1.3V_{S0}$ 下降到试验高度,发动机慢车 rpm 稳定时(大约试验高度),快速推油门到复飞推力位置,油门可以先到前止动点再后退到复飞位置。作为申请人的选择,可以附加不那么临界的引气构型试验。

(d) 对于按第(3)段试验的每一种引气组合状态,按第(3)段程序油门从最小飞行慢车位置开始前移之后 8 s 后的发动机推力,是允许用来表明符合条款 25.119(a) 着陆爬升要求和 SR－422B 中 4T.119(a)部分的最大值推力。如果 AFM 中的性能没有注明是哪种引气状态,那么所有运行的着陆爬升性能应用最临界的引气状态下获得的推力。必须考虑防冰引气的影响。

(4) 危险:受控撞地。

(5) 风险等级:高。

(6) 原因:

(a) 越障能力不足;

(b) 起飞过程中单发失效。

(7) 降低风险措施:

(a) 熟悉机场区域的障碍物和疏散路线;

(b) 熟悉发动机失效安全速度和处置程序;

(c) 性能数据适用于所有构型;

(d) 对于每一次起飞,确认有足够的爬升梯度、越障能力及跑道长度,特别是当发动机真实失效时;

(e) 发动机推力减小时的速度始终大于 V_{MCG};

(f) 以性能降低的顺序进行试验;

(g) 在执行这一程序的其他试验点之前,先执行这个程序中逐步逼近的试验点;

(h) 确定适当的备用机场;

(i) 在开始试验前确保有足够的燃油飞往备用机场;

(j) 选择合理的最低高度以备发动机异常。

b. THA 编号:189

(1) 条款号:25.119。

(2) 试验名称:着陆爬升。

(3) 试验描述:设置发动机推力为 8 s 复飞推力,即开始将油门杆从最小飞行慢车位置推到复飞推力位置 8 s 后的实际可用推力。

程序：

（a）发动机配平至慢车配平带的底部。

（b）在最不利的试验高度，但不超过最大的取证机场高度加上 1500 ft，以及最不利的引气构型下，稳定飞机全发对称功率平飞，起落架放下，襟翼在着陆位置，速度为 $1.3V_{S0}$。减小试验发动机油门以慢车飞行，由如下定义确定试验发动机达到稳定 rpm 所需的时间，同时剩余发动机推力（不大于最大可持续推力）保持平飞或能获得的最小下降率飞行，当所有转子快速减速完成时认为发动机飞行慢车 rpm 已经稳定，通常需要 8～20 s。驾驶舱内可确定这一时刻，即转速指针快速移动终止的那一点。有些飞机通过 rpm 的时间历程图确定减速时间是合适的。

（c）在临界引气构型下，起落架放下，襟翼在着陆位置，稳定飞机全发对称功率平飞，速度为 $1.3V_{S0}$，重量为受爬升约束的最小着陆重量（目的是低空速，低慢车 rpm），高度在试验高度之上的足够高度处，使得油门关闭后下降到试验高度所用的时间等于上面的（2）段中确定的发动机 rpm 稳定时间。减小油门到飞行慢车位置，以 $1.3V_{S0}$ 下降到试验高度，发动机慢车 rpm 稳定时（大约试验高度），快速推油门到复飞推力位置，油门可以先到前止动点再后退到复飞位置。作为申请人的选择，可以附加不那么临界的引气构型试验。

（d）对于按第（3）段试验的每一种引气组合状态，按第（3）段程序油门从最小飞行慢车位置开始前移之后 8 s 后的发动机推力，是允许用来表明符合条款 25.119（a）着陆爬升要求和 SR - 422B 中 4T.119（a）部分的最大值推力。如果 AFM 中的性能没有注明是哪种引气状态，那么所有运行的着陆爬升性能应用最临界的引气状态下获得的推力，必须考虑防冰引气的影响。

（4）危险：飞机失控。

（5）风险等级：高。

（6）原因：飞机低高度失速。

（7）降低风险措施：

（a）以性能减低的次序进行试验；

（b）在执行这一程序的其他试验点之前，先执行逐渐逼近的试验点。

c. THA 编号：165

（1）条款号：25.119（a）-（b）。

（2）试验名称：着陆爬升：全发工作。

（3）试验描述：按照 AC25 - 7C 第 16 条 25.119 的 b 段。

（a）最大着陆重量；

（b）速度小于或等于 $1.3V_S$；

（c）8 s 复飞功率；

（d）爬升梯度至少 3.2%。

（4）危险：失去控制。

（5）风险等级：高。

（6）原因：飞机在低高度失速。

（7）降低风险措施：

（a）熟悉机场区域障碍物及疏散路线；

（b）熟悉发动机失效安全速度和飞行技巧；

（c）性能数据适用于所有构型；

（d）对每一次起飞，尤其是发动机真实失效时，确认有足够的爬升梯度、越障能力和跑道长度；

（e）功率减小速度始终大于 V_{MCG}；

（f）以性能减小的顺序执行试验；

（g）确定合适的备用机场；

（h）在开始试验前确保有足够的燃油能飞到备用机场。

d. THA 编号：166

（1）条款号：25.119(a)-(b)。

（2）试验名称：着陆爬升：全发工作。

（3）试验描述：按照 AC25 - 7C 第 16 条 25.119 的 b 段。

（a）最大着陆重量；

（b）速度小于或等于 $1.3V_S$；

（c）8s 复飞功率；

（d）爬升梯度至少 3.2%。

（4）危险：失去控制。

（5）风险等级：高。

（6）原因：

（a）越障能力不足；

（b）起飞时单发失效。

（7）降低风险措施：

（a）熟悉机场区域障碍物及疏散路线；

（b）熟悉发动机失效安全速度和飞行技巧；

（c）性能适用于所有构型；

（d）对每一次起飞，尤其是在发动机真实失效时，确认有足够的爬升梯度、越障能力和跑道长度；

（e）功率减小速度始终大于 V_{MCG}；

（f）以性能减小的顺序执行试验；

（g）确定合适的备用机场；

（h）在开始试验前确保有足够的燃油能飞到备用机场。

11. 第 25.121 条　爬升:单发停车

a. THA 编号:163

(1) 条款号:25.121。

(2) 试验名称:锯齿爬升。

(3) 试验描述:按照 AC25 - 7C 第 17 条 25.121 的 b 段。

(a) 最大起飞重量;

(b) 400 ft 之前;

(c) 采用 25.111 中的构型;

(d) 起落架收起;

(e) 脱离地效范围;

(f) 最低爬升梯度:双发=2.4%,三发=2.7%,四发=3.0%。

(4) 危险:发动机损伤。

(5) 风险等级:中。

(6) 原因:低速时长时间的大功率工作导致发动机过热。

(7) 降低风险措施:

(a) 在整个飞行过程中密切监控发动机温度、燃气温度和滑油温度;

(b) 如果任何温度接近限制值,中止高推力试验并增加空速以冷却发动机。

b. THA 编号:164

(1) 条款号:25.121(b)。

(2) 试验名称:锯齿爬升。

(3) 试验描述:按照 AC25 - 7C 第 17 条 25.121 的 b 段。

(a) 最大起飞重量;

(b) 400 ft 之前;

(c) 采用 25.111 中的构型;

(d) 起落架收起;

(e) 脱离地效范围;

(f) 最低爬升梯度:双发=2.4%,三发=2.7%,四发=3.0%;

(g) 爬升性能—单发失效(第二阶段检查爬升)。

(4) 危险:撞击地面。

(5) 风险等级:高。

(6) 原因:

(a) 工作发动机失效;

(b) 失效发动机空起失败。

(7) 降低风险措施:

(a) 确认空起发动机所需的高度,开始试验的最低高度是这个值加上 1 000 ft

（离地高度）；

　　（b）机组熟悉发动机空起和飞机飞行手册中单发飞行程序；

　　（c）APU 工作（如果可用）。

12. 第 25. 123 条　航路飞行航迹【备用】

13. 第 25. 125 条　着陆【备用】

第 3 节　操纵性和机动性

14. 第 25. 143 条　总则【备用】

15. 第 25. 145 条　纵向操纵

a. THA 编号:178

（1）条款号:25.145(a)。

（2）试验名称:接近失速。

（3）试验描述:见 AC25 - 7C 第 3 节操纵性和机动性,第 21. a(1) 和 21. b(1) 段。

（a）目的是表明纵向操纵能力足以在接近失速时迅速使机头下俯。

（b）试验的构型是:

1 最大或其他临界重量;

2 后重心;

3 起落架放下;

4 襟翼收起和放下;

5 慢车和最大连续功率。

（c）程序:

1 按 25.103 失速速度确定的试验程序配平;

2 机翼水平减速,减速率 1kn/s;

3 在慢车状态,一直减速到失速;

4 警告后延迟 1s 然后开始使用最大连续功率改出。

（4）风险:失去控制。

（5）风险等级:高。

（6）原因:

（a）非预期的气动特性;

(b) 推杆器未能阻止飞机进入气动失速;

(c) 在失速点附近,较高发动机推力导致纵向失稳。

(7) 降低风险措施:

(a) 在进行本程序前必须先完成与"失速演示/特性/警告"相关的全部试验,并且试验结果必须是满意的;

(b) 使用逐步逼近的方法进行失速试飞:

<u>1</u> 从最低风险到最高风险;

<u>2</u> 不带动力先于带动力;

<u>3</u> 最有利的襟翼设置。

(c) 确定最低的安全高度:

<u>1</u> 进入失速;

<u>2</u> 开始改出;

<u>3</u> 改出伞打开;

<u>4</u> 空中离机。

(d) 飞行前检查失速警告和推杆器,如果适用的话;

(e) 必须安装失速改出伞并保证功能正常、处于待命状态,按需进行飞行前和试验前改出伞检查,如果适用的话;

(f) 所需最小机组上机;

(g) 必须安装应急离机系统并保证功能可用、处于待命状态,按需进行飞行前检查;

(h) 机组戴头盔和背降落伞;

(i) 地面风速应小于一定值(取决于降落伞);

(j) 不要使用剧烈的输入进入失速,所有失速保持侧滑球都处于中间位置;

(k) 不进行不对称推力的失速;

(l) 如果飞行偏离控制,则将油门杆收至慢车位并将操纵杆置于中立位置;

(m) 改出过程中不要增加推力直到速度增加到 $1.2V_s$。

b. THA 编号:179

(1) 条款号:25.145(b),(c)。

(2) 试验名称:改变构型。

(3) 试验描述:见 AC25 - 7C 第 3 节操纵性和机动性,21. a 段(2),(3)和(4)和21. b 段(2)—(6)。

(a) 目的是表明:

<u>1</u> 当改变襟翼、推力或者速度时而不重新配平时,纵向操纵力不应超过过大值(50 lb);

<u>2</u> 高升力装置能够安全地收回,且不会引起高度的损失。

(b) 试验构型是:

<u>1</u>　最大或其他临界重量；

<u>2</u>　临界重心；

<u>3</u>　起落架放下；

<u>4</u>　襟翼收起和放下；

<u>5</u>　慢车推力和最大连续推力。

（c）程序：

<u>1</u>　襟翼放下：在 $1.4V_S$ 配平，放下襟翼，速度减小至新的 $1.4V_S$；

<u>2</u>　襟翼收回：在 $1.4V_S$ 配平，收回襟翼，加速至新的 $1.4V_S$；

<u>3</u>　有动力：在 $1.4V_S$ 配平，功率从慢车至复飞，保持速度；

<u>4</u>　改变速度：在着陆构型慢车推力下的 $1.4V_S$ 配平，在 $1.1V_S$ 和 $1.7V_S$ 之间改变速度；

<u>5</u>　保持高度：在着陆构型、平飞所需推力、$1.2V_S$ 配平，襟翼收回，增加推力至复飞推力。

（4）危险：失去控制。

（5）风险等级：中。

（6）原因：

（a）未配平时由于构型改变引起的过度俯仰力；

（b）低速时快速收回襟翼过程中的意外失速。

（7）降低风险措施：

（a）试验前检查之前的试验和模拟器结果；

（b）如果遇到意外的或过度的力，熟悉/回顾程序，并且：

<u>1</u>　向其他飞行员获取帮助；

<u>2</u>　进行开始试验动作的反向操作（起落架、襟翼或者发动机的操纵）。

（c）失速试验应在 25.145（c）要求的襟翼收回的构型改变试验前完成；

（d）确实最低进入高度以便遇到失速时能够改出；

（e）失速警告时终止试验。

c. THA 编号：180

（1）条款号：25.145（a）。

（2）试验名称：接近失速。

（3）试验描述：见 AC25-7C 第 3 节操纵性和机动性，第 21. a（1）和 21. b（1）段。

（a）目的是表明纵向操纵能力足以在接近失速时快速使机头下俯；

（b）试验的构型是：

<u>1</u>　最大或其他临界重量；

<u>2</u>　后重心；

<u>3</u>　起落架放下；

<u>4</u> 襟翼收起和放下;

<u>5</u> 慢车和最大连续功率。

(c) 程序:

<u>1</u> 按 25.103 失速速度确定的试验程序配平;

<u>2</u> 以 1kn/s 的减速率机翼水平减速;

<u>3</u> 在慢车时,一直减速到失速;

<u>4</u> 最大连续功率时,警告后延迟 1s 然后开始改出。

(4) 风险:工作发动机失效。

(5) 风险等级:低。

(6) 原因:大迎角下的进气畸变导致的压气机失速。

(7) 降低风险措施:

(a) 在进行该试验前所有关于"失速演示/特性/警告"的试验都必须完成,且结果必须是令人满意的;

(b) 一旦出现压气机恶化,减少迎角并在慢车检查推力;

(c) 如果无法防止"不可逆转"的喘振,关闭发动机;

(d) 任何时候只要可能,在 APU 工作下进行试验;

(e) 通过遥测系统、机载测试系统或者驾驶舱显示来实时监控关键测试参数。提前确定机组资源分工(CRM)和试验终止口令;

(f) 初始失速时应保持发动机点火和引气打开;

(g) 所有失速必须在对称推力下进行,保持侧滑球在中心,如果可能,应实时监控侧滑,在失速前保持侧滑角小于 5°(提前确定机组资源分工(CRM)和试验终止口令)。

d. THA 编号:226

(1) 条款号:25.145(a)。

(2) 试验名称:接近失速。

(3) 试验描述:见 AC25 - 7C 第 3 节,"操纵性和机动性,"第 21. a(1)和 21. b(1)段。

(a) 目的是演示有足够的纵向操纵效率能在接近失速时快速使机头下俯。

(b) 试验的构型是:

<u>1</u> 最大或其他临界重量;

<u>2</u> 后重心;

<u>3</u> 起落架放下;

<u>4</u> 襟翼收起和放下;

<u>5</u> 慢车和最大连续功率。

(c) 程序:

<u>1</u> 按 25.103 失速速度确定的试验程序配平;

<u>2</u>　机翼水平，以 1 kn/s 减速；

<u>3</u>　慢车情况下减速到失速；

<u>4</u>　最大连续功率时，失速警告持续 1 s 后开始改出。

（4）危险：失去控制。

（5）风险等级：高。

（6）原因：

（a）未预测到的气动响应；

（b）推杆没能阻止飞机进入气动失速；

（c）接近失速时的大推力导致纵向不稳定。

（7）降低风险措施：

（a）所有"失速演示/特性/警告"科目必须在此程序前完成，且试验结果满意；

（b）使用逐步逼近的方法进行失速试飞：

<u>1</u>　从最低风险到最高风险：

（aa）先慢车，后带功率；

（bb）先使用最有利的襟翼设置。

（c）确定最低高度：

<u>1</u>　进入失速；

<u>2</u>　开始改出；

<u>3</u>　改出伞打开；

<u>4</u>　空中应急离机。

（d）按需在飞行前检查失速警告和推杆器；

（e）必须安装失速改出伞并保证功能正常、预位，如适用，进行飞行前和试验前失速改出伞检查；

（f）所需最小机组上机；

（g）必须安装应急离机系统并预位，如适用，在飞行前和试验前检查该系统；

（h）机组佩戴头盔和降落伞；

（i）地面风速应小于一定值（取决于降落伞）；

（j）不使用剧烈的输入进入失速，所有失速下侧滑球都应处于中间位置；

（k）不进行不对称推力的失速；

（l）如果飞行偏离控制，则立即将油门杆收至慢车位并将操纵杆置于中立位置；

（m）改出过程中，在速度增加至 $1.2V_S$ 前不要增加发动机推力。

e. THA 编号：227

（1）条款号：25.145(b, c)。

（2）试验名称：改变构型。

（3）试验描述：见 AC25 - 7C 第 3 节操纵性和机动性，21. a 段(2)，(3)和(4)和 21. b 段(2)—(6)。

（a）目的是表明：

1　当改变襟翼、推力或者速度时,纵向操纵力在不重新配平的情况下不应超过过大值(50 lb)；

2　能安全地收回高升力装置,且不会引起高度的损失。

（b）试验构型是：

1　最大或其他临界重量；

2　临界重心；

3　起落架放下；

4　襟翼收起和放下；

5　慢车推力和最大连续推力。

（c）程序：

1　襟翼放下:在 $1.4V_S$ 配平,放下襟翼,减速至新构型的 $1.4V_S$；

2　襟翼收回:在 $1.4V_S$ 配平,收回襟翼,增速至新构型的 $1.4V_S$；

3　施加功率:在 $1.4V_S$ 配平,功率从慢车至复飞,保持速度；

4　空速改变:在着陆构型慢车推力下的 $1.4V_S$ 配平,在 $1.1V_S$ 和 $1.7V_S$ 之间改变速度；

5　在以下情况下不损失高度:在着陆构型、平飞所需推力、$1.2V_S$ 配平,襟翼收回(如果设置卡位的话,一卡位一卡位的收回)时增加推力至复飞推力。

（4）危险:失去控制。

（5）风险等级:中。

（6）原因：

（a）未配平时由于构型的改变引起的过度俯仰力；

（b）低速时快速收回襟翼时的意外失速。

（7）降低风险措施：

（a）试验前回顾之前的试验和模拟器试验结果；

（b）如果遇到意外的或过渡的力,熟悉/回顾程序,并且：

1　向其他飞行员获取帮助；

2　进行开始试验动作的反向操作(起落架、襟翼或者发动机的操纵)。

（c）失速试验应在 25.145(c)要求的襟翼收回的构型改变试验前完成；

（d）确定最小进入高度以便遇到失速时能够改出；

（e）失速警告时终止试验。

f. THA 编号:228

（1）条款号:25.145(a)。

（2）试验名称:接近失速。

（3）试验描述:见 AC25 - 7C 第 3 节操纵性和机动性,第 21. a(1)和 21. b(1)段。目的是演示有足够的纵向操纵效率能在接近失速时快速使机头下俯。

（a）试验的构型是：

<u>1</u> 最大或其他临界重量；

<u>2</u> 后重心；

<u>3</u> 起落架放下；

<u>4</u> 襟翼收起和放下；

<u>5</u> 慢车和最大连续功率。

（b）程序：

<u>1</u> 按 25.103 失速速度确定的试验程序配平；

<u>2</u> 以 1kn/s 机翼水平减速；

<u>3</u> 慢车情况下减速到失速；

<u>4</u> 最大连续功率时，失速警告持续 1s 后开始改出。

（4）危险：工作发动机失效。

（5）风险等级：低。

（6）原因：大迎角下的进气畸变导致的压气机失速。

（7）降低风险措施：

（a）在进行该试验前所有关于"失速演示/特性/警告"的试验都必须完成，且结果必须是令人满意的；

（b）压气机恶化情况一旦出现，减少迎角并确认慢车推力；

（c）如果无法防止"不可逆转"的喘振，关闭发动机；

（d）任何时候只要可能，在 APU 工作下进行试验；

（e）通过遥测系统、机载系统或者驾驶舱显示来实时监控关键试验参数。提前确定机组资源分工（CRM）和试验终止呼叫；

（f）初始失速应接通发动机点火开关和引气；

（g）所有失速必须在对称推力、侧滑球位于中间的情况下下进行，如果可能，应实时监控侧滑，在失速前保持侧滑角小于 5°（提前确定机组资源分工（CRM）和试验终止呼叫）。

16. 第 25.147 条　航向和横向操纵

a. THA 编号：14

（1）条款号：25.147。

（2）试验名称：滚转机动。

（3）试验描述：

（a）构型：

<u>1</u> 最大起飞重量；

<u>2</u> 最后重心位置；

<u>3</u> 襟翼在最有利爬升位置；

<u>4</u> 起落架收起和放下位置；

<u>5</u> 如果适用，偏航增稳接通和断开；

<u>6</u> 工作发动机在最大连续功率；

<u>7</u> 失效发动机应对于操纵性最为临界，如果适用，失效发动机的螺旋桨设为顺桨。

（b）试验程序：

飞机配平到 $1.4V_s$，演示飞机在以 $1.4V_{S1}$ 稳定爬升时，以 20°滚转角分别向工作发动机和失效发动机方向转弯，飞行员应该不需要特殊的驾驶技巧就可进行平稳、可预测的转弯。

（c）AC25 - 7C 第 22 条 b(3)，(4)和(5)段。

（4）危险：超出飞机滚转角/速率或者结构载荷限制。

（5）风险等级：中。

（6）原因：

（a）以最大速率压到满偏；

（b）突然终止横向机动；

（c）不对称推力：一个发动机为最大连续推力，另一侧发动机慢车。

（7）降低风险措施：

（a）每次试飞前同所有参与者回顾所有临界的试验条件和相关的危险；

（b）如果可行，建议飞行员/参与者在模拟器上练习临界的条件下的操纵和改出技术；

（c）先检查全发状态下的横向/航向操纵品质再模拟发动机失效状态；

（d）实时监控在实际试验条件下关键飞行试验参数；

（e）演示飞机滚转率峰值能力时先逐步增加盘偏转量和速率。避免突然终止滚转机动。

（8）应急程序：如果载荷超限，应进行航后检查。

17. 第 25.149 条 最小操纵速度

a. THA 编号：1

（1）条款号：25.149(e)。

（2）试验名称：V_{MCG}。

（3）试验描述：

（a）试验从高速到低速；

（b）最严酷状况是小重量和后重心；

（c）前轮转向断开或前轮抬离跑道模拟湿滑的跑道；

（d）不使用动刹车；

（e）至少切断燃油一次以对比与慢车油门的差别。

见 AC25 - 7C 第 23 条 b(3)段。

(4) 危险:发动机损坏/失效。

(5) 风险等级:高。

(6) 原因:

(a) 对切断油门的反应;

(b) 过大的偏航引起发动机喘振。

(7) 降低风险措施:

(a) 试飞员对试验飞机非常了解并具备 V_{MCG} 试验经验;

(b) 在模拟器上进行预演;

(c) 降低推力不对称量后进行检查(如将燃油切断改为慢车);

(d) 从远高于预期最小操纵速度的速度点开始切断油门,逐步降低速度进行数次试验;

(e) 如果不能恢复航向控制,将工作发动机的油门收至慢车位,并在跑道上中止试验。在低速度下将飞机强行拉起至空中是不合适的,即使飞机即将离地;

(f) 对于航向控制,如有需要可以接通前轮转弯。前轮转弯接通时,确认方向舵脚蹬接近中立位置,以避免大的偏航输入;

(g) 所有的试验在白天、目视飞行气象条件 VMC 下,在平整、硬质表面的干跑道上进行。任何方向的风速不大于 5 kn,不允许顺风;

(h) 飞行前熟悉程序(推油门继续,收油门停止);

(i) 最小机组佩戴头盔和手套;

(j) 飞行机组熟悉应急撤离程序;

(k) 选择足够长和宽的跑道进行试验;

(l) 所有车辆和人员需距离跑道至少 400 ft;

(m) 地面支援人员需准备好支援设备,如冷却风扇等;

(n) 应急出口可用且功能正常;

(o) 实时监控临界发动机参数。

(8) 应急程序:

(a) 接通前轮转弯,减小推力至慢车位以降低推力不对称量,如有需要,使用所有的飞控、刹车和前轮转弯以恢复对飞机控制;

(b) 如果前轮在 V_{MCG} 试验中不与跑道接触,施加低头力。接通前轮转弯,减小推力至慢车位以降低推力不对称量,如有需要,使用所有的飞控、刹车和前轮转弯以恢复对飞机的控制。

b. THA 编号:3

(1) 条款号:25.149。

(2) 试验名称:空中最小操纵速度 V_{MCA}/进场着陆最小操纵速度 V_{MCL}—静态。

(3) 试验描述:参见 AC25 - 7C 第 23 条 b 段。

(a) V_{MCA}：

1 最不利重心位置(通常为后重心)；

2 起飞配平；

3 最小总重以获得最小的失速速度；

4 最严酷的起飞构型；

5 滚转角最大5°(由申请人选择)；

6 考虑横向燃油不平衡。

(b) V_{MCL}：

1 进场构型和复飞推力；

2 最不利重心位置(通常为前重心)；

3 进近配平；

4 最小总重以得最小失速速度；

5 最严酷的进场构型；

6 如果适用,螺旋桨应置于风车或自动顺桨状态；

7 滚转角最大5°(由申请人选择)。

(4) 危险:发动机失效。

(5) 风险等级:高。

(6) 原因:

(a) 扰乱的气流；

(b) 机械故障；

(c) 供油不足。

(7) 降低风险措施:

(a) 熟悉 AFM 程序中的重起和单发操作；

(b) 不应在低于一定的离地高度进行试验。如果失去全部推力,这将可以提供一定高度来重起发动机；

(c) APU 工作以辅助空中起动；

(d) 试验开始时手动接通燃油泵；

(e) 初始试验中手动接通发动机点火开关,或者直到自动点火得到满意的演示；

(f) 确定终止试验的最小燃油量；

(g) 天气:目视飞行气象条件且地面可见。

c. THA 编号:4

(1) 条款号:25.149。

(2) 试验名称:空中最小操纵速度 V_{MCA}/进场着陆最小操纵速度 V_{MCL}—静态。

(3) 试验描述:参见 AC25 - 7C 第 23 条 b 段。

(a) V_{MCA}：

　　1　最不利重心位置(通常为后重心);

　　2　起飞配平;

　　3　最小总重以获得最小的失速速度;

　　4　最严酷的起飞构型;

　　5　滚转角最大 5°(由申请人选择);

　　6　考虑横向燃油不平衡。

　　(b) V_{MCL}:

　　1　进场构型和复飞推力;

　　2　最不利重心位置(通常为前重心);

　　3　进场配平;

　　4　最小总重以得最小失速速度;

　　5　最严酷的进场构型;

　　6　如果适用,螺旋桨应置于风车或自动顺桨状态;

　　7　滚转角最大 5°(由申请人选择)。

　　(4) 危险:失去控制。

　　(5) 风险等级:高。

　　(6) 原因:意外失速/偏离。

　　(7) 降低风险措施:

　　(a) 飞行员应熟悉飞机的低速、大迎角的操纵品质以及失速改出技术;

　　(b) 回顾预期的最小操纵速度;

　　(c) 采用逐步降低速度,逐步逼近的方法;

　　(d) 实时监控结构载荷;

　　(e) 飞行前熟悉发动机失效程序、快速起动程序以及水上迫降程序;

　　(f) 航向控制操纵品质试飞和轻重量后重心失速特性应在空中最小操纵速度试验前完成;

　　(g) 动态空中最小操纵速度应是 $1.1V_S$ 或者 $1.1V_{MCA}$ 静态,两者中大者;

　　(h) 达到状态后轻轻释放方向舵(改出时不要反向操纵方向舵);

　　(i) V_{MCA} 试验不可以在失速警告或无动力失速速度(取大者)以下进行;

　　(j) 最低可用高度为一定值;

　　(k) 失速改出伞应工作,且飞行员熟悉其操作;

　　(l) 最小飞行机组;

　　(m) 地面风速应限制为一定的数值(为跳伞逃生考虑);

　　(n) 机组穿戴降落伞和头盔;

　　(o) 天气:目视飞行条件且地面可见;

　　(p) 机组上机进行试验前应在模拟器上练习机动动作;

　　(q) 总重应尽可能小,以保持失速速度低于预期的最小操纵速度。

（8）应急程序：

（a）根据需要减小迎角，提高空速并减小油门以保持方向控制；

（b）最小可用燃油量限制在一定数值；

（c）APU 应工作并带载。

d. THA 编号：7

（1）条款号：25.149。

（2）试验名称：空中最小操纵速度 V_{MCA}／进场着陆最小操纵速度 V_{MCL}—动态。

（3）试验描述：参见 AC25 - 7C 第 23 条 b 段。

（a）V_{MCA}：

$\underline{1}$ 最不利重心位置（通常为后重心）；

$\underline{2}$ 起飞配平；

$\underline{3}$ 最小总重以获得最小的失速速度；

$\underline{4}$ 最严酷的起飞构型；

$\underline{5}$ 滚转角最大 5°（由申请人选择）；

$\underline{6}$ 考虑横向燃油不平衡。

（b）V_{MCL}：

$\underline{1}$ 进场构型和复飞推力；

$\underline{2}$ 最不利重心位置（通常为前重心）；

$\underline{3}$ 进场配平；

$\underline{4}$ 最小总重以得最小失速速度；

$\underline{5}$ 最严酷的进场构型；

$\underline{6}$ 如果适用，螺旋桨应置于风车或自动顺桨状态；

$\underline{7}$ 滚转角最大 5°（由申请人选择）。

（c）动态：

$\underline{1}$ 在 V_{MCA}／V_{MCL} 发动机失效；

$\underline{2}$ 考虑反应时间；

$\underline{3}$ 航向改变不超过 20°。

（4）危险：飞机抬头。

（5）风险等级：高。

（6）原因：发动机停车后机头上仰。

（7）降低风险措施：

（a）飞行员必须熟悉飞机在低速度、大迎角下的操纵特性和失速改出技术；

（b）飞行员必须了解机头自动上仰的可能性并做好准备采取适当操纵以保证飞机继续安全飞行；

（c）失速改出伞必须是功能可用且飞行员熟悉其操纵程序；

（d）最小机组；

（e）试验时地面风需限制在一定数值内（考虑跳伞）；

（f）机组佩带降落伞和头盔；

（g）天气：目视飞行条件且地面可见。

e. THA 编号:8

（1）条款号：25.149。

（2）试验名称：空中最小操纵速度 V_{MCA}/进场着陆最小操纵速度 V_{MCL}—动态。

（3）试验描述：参见 AC25-7C 第 23 条 b 段。

（a） V_{MCA}：

1 最不利重心位置（通常为后重心）；

2 起飞配平；

3 最小总重以获得最小的失速速度；

4 最严酷的起飞构型；

5 滚转角最大 5°（由申请人选择）；

6 考虑横向燃油不平衡。

（b） V_{MCL}：

1 进场构型和复飞推力；

2 最不利重心位置（通常为前重心）；

3 进场配平；

4 最小总重以得最小失速速度；

5 最严酷的进场构型；

6 如果适用，螺旋桨应置于风车或自动顺桨状态；

7 滚转角最大 5°（由申请人选择）。

（c）动态：

1 在 V_{MCA}/V_{MCL} 发动机失效；

2 考虑反应时间；

3 航向改变不超过 20°。

（4）危险：发动机失效。

（5）风险等级：高。

（6）原因：

（a）受扰动的气流；

（b）机械故障；

（c）供油不足。

（7）降低风险措施：

（a）回顾 AFM 程序中的重起和单发操作；

（b）不应在低于一定的离地高度进行试验，如果失去全部推力，这将可以提供一定的离地高度来重起发动机；

（c）APU 工作以辅助空中起动；

（d）试验时手动接通燃油泵；

（e）试验时手动接通发动机点火，或者直到自动点火得到满意的演示；

（f）机组上机进行试验前应在模拟器上进行机动动作练习；

（g）最小飞行机组；

（h）确定终止试验的最小燃油；

（i）天气：目视飞行条件且地面可见；

（j）最小可用燃油量限制在一定数值。

f. THA 编号：9

（1）条款号：25.149。

（2）试验名称：空中最小操纵速度 V_{MCA}/进场着陆最小操纵速度 V_{MCL}—动态。

（3）试验描述：参见 AC25-7C 第 23 条 b 段。

（a）V_{MCA}：

1 最不利重心位置（通常为后重心）；

2 起飞配平；

3 最小总重以得到最小的失速速度；

4 最严酷的起飞构型；

5 滚转角最大 5°（由申请人选择）；

6 考虑横向燃油不平衡。

（b）V_{MCL}：

1 进场构型和复飞推力；

2 最不利重心位置（通常为前重心）；

3 进场配平；

4 最小总重以得最小失速速度；

5 最严酷的进场构型；

6 如果适用，螺旋桨应置于风车或自动顺桨状态；

7 滚转角最大 5°（由申请人选择）。

（c）动态：

1 在 V_{MCA}/V_{MCL} 发动机失效；

2 考虑反应时间；

3 航向改变不超过 20°。

（4）危险：失去控制。

（5）风险等级：高。

（6）原因：意外失速/偏航。

（7）降低风险措施：

（a）飞行员应熟悉飞机的低速、大迎角的操纵品质以及失速改出技术；

（b）回顾预期的最小操纵速度；

（c）采用使用逐步降低速度，逐步逼近的方法；

（d）实时监控结构载荷；

（e）飞行前熟悉发动机失效程序、快速起动程序以及水上迫降程序；

（f）航向控制操纵品质试验和轻重量后重心失速特性应在所有空中最小操纵速度试验前完成；

（g）试飞过程中要评估方向舵操纵力和飞机操纵能力，一旦出现不可接受的操纵品质就立即改出（例如脚蹬力方向）。如果必要，减小工作发动机的推力以帮助改出；

（h）动态空中最小操纵速度应是 $1.1V_S$ 或者 $1.1V_{MCA}$-静态，两者中大者；

（i）达到状态后轻轻释放方向舵（改出时不要反向操纵方向舵）；

（j）V_{MCA} 试验不可以在失速警告或无动力失速速度（取大者）以下进行；

（k）试验最低可用高度为一定值；

（l）失速改出伞功能可用，且飞行员熟悉其操作；

（m）最小飞行机组；

（n）地面风速应限制为一定数值（跳伞逃生考虑）；

（o）机组穿戴降落伞和头盔；

（p）天气：目视飞行条件且地面可见；

（q）机组上机试验前应在模拟器上练习机动动作；

（r）总重应尽可能小，以保持失速速度低于预期的最小操纵速度。

（8）应急程序：

（a）根据需要降低迎角、增加空速和减小油门以保持航向控制；

（b）最小可用燃油量为一定数值；

（c）APU 工作并且带载。

g. THA 编号：10

（1）条款号：25.149。

（2）试验名称：空中最小操纵速度 V_{MCA}/进场着陆最小操纵速度 V_{MCL}—动态。

（3）试验描述：参见 AC25-7C 第 23 条 b 段。

（a）V_{MCA}：

1 最不利重心位置（通常为后重心）；

2 起飞配平；

3 最小总重以得到最小的失速速度；

4 最严酷的起飞构型；

5 滚转角最大 5°（由申请人选择）；

6 考虑横向燃油不平衡。

（b）V_{MCL}：

<u>1</u> 进场滚转和复飞推力；

<u>2</u> 最不利重心位置（通常为前重心）；

<u>3</u> 进场配平；

<u>4</u> 最小总重以得最小失速速度；

<u>5</u> 最严酷的进场构型；

<u>6</u> 如果适用,螺旋桨应置于风车或自动顺桨状态；

<u>7</u> 滚转角最大 5°（由申请人选择）。

（c）动态：

<u>1</u> 在 V_{MCA}/V_{MCL} 发动机失效；

<u>2</u> 考虑反应时间；

<u>3</u> 航向改变不超过 20°。

（4）危险：结构损伤。

（5）风险等级：高。

（6）原因：

（a）改出时出现载荷超限；

（b）不适当的控制输入。

（7）降低风险措施：

（a）完成了估算和确定相关特性的取证试验；

（b）通过测试设备实时监控试验状态；

（c）试飞员熟悉飞机和 V_{MCA} 试验；

（d）每个状态下的失速速度是已知/确定的；

（e）飞行员应熟悉并讲评不正常姿态的改出。

（8）应急程序：如果感觉飞机失去控制,通过降低工作发动机的推力或者增加"失效"发动机的推力来降低推力不对称,并且增加飞机速度。

h. THA 编号：11

（1）条款号：25.149。

（2）试验名称：空中最小操纵速度 V_{MCA}/进场着陆最小操纵速度 V_{MCL}—静态。

（3）试验描述：参见 AC25-7C 第 23 条 b 段。

（a）V_{MCA}：

<u>1</u> 最不利重心位置（通常为后重心）；

<u>2</u> 起飞配平；

<u>3</u> 最小总重以得到最小的失速速度；

<u>4</u> 最严酷的起飞构型；

<u>5</u> 滚转角最大 5°（由申请人选择）；

<u>6</u> 考虑横向燃油不平衡。

（b）V_{MCL}：

1　进场构型和复飞推力；

2　最不利重心位置（通常为前重心）；

3　进场配平；

4　最小总重以得最小失速速度；

5　最严酷的进场构型；

6　如果适用，螺旋桨应置于风车或自动顺桨状态；

7　滚转角最大 5°（由申请人选择）。

（4）危险：失速。

（5）风险等级：高。

（6）原因：减速至失速速度以下。

（7）降低风险措施：

（a）飞行前熟悉发动机失效程序和快速起动程序；

（b）在最低可用高度和重量进行试验；

（c）最小飞行机组；

（d）采用逐步逼近的方法：通过连续的降低速度以获得最小速度；

（e）使用飞行员 PFD 上的指示空速；

（f）在 V_{MCA} 试验之前进行航向操纵特性检查；

（g）检查的最小速度为 $1.1V_S$（仅是动态 V_{MCA} 试验）；

（h）机组上机前要在模拟器上练习相关机动动作；

（i）最小可用燃油量为一定数值。

i. THA 编号：12

（1）条款号：25.149。

（2）试验名称：空中最小操纵速度 V_{MCA}／进场着陆最小操纵速度 V_{MCL}—动态。

（3）试验描述：参见 AC25‐7C 第 23 条 b 段。

（a）V_{MCA}：

1　最不利重心位置（通常为后重心）；

2　起飞配平；

3　最小总重以得到最小的失速速度；

4　最严酷的起飞构型；

5　滚转角最大 5°（由申请人选择）；

6　考虑横向燃油不平衡。

（b）V_{MCL}：

1　进场构型和复飞推力；

2　最不利重心位置（通常为前重心）；

3　进场配平；

4　最小总重以得最小失速速度；

<u>5</u> 最严酷的进场构型；

<u>6</u> 如果适用,螺旋桨置于风车或自动顺桨状态；

<u>7</u> 滚转角最大 5°(由申请人选择)。

(c) 动态:

<u>1</u> 在 V_{MCA}/V_{MCL} 发动机失效；

<u>2</u> 考虑反应时间；

<u>3</u> 航向改变不超过 20°。

(4) 危险:失速。

(5) 风险等级:高。

(6) 原因:减速至失速速度以下。

(7) 降低风险措施:

(a) 飞行前熟悉发动机失效程序和快速起动程序；

(b) 在最低可用高度和重量进行试验；

(c) 最小飞行机组；

(d) 采用逐步逼近的方法:通过连续的降低速度以获得最小速度；

(e) 使用飞行员 PFD 指示空速；

(f) 在 V_{MCA} 试验之前进行航向操纵特性检查；

(g) 机组上机前要在模拟器上练习相关机动动作；

(h) 在任何 V_{MCA} 试验前先完成航向操纵品质检查和轻重量/后重心失速特性；

(i) 动态 V_{MCA} 试验的最小速度将是 $1.1V_S$ 或 $1.1V_{MCA}$ 静态的大者；

(j) 总重应尽可能低,以维持 V_S 小于预测的 V_{MC}。

(8) 应急程序:

(a) 根据需要减低迎角、提高空速和减小油门以保持航向控制；

(b) 最小可用燃油量为一定数值；

(c) APU 工作并带载。

j. THA 编号:13

(1) 10.1 条款号:25.149(e)。

(2) 试验名称:地面最小操纵速度 V_{MCG}。

(3) 试验描述:参见 AC25 - 7C 第 23 条 b(3)段。

(a) 试验从高速到低速；

(b) 最严酷状况是小重量和后重心；

(c) 前轮转弯断开或前轮抬离跑道模拟打滑的跑道；

(d) 不使用差动刹车；

(e) 至少切断燃油一次以便对比与慢车油门的差别。

(4) 危险:飞机偏离跑道。

(5) 风险等级:高。

（6）原因：

（a）轮胎失效/起落架折断；

（b）推力不对称；

（c）主飞控失效；

（d）地面最小操纵速度大于预测。

（7）降低风险措施：

（a）试飞员熟悉飞机并有地面最小操纵速度试验的经验；

（b）在模拟器上练习试验动作；

（c）降低推力不对称后开始检查（如：将燃油切断改为慢车）；

（d）从远大于预期最小操纵速度的点开始试验，逐步降低速度进行数次试验；

（e）如果飞机的航向控制不能恢复，将工作发动机收至慢车，在跑道上停止。在低速时强行起飞是不合适的，即使飞机能立即离地；

（f）如果航向控制需要，接通前轮转弯，保证方向舵脚蹬靠近中立位置，以避免大的偏航输入；

（g）所有试验应在白天、目视飞行规则条件下，在平整的、硬质的干跑道上进行。风速应为 5 kn 或者更小（从任何方向），不允许顺风；

（h）实时监控关键参数（轮胎温度、起落架载荷、发动机健康状态、中心线偏离等）；

（i）熟悉终止程序（推油门继续，收油门停止）；

（j）在试验间隙期间检查机轮、轮胎和刹车；

（k）最小机组穿戴头盔和手套；

（l）飞行机组回顾紧急撤离程序；

（m）选择足够长度和宽度的跑道进行试验；

（n）所有设备和人员应离跑道至少 400 ft；

（o）地面支持人员应携带支持设备、冷却风扇等待命；

（p）应急出口可用且功能正常。

（8）应急程序：

（a）接通前轮转弯（如果可用），减小推力至慢车位以降低推力不对称量，如有需要，使用所有的飞控、刹车和前轮转弯以恢复对飞机的控制；

（b）如果 V_{MCG} 试验中前轮不与跑道接触，施加低头力。接通前轮转弯，减小推力至慢车位以降低推力不对称量，如有需要，使用所有的飞控、刹车和前轮转弯以恢复对飞机的控制。

k. THA 编号：37

（1）条款号：25.149(e)。

（2）试验名称：地面最小操纵速度（V_{MCG}）。

（3）试验描述：见 AC25 - 7C 第 23 条 b(3)段。

（a）试验从高速到低速；

（b）最严酷状况是小重量和后重心；

（c）前轮转向断开或前轮抬离跑道模拟打滑的跑道；

（d）不使用差动刹车；

（e）至少断燃油一次以便对比与慢车油门的差别。

（4）危险：起落架塌下。

（5）风险等级：高。

（6）原因：

（a）轮胎失效；

（b）推力不对称；

（c）主飞行控制失效；

（d）地面最小操纵速度大于预测。

（7）降低风险措施：

（a）试飞员熟悉飞机并有地面最小操纵速度试验经验；

（b）模拟器练习试验；

（c）降低推力不对称量后逐步开展试验（如将发动机燃油切断改为慢车）；

（d）试验进行若干次，最初的燃油切断发生在大于预期的最小操纵速度之上；

（e）如果起落架折断，在跑道上终止试验；

（f）如果航向控制需要，使用前轮转弯，使用时确认方向舵脚蹬靠近中立位置以避免过大的偏航输入；

（g）所有试验应在白天、目视飞行规则条件下，在平整的、硬质的干跑道上进行。风速应为 5 kn 或者更小（从任何方向），不允许顺风；

（h）实时监控关键参数（轮胎温度、起落架载荷、发动机状态、中心线偏离等等）；

（i）熟悉终止程序（收油门并停止）；

（j）在试验间隙时检查机轮、轮胎和刹车；

（k）最小机组穿戴头盔和手套；

（l）飞行机组回顾应急撤离程序；

（m）选择足够长度和宽度的跑道进行试验；

（n）所有设备和人员应离跑道至少 400 ft；

（o）地面支持人员应携带支持设备、冷却风扇等待命；

（p）应急出口可用且功能正常。

（8）应急程序：

（a）接通前轮转弯，减小推力至慢车位以使推力不对称量最小，如有需要，使用所有的飞行控制、刹车和前轮转向以恢复对飞机的控制；

（b）如果 V_{MCG} 试验中前轮离地，施加低头力。接通前轮转弯，减小推力至慢车位以使推力不对称量最小,如有需要,使用所有的飞行控制、刹车和前轮转向以恢复对飞机的控制。

l. THA 编号:129

(1) 条款号:25.149(b)。

(2) 试验名称:V_{MCA}/V_{MCL}—静态。

(3) 试验描述:参见 AC25-7C 第23条 b 段。

(a) V_{MCA}:

<u>1</u> 最不利重心位置(通常为后重心);

<u>2</u> 起飞配平;

<u>3</u> 最小总重以获得最小的失速速度;

<u>4</u> 最严酷的起飞构型;

<u>5</u> 滚转角最大 5°(由申请人选择);

<u>6</u> 考虑横向燃油不平衡。

(b) V_{MCL}:

<u>1</u> 进场构型和复飞推力;

<u>2</u> 最不利重心位置(通常为前重心);

<u>3</u> 进场配平;

<u>4</u> 最小总重以得最小失速速度;

<u>5</u> 最严酷的进场构型;

<u>6</u> 如果适用,螺旋桨应置于风车或自动顺桨状态;

<u>7</u> 滚转角最大 5°(由申请人选择)。

(4) 危险:结构损伤。

(5) 风险等级:高。

(6) 原因:

(a) 改出时出现载荷超限;

(b) 不适当的控制输入。

(7) 降低风险措施:

(a) 完成了估算和确定相关特性的取证试验;

(b) 通过测试系统实时监控试验;

(c) 试飞员熟悉飞机状态和 V_{MCA} 试验;

(d) 每个状态下的失速速度是已知/确定的;

(e) 飞行员应熟悉并讲评不正常姿态的改出。

(8) 应急程序:如果感觉失去控制,通过降低正常发动机的推力或者增加"失效"发动机的推力来降低推力不对称量,并且增加飞机速度。

第 4 节 配 平

18. 第 25.161 条 配平

a. THA 编号:176

(1) 条款号:25.161。

(2) 试验名称:配平试验。

(3) 试验描述:飞机必须能配平到零杆力:

(a) 横向和航向轴上,重心在最不利的横向位置、操作限制从 $1.3V_{SR1}$ 到 V_{MO}/M_{MO};

(b) 爬升、进近和水平飞行时的纵向配平;

(c) 横向、航向和纵向配平在下列情况下必须可配平到零杆力:

1 临界发动机停车;

2 其余的发动机最大连续功率;

3 起落架和襟翼收起;

4 速度 $1.3V_{SR1}$;

5 不大于 5°坡度。

(d) 四发及以上飞机,按照 25.123 确定的双发不工作的航路上直线段(即每一段都是直线,可以是平飞或爬升、下降)飞行要求的重心、速度、功率和构型下,必须表明横向、航向和纵向配平至零杆力。

(4) 危险:失去控制。

(5) 风险等级:中。

(6) 原因:

(a) 横向重心大幅偏移导致横向操纵效率降低;

(b) 单发不工作对横航向操纵效率的影响。

(7) 降低风险措施:

使用逐步逼近的方法:

(a) 对称推力试验点先于不对称推力试验点;

(b) 没有横向重心偏移的试验点先于横向重心偏移试验点;

(c) 慢车不对称推力试验点先于发动机关闭试验点;

(d) 高速试验点先于低速试验点(更大的操纵效率);

(e) 如果达到配平最大权限终止试验。

b. THA 编号:177

(1) 条款号:25.161。

(2) 试验名称:配平试验。

（3）试验描述：飞机必须能配平到零杆力：

（a）横向和航向轴上，重心在最不利的横向位置、操作限制从 $1.3V_{SR1}$ 到 V_{MO}/M_{MO}；

（b）爬升、进近和水平飞行时的纵向配平；

（c）横向、航向和纵向配平在下列情况下必须可配平到零操纵力：

1　临界发动机停车；

2　其余的工作发动机最大连续功率；

3　起落架和襟翼收起；

4　速度 $1.3V_{SR1}$；

5　不大于 5°坡度。

（d）四发及以上飞机，按照 25.123 确定的双发不工作的航路上直线段（即每一段都是直线，可以是平飞或爬升、下降）飞行要求的重心、速度、功率和构型下，必须表明横向、航向和纵向配平至零杆力。

（4）危险：工作发动机失效。

（5）风险等级：中。

（6）原因：非标准的燃油程序或者横向不对称所需的燃油加载引起的供油不足。

（7）降低风险措施：

（a）任何非常规的燃油操纵步骤都要充分讲评；

（b）确定最低燃油量并全程监控。

c. THA 编号：229

（1）条款号：25.161。

（2）试验名称：配平试验。

（3）试验描述：

飞机必须能配平到零杆力：

（a）横向和航向轴上，重心在最不利的横向位置、操作限制从 $1.3V_{SR1}$ 到 V_{MO}/M_{MO}；

（b）爬升、进场和水平飞行时的纵向配平；

（c）横向、航向和纵向配平在下列情况下必须可配平到零操纵力：

1　临界发动机停车；

2　其余发动机最大连续功率；

3　起落架和襟翼收起；

4　速度 $1.3V_{SR1}$；

5　滚转角小于 5°。

（d）四发及以上飞机，按照 25.123 确定的双发不工作的航路上直线段（即每一段都是直线，可以是平飞或爬升、下降）飞行要求的重心、速度、功率和构型下，必须表明横向、航向和纵向配平至零杆力。

（4）危险：失去控制。

（5）风险等级：中。

（6）原因：

（a）横向重心过大偏移导致横向操纵效率降低；

（b）单发不工作对横航向操纵效率的影响。

（7）降低风险措施：

使用逐步逼近的方法：

（a）对称推力试验点先于不对称推力试验点；

（b）没有横向重心偏移的试验点先于横向重心偏移试验点；

（c）慢车不对称推力试验点先于发动机关闭试验点；

（d）高速试验点先于低速试验点（更大的操纵效率）；

（e）如果达到配平最大权限，则终止试验。

d. THA 编号：230

（1）条款号：25.161。

（2）试验名称：配平试验。

（3）试验描述：

飞机必须能配平到零杆力：

（a）横向和航向轴上，重心在最不利的横向位置、操作限制从 $1.3V_{\mathrm{SR1}}$ 到 $V_{\mathrm{MO}}/M_{\mathrm{MO}}$；

（b）爬升、进场和水平飞行时的纵向配平；

（c）横向、航向和纵向配平在下列情况下必须可配平到零操纵力：

1 临界发动机停车；

2 其余发动机最大连续功率；

3 起落架和襟翼收起；

4 速度 $1.3V_{\mathrm{SR1}}$；

5 滚转角小于 5°。

（d）四发和以上飞机，按照 25.123 确定的双发不工作的航路上直线段（即每一段都是直线，可以是平飞或爬升、下降）飞行要求的重心、速度、功率和构型下，必须表明横向、航向和纵向配平至零杆力。

（4）危险：工作发动机失效。

（5）风险等级：中。

（6）原因：非标准的燃油程序或者横向不对称所需的燃油加载引起的供油不足。

（7）降低风险措施：

（a）任何非常规的燃油操纵步骤都要充分讲评；

（b）确定最低燃油量并全程监控。

第 5 节　稳　定　性

19. 第 25.171 条　总则【备用】

20. 第 25.173 条　纵向静稳定性

a. THA 编号:190

(1) 条款号:25.173。

(2) 试验名称:纵向静稳定性试验。

(3) 试验描述:按照 AC25 - 7C 第 5 节稳定性第 26 条 25.173 和 25.175。

两个基本要求:

(a) 表明当速度稳定在小于配平速度时需要拉杆力,速度大于配平速度时需要推杆力。平均杆力梯度应至少为 6 kn/lb,局部斜率应是稳定的;

(b) 操纵杆自由恢复速度带应小于配平速度的 $\pm 10\%$,巡航时小于 $\pm 7.5\%$。

应在如下条件下有满意的纵向静稳定性:

(a) 爬升时 $V_y \pm 15\%$;

(b) 高速和低速巡航时,配平速度的 ± 50 kn 或 $\pm 15\%$;

(c) 起落架放下且

$\underline{1}$ 襟翼收起,速度在 $1.3 V_{SR}$ 和 V_{LE} 之间;

$\underline{2}$ 襟翼进近构型,速度在失速警告和 $1.7 V_{SR}$ 之间;

$\underline{3}$ 襟翼着陆构型,速度在失速警告和 $1.7 V_{SR}$ 之间。

(4) 危险:失去控制。

(5) 风险等级:中。

(6) 原因:

(a) 低速:

$\underline{1}$ 低速试验点时的意外的失速和后续偏离;

$\underline{2}$ 由于过后的重心导致在低速时的过渡操纵。

(b) 高速:

$\underline{1}$ 速度大于 M_{MO} 时马赫数对于稳定性和操纵性的影响;

$\underline{2}$ 跨声速时由于空速系统误差导致超出目标马赫数;

$\underline{3}$ 操纵力减轻或者反向,导致改出时的过渡操纵或驾驶员诱发振荡(PIO);

$\underline{4}$ 高马赫数/高动压下由于压气机失速导致的突然的不对称推力偏航。

(7) 降低风险措施。

(a) 低速:

$\underline{1}$ 为低速试验点确定最低高度,以便有足够的高度使从气动失速改出时(机头下俯)不必增加推力；

　　2　失速警告触发时终止试验；

　　3　重心包线的扩展应从前重心开始,并逐步向后移动。对比估算值和以前的试验结果；

　　4　在进行接近后重心限制的试验前,应实际称重以验证配重设备和重心；

　　5　试验应在平稳气流、白天、目视飞行气象条件下进行；

　　6　在符合要求的速度范围内如果遭遇杆力反向时,终止试验并返场；

　　7　事先熟悉失速和尾旋改出程序。

　　(b) 高速：

　　1　确定改出程序并在模拟器上练习,改出程序应考虑由于推力改变和扰流板打开引起的俯仰力矩变化；

　　2　飞行员应熟悉高马赫数下飞机的操纵品质和偏离特性；

　　3　使用基于前支杆总压和拖锥静压的已修正延迟的试验马赫数进行大于 M_{MO} 速度的试验；

　　4　最小机组上机；

　　5　机组人员穿戴降落伞和头盔；

　　6　地面风速应限制为 25 kn(基于跳伞的考虑)；

　　7　采用逐步逼近方法进行重心包线扩展,先前重心,最后至后重心极限；

　　8　试验应在平稳气流和白天、目视飞行气象条件下进行；

　　9　如果遭遇制止性的抖振,终止试验；

　　10　如果在符合性要求的速度范围内遭遇杆力反向时,终止试验并返场；

　　11　应考虑安装高速改出伞,如果安装,在试验前检查并预位；

　　12　试验和改出的最低高度应熟悉并遵守；

　　13　在大于 V_{MO}/M_{MO} 的速度下改变油门时,改变量应尽量小。当需要时,油门移动应是平稳和谨慎的。

　　b. THA 编号：191

　　(1) 条款号：25.173。

　　(2) 试验名称：纵向静稳定性试验。

　　(3) 试验描述：按照 AC25-7C 第 5 节,稳定性,第 26 条 25.173 和 25.175。

　　(a) 两个基本要求：

　　1　表明当速度稳定在小于配平速度时需要拉杆力,速度大于配平速度时需要推杆力。平均杆力梯度应至少为 6 kn/lb,局部斜率应是稳定的；

　　2　操纵杆自由恢复速度带应小于配平速度的 ±10%,巡航时小于 ±7.5%。

　　(b) 应在如下条件下有满意的纵向静稳定性：

　　1　爬升时 $V_y±15\%$；

　　2　高速和低速巡航时,配平速度的 ±50 kn 或 ±15%；

<u>3</u>　起落架放下且：

（aa）襟翼收起，速度在 $1.3V_{SR}$ 和 V_{LE} 之间；

（bb）襟翼进近构型，速度在失速警告和 $1.7V_{SR}$ 之间；

（cc）襟翼着陆构型，速度在失速警告和 $1.7V_{SR}$ 之间。

（4）危险：结构损伤。

（5）风险等级：低。

（6）原因：

（a）低速：尝试获得试验数据时而意外超出起落架和襟翼标牌速度；

（b）高速：

<u>1</u>　速度大于 M_{MO} 时马赫数对于稳定性和操纵性的影响；

<u>2</u>　跨声速时由于大气数据系统误差导致超出目标马赫数；

<u>3</u>　操纵力减弱或者反向，导致改出时的过渡操纵或驾驶员诱发振荡（P10）；

<u>4</u>　高马赫数高动压下由于压气机失速导致的突然的不对称推力偏航。

（7）降低风险措施：

（a）低速：

<u>1</u>　机组人员熟悉、回顾并遵守所有适当的限制速度；

<u>2</u>　回顾高速和低速数据点，并综合考虑适当的高速、低速限制。

（b）高速：

<u>1</u>　确定改出程序并在模拟机上预先练习。改出程序应考虑由于推力改变和减速板打开引起的俯仰力矩变化；

<u>2</u>　飞行员应熟悉高马赫数下飞机的操纵品质和偏离特性；

<u>3</u>　使用基于前支杆总压和拖锥静压的已修正延迟的试验马赫数来进行大于 M_{MO} 速度的试验；

<u>4</u>　仅必需的机组人员；

<u>5</u>　机组人员穿戴降落伞和头盔；

<u>6</u>　地面风速应限制为 25 kn（基于跳伞的考虑）；

<u>7</u>　采用逐步逼近方法进行重心包线扩展，先前重心，最后至后重心极限；

<u>8</u>　试验应在平稳气流、白天、目视飞行气象条件下进行；

<u>9</u>　如果遭遇制止性的抖振，终止试验；

<u>10</u>　如果在符合性要求的速度范围内遭遇杆力反向时，终止试验并返场；

<u>11</u>　应考虑安装高速改出伞。如果安装，在试验前检查并预位；

<u>12</u>　试验和改出的最低高度应熟悉并遵守；

<u>13</u>　在大于 V_{MO}/M_{MO} 的速度下改变油门时，改变量应尽量小。当需要时，油门移动应是平稳和谨慎的。

21. 第 25.175 条 纵向静稳定性的演示

a. THA 编号:181

(1) 条款号:25.175。

(2) 试验名称:纵向静稳定性。

(3) 试验描述:见 AC25 - 7C 25.175。

按以下条件在平稳气流和临界重心位置(通常为后重心)配平飞机:

(a) 爬升构型、速度和推力;

(b) 巡航构型、高速(V_H 但不大于 V_{MO}/M_{MO})和低速($V_{MO}+1.3V_{SR1}$)/2;

(c) 起落架放下的巡航构型;

(d) 起落架收回的进近构型,速度为 $1.3V_{SR1}$;

(e) 着陆构型,速度为 $1.3V_{SR0}$,慢车和带功率。

改变空速但不改变推力和配平,高度保持在初始配平高度的 3 000 ft 内。在上述条件下按下列要求改变空速:

(a) 配平速度的 $\pm15\%$;

(b) $\pm15\%$ 或 50 kn,两者取大者;

(c) $\pm15\%$ 或 50 kn,两者取大者;

(d) V_{SW} 至 $1.7V_{SR1}$;

(e) V_{SW} 至 $1.7V_{SR0}$。

以上构型下的速度范围演示不必超出如下限制:

(a) 无额外限制;

(b) 不少于 $1.3V_{SR1}$,不大于 V_{FC}/M_{FC},不超过需要 50 lb 俯仰力的速度;

(c) 不大于 V_{LE},不少于 $1.3V_{SR1}$,不超过需要 50 lb 俯仰力的速度;

(d) 无额外定义的限制,但通常不超过 V_{FE};

(e) 无额外定义的限制,但通常不超过 V_{FE} 或者 V_{LE}。

(4) 危险:失去控制。

(5) 风险等级:中。

(6) 原因:在重心包线扩展中由于低杆力梯度引起的操纵过渡导致驾驶员诱发振荡、过渡负荷或失速。

(7) 降低风险措施:

(a) 应逐渐地扩展重心包线。扩展包线的飞行员在进入更后的重心之前应具备前一个后重心的经验;

(b) 重心调整系统应独立地经受两位观察员验证。

(c) 后重心扩展试验点:

1 仅最小机组上机;

2 机组人员穿戴降落伞和头盔;

<u>3</u> 地面风速小于一定数值（取决于降落伞类型）；

<u>4</u> 高度足够用于从意外的失速中改出。

b. THA 编号:182

（1）条款号:25.175。

（2）试验名称:纵向静稳定性。

（3）试验描述:按照 AC25-7C 25.175。

按以下条件在平稳气流和临界重心位置（通常为后重心）配平飞机：

（a）爬升构型、速度和推力；

（b）巡航构型、高速（V_H 但不大于 V_{MO}/M_{MO}）和低速（V_{MO}+1.3V_{SR1}）/2；

（c）起落架放下的巡航构型；

（d）起落架收回的进近构型,速度为 1.3V_{SR1}；

（e）着陆构型,速度为 1.3V_{SR0},慢车和带功率。

改变空速但不改变推力和配平,高度保持在初始配平高度的 3 000 ft 内。在上述条件下按下列要求改变空速：

（a）配平速度的±15%；

（b）±15%或 50 kn,两者取大者；

（c）±15%或 50 kn,两者取大者；

（d）V_{SW} 至 1.7V_{SR1}；

（e）V_{SW} 至 1.7V_{SR0}。

以上构型下的速度范围演示不必超出如下限制：

（a）无额外限制；

（b）不少于 1.3V_{SR1},不大于 V_{FC}/M_{FC},不超过需要 50 lb 俯仰力的速度；

（c）不大于 V_{LE},不少于 1.3V_{SR1},不超过需要 50 lb 俯仰力的速度；

（d）无额外定义的限制,但通常不超过 V_{FE}；

（e）无额外定义的限制,但通常不超过 V_{FE} 或者 V_{LE}。

（4）危险:超出飞机的结构限制。

（5）风险等级:中。

（6）原因:

（a）尝试获得数据时意外超出起落架和襟翼标牌速度限制；

（b）由于跨声速时全静压误差引起的超出计划的速度和马赫数。

（7）降低风险措施:

（a）机组成员应熟悉并回顾所有适当的构型限制速度（V_{FE},V_{LE},V_{LO},V_{MO},V_{FC},M_{MO},M_{FC}）,并遵守这些限制；

（b）应熟悉并显示全静压误差,飞行前应计算试验目标速度值；

（c）回顾并熟悉高速改出程序；

（d）如果结构损伤,进行操纵性检查并着陆,将构型变化降低至最小。

c. THA 编号：183

（1）条款号：25.175。

（2）试验名称：纵向静稳定性演示。

（3）试验描述：按照 AC25‐7C 25.175。

在平稳气流、临界重心位置（通常为后重心）和以下情况下配平飞机：

（a）爬升构型、速度和推力；

（b）巡航构型、高速（V_{MO} 但不大于 V_{MO}/M_{MO}）和低速（$V_{MO}+1.3V_{SR1}$）/2；

（c）起落架放下的巡航构型；

（d）起落架收回的进近构型，速度为 $1.3V_{SR1}$；

（e）着陆构型，速度为 $1.3V_{SR0}$，慢车和平飞功率。

改变空速但不改变推力和配平，高度保持在初始配平高度的 3 000 ft 内。在上述条件要求下的速度变化量如下所述：

（a）配平速度的 $\pm15\%$；

（b）$\pm15\%$ 或 50 kn，两者取大者；

（c）$\pm15\%$ 或 50 kn，两者取大者；

（d）V_{SW} 至 $1.7V_{SR1}$；

（e）V_{SW} 至 $1.7V_{SR0}$。

以上构型下的速度范围演示不必超出如下限制：

（a）无额外限制；

（b）不少于 $1.3V_{SR1}$，不大于 V_{FC}/M_{FC}，不超过需要 50 lb 俯仰操纵力的速度；

（c）不大于 V_{LE}，不少于 $1.3V_{SR1}$，不超过需要 50 lb 俯仰操纵力的速度；

（d）无额外限制，但通常不超过 V_{FE}；

（e）无额外限制，但通常不超过 V_{FE} 或者 V_{LE}。

（4）危险：失去控制。

（5）风险等级：中。

（6）原因：低速条件下的意外失速。

（7）降低风险措施：

（a）熟悉失速速度和最小试验速度；

（b）失速警告出现时终止试验；

（c）选择合适的最低高度用于改出失速。

d. THA 编号：184

（1）条款号：25.175。

（2）试验名称：纵向静稳定性演示。

（3）试验描述：按照 AC25‐7C 25.175。

在平稳气流、临界重心位置（通常为后重心）和以下情况下配平飞机：

（a）爬升构型、速度和推力；

(b) 巡航构型、高速(V_H 但不大于 V_{MO}/M_{MO})和低速($V_{MO}+1.3V_{SR1}$)/2；

(c) 起落架放下的巡航构型；

(d) 起落架收回的进近构型，速度为 $1.3V_{SR1}$；

(e) 着陆构型，速度为 $1.3V_{SR0}$，慢车和平飞功率。

改变空速但不改变推力和配平，高度保持在初始配平高度的 3 000 ft 内。在上述条件要求下的速度变化量如下所述：

(a) 配平速度的 $\pm15\%$；

(b) $\pm15\%$ 或 50 kn，两者取大者；

(c) $\pm15\%$ 或 50 kn，两者取大者；

(d) V_{SW} 至 $1.7V_{SR1}$；

(e) V_{SW} 至 $1.7V_{SR0}$。

以上构型下的速度范围演示不必超出如下限制：

(a) 无额外限制；

(b) 不少于 $1.3V_{SR1}$，不大于 V_{FC}/M_{FC}，不超过需要 50 lb 俯仰操纵力的速度；

(c) 不大于 V_{LE}，不少于 $1.3V_{SR1}$，不超过需要 50 lb 俯仰操纵力的速度；

(d) 无额外限制，但通常不超过 V_{FE}；

(e) 无额外限制，但通常不超过 V_{FE} 或者 V_{LE}。

(4) 危险：失去控制。

(5) 风险等级：中。

(6) 原因：

(a) 高速/高马赫数下未预料的飞行特性；

(b) 由于跨声速时的全静压误差导致超出目标条件。

(7) 降低风险措施。

(a) 熟悉高速改出程序：

1 减少推力；

2 展开减速板；

3 机翼水平并拉杆。

(b) 使用基于前支杆总压和拖锥静压的已修正延迟的试验马赫数来进行试验。

(c) 对于大于 V_{MO}/M_{MO} 的计划试验点：

1 高速改出伞已安装且功能正常；

2 仅最小机组上机；

3 机组人员穿戴降落伞和头盔；

4 地面风速低于一定数值(取决于降落伞类型)。

e. THA 编号：192

(1) 条款号：25.175。

(2) 试验名称：纵向静稳定性试验。

（3）试验描述：按照 AC25 - 7C 第 5 节稳定性，第 26 条 25.173 和 25.175。

两个基本要求：

（a）表明当速度稳定在小于配平速度时需要拉杆力，速度大于配平速度时需要推杆力。平均杆力梯度应至少为 6 kn/lb。局部斜率应是稳定的；

（b）操纵杆自由恢复速度带应小于配平速度的 ±10%，巡航时小于 ±7.5%。

应在如下条件下有满意的纵向静稳定性：

（a）爬升时 $V_y \pm 15\%$；

（b）高速和低速巡航时，配平速度的 ±50 kn 或 ±15%；

（c）起落架放下且

1 襟翼收起，速度在 $1.3V_{SR}$ 和 V_{LE} 之间；

2 襟翼进近构型，速度在失速警告和 $1.7V_{SR}$ 之间；

3 襟翼着陆构型，速度在失速警告和 $1.7V_{SR}$ 之间。

（4）危险：失去控制。

（5）风险等级：中。

（6）原因：

（a）低速：

1 低速试验点时的意外的失速和后续偏离；

2 由于过后的重心导致的在低速时的过渡操纵。

（b）高速：

1 速度大于 M_{MO} 时马赫数对于稳定性和操纵性的影响；

2 跨声速时由于空速系统误差导致超出目标马赫数；

3 操纵力减轻或者反向，导致改出时的过渡操纵或驾驶员诱发振荡；

4 高马赫数/高动压下由于压气机失速导致的突然的不对称推力偏航。

（7）降低风险措施：

（a）低速：

1 为低速试验点确定最低高度，以便改出失速时（机头下俯）无须增加推力；

2 失速警告触发时终止试验；

3 重心包线扩展应从前重心开始，并逐步向后移动。对比预期结果和试验结果；

4 在进行接近后重心限制的试验前，应实际称重以验证配重设备和重心；

5 试验应在平稳气流、白天、目视飞行气象条件下进行；

6 在符合性要求的速度范围内如果遇到杆力反向时，终止试验并返场；

7 事先熟悉失速和尾旋改出程序。

（b）高速：

1 确定改出程序并在模拟器上提前练习。改出程序应考虑由于推力改变和减速板打开引起的俯仰力矩变化；

<u>2</u>　飞行员应熟悉高马赫数下飞机的操纵品质和偏离特性；

<u>3</u>　使用基于前支杆全压和拖锥静压的已修正延迟的试验马赫数来进行大于 M_{MO} 速度的试验；

<u>4</u>　仅必需的机组人员上机；

<u>5</u>　机组人员穿戴降落伞和头盔；

<u>6</u>　地面风速应限制为 25 kn（基于跳伞的考虑）；

<u>7</u>　采用逐步逼近方式进行重心包线扩展，先前重心，最后至后重心；

<u>8</u>　试验应在平稳气流、白天、目视飞行气象条件下进行；

<u>9</u>　如果遭遇制止性的抖振，终止试验；

<u>10</u>　如果在符合要求的速度范围内遇到杆力反向时，终止试验并返场；

<u>11</u>　应考虑安装高速改出伞。如果安装，在试验前检查并预位；

<u>12</u>　试验和改出的最低高度应熟悉并遵守；

<u>13</u>　在大于 V_{MO}/M_{MO} 的速度下改变油门时，改变量应尽量小。当需要时，油门移动应是平稳和谨慎的。

f.　THA 编号：193

（1）条款号：25.175。

（2）试验名称：纵向静稳定性试验。

（3）试验描述：

根据 AC25-7C 第 5 节稳定性，第 26 条 25.173 和 25.175。

两个基本要求：

（a）应表明当速度稳定在小于配平速度时需要拉杆力，速度大于配平速度时需要推杆力。平均杆力梯度应至少为 6 kn/lb。局部斜率应是稳定的；

（b）操纵杆自由恢复速度带应小于配平速度的 $\pm10\%$，巡航时小于 $\pm7.5\%$。

应在如下条件下有满意的纵向静稳定性：

（a）爬升时 $V_y\pm15\%$；

（b）高速和低速巡航时，配平速度的 ±50 kn 或 $\pm15\%$；

（c）起落架放下且

<u>1</u>　襟翼收起，速度在 $1.3V_{SR}$ 和 V_{LE} 之间；

<u>2</u>　襟翼进近构型，速度在失速警告和 $1.7V_{SR}$ 之间；

<u>3</u>　襟翼着陆构型，速度在失速警告和 $1.7V_{SR}$ 之间。

（4）危险：结构损伤。

（5）风险等级：低。

（6）原因：

（a）低速：尝试获得试验数据时而意外超出起落架和襟翼标牌速度限制。

（b）高速：

<u>1</u>　速度大于 M_{MO} 时马赫数对于稳定性和操纵性的影响；

<u>2</u> 跨声速时由于空速系统误差导致超出目标马赫数;

<u>3</u> 操纵力减轻或者反向,导致改出时的过渡操纵或驾驶员诱发振荡;

<u>4</u> 高马赫数/高动压下由于压气机失速导致的突然的不对称推力偏航。

(7) 降低风险措施:

(a) 低速:

<u>1</u> 机组人员熟悉、回顾并遵守所有合适的限制速度;

<u>2</u> 回顾高速和低速数据点,并考虑合适的高速、低速限制。

(b) 高速:

<u>1</u> 确定改出程序并在模拟器上提前练习。改出程序应考虑由于推力改变和减速板打开引起的俯仰力矩变化;

<u>2</u> 飞行员应熟悉高马赫数下飞机的操纵品质和偏离特性;

<u>3</u> 使用基于前支杆全压和拖锥静压的已修正延迟的试验马赫数来进行大于 M_{MO} 的试验;

<u>4</u> 仅必需的机组人员上机;

<u>5</u> 机组人员穿戴降落伞和头盔;

<u>6</u> 地面风速应限制为 25 kn(基于跳伞的考虑);

<u>7</u> 采用逐步逼近方式进行重心包线扩展,先前重心,最后至后重心;

<u>8</u> 试验应在平稳气流、白天、目视飞行气象条件下进行;

<u>9</u> 如果遭遇制止性的抖振,终止试验;

<u>10</u> 如果在符合性要求的速度范围内遇到杆力反向时,终止试验并返场;

<u>11</u> 应考虑安装高速改出伞。如果安装,在试验前检查并预位;

<u>12</u> 试验和改出的最低高度应熟悉并遵守;

<u>13</u> 在大于 V_{MO}/M_{MO} 的速度下改变油门时,改变量应尽量小。当需要时,油门移动应是平稳和谨慎的。

22. 第 25.177 条 横向和航向静稳定性

a. THA 编号:2

(1) 条款号:25.177。

(2) 试验名称:直线定常侧滑。

(3) 试验描述:

(a) 用滚转来平衡方向舵以保持恒定的航向;

(b) 通常分步进行(1/4,1/2,3/4,满舵或 180 lb 力);

(c) 方向舵和副翼操纵行程和力在正常侧滑范围内基本呈线性变化;

(d) 超出正常范围,方向舵偏度的小量增加将导致侧滑角的增加,直至满蹬舵或 180 lb 力,脚蹬力不允许反向;

(e) 参看 AC25-7C 第 27 条 a 和 b 段。

（4）危险：失去控制。

（5）风险等级：高。

（6）原因：

（a）不对称推力条件；

（b）超出侧滑限制；

（c）超出滚转角限制；

（d）控制系统部件的机械故障；

（e）静压误差。

（7）降低风险措施：

（a）试验前同所有试验参与者回顾那些临界的试验条件和相关危险；

（b）在模拟机上练习临界的试验条件和改出技术；

（c）模拟发动机失效构型前检查全发状态的横向/航向操纵品质；

（d）攻角不超过抖杆器触发值；

（e）失速改出伞功能正常、可用；

（f）实时监控关键参数；

（g）谨慎地逐步增加侧滑角和滚转角；

（h）注意控制力减轻；

（i）缓慢松开控制；

（j）检查姿态作为侧滑时空速的交叉检查；

（k）在最大侧滑限制时终止试验；

（l）回顾非正常姿态下的改出技术。

（8）应急程序：

（a）开始失速/非正常姿态改出程序；

（b）如果无法恢复控制应弃机（如适用）；

（c）降低空速至最小可行速度（低于 V_A）并返场着陆；

（d）如果出现结构损伤不要改变飞机构型；

（e）如果超出结构载荷限制，航后要进行检查。

b. THA 编号：5

（1）条款号：25.177。

（2）试验名称：直线定常侧滑。

（3）试验描述：

（a）用滚转平衡方向舵以保持恒定的航向；

（b）通常分步进行（1/4，1/2，3/4，满舵或 180 lb 力）；

（c）方向舵和副翼操纵行程和力在正常侧滑范围内基本呈线性变化；

（d）超出正常范围，方向舵偏度的小量增加将导致侧滑角的增加。直至满蹬舵或 180 lb 力，脚蹬力不可以反向；

(e) 参看 AC25 - 7C 第 27 条 a 和 b 段。

(4) 危险:发动机失效。

(5) 风险等级:高。

(6) 原因:

(a) 发动机(背风侧)在大侧滑角时失效熄火;

(b) 长时间侧滑导致发动机由于供油不足熄火。

(7) 降低风险措施:

(a) 试飞机组熟悉失速改出技术、失速改出伞操作和发动机重起程序;

(b) 初始侧滑试验中发动机点火开关接通;

(c) 每侧机翼应有一定量的最小燃油;

(d) 保证备用燃油泵是接通的;

(e) 交叉供油断开;

(f) 应监控燃油压力和燃油流量,如果监测到压力减小,应停止侧滑至少 30 s。

c. THA 编号:6

(1) 条款号:25.177。

(2) 试验名称:直线定常侧滑。

(3) 试验描述:参看 AC25 - 7C 第 27 条 a 和 b 段。

(a) 用滚转平衡方向舵以保持恒定的航向;

(b) 通常分步进行(1/4, 1/2, 3/4,满舵或 180 lb 力);

(c) 方向舵和副翼操纵行程和力在正常侧滑范围内基本呈线性变化;

(d) 超出正常范围,方向舵偏度的小量增加将导致侧滑角的增加。直至满蹬舵或 180 lb 力,脚蹬力不可以反向。

(4) 危险:结构失效。

(5) 风险等级:高。

(6) 原因:

(a) 不适当的控制输入;

(b) 控制系统部件的机械故障。

(7) 降低风险措施:

(a) 不超过迎角限制;

(b) 平缓逐步施加控制输入;

(c) 观察控制力减轻;

(d) 如果飞机响应不同于预期,终止试验;

(e) 失速改出伞预位;

(f) 应急离机系统预位;

(g) 试飞机组熟悉失速改出技术、失速改出伞操作和发动机重起程序;

(h) 限制侧滑角在载荷包线内(载荷专业试验前提供限制);

（i）通过安装在低压（LP）风扇的模块，实时监控低压风扇叶片压力，以便发动机专家在压力超限时给机组建议。在压力超限的情况下，退出侧滑，暂时将推力减为慢车。

（8）应急程序：

（a）开始失速/非正常姿态的改出程序；

（b）如果无法恢复控制，弃机（如果适用）；

（c）降低空速至最小可行速度（低于 V_A）并返场着陆；

（d）如果出现结构损伤，不要改变飞机构型。

d. THA 编号：16

（1）条款号：25.177。

（2）试验名称：机翼抬起。

（3）试验描述：按照 AC25 - 7C 的 27 条（b）（1）（i）段。

（a）根据飞机型号情况进行滚转，但不少于 $10°$，或者使用一半方向舵偏度来维持稳定的直线定常侧滑，二者取先发生者；

（b）释放副翼。

（4）危险：结构失效。

（5）风险等级：低。

（6）原因：

（a）不合适的操纵输入；

（b）飞控系统部件机械故障。

（7）降低风险措施：

（a）缓慢增加输入；

（b）观察控制力的减轻；

（c）如果飞机响应不同于预期，终止试验；

（d）最低飞行高度限制在一定数值以上，或更高；

（e）在速度大于 V_A 时不要使用方向舵或副翼全偏；

（f）使用恒定的飞机姿态来维持空速。

（8）应急程序：

（a）开始失速/非正常姿态的改出程序；

（b）如果无法恢复控制，弃机（如果适用）；

（c）降低空速至最小可行速度（低于 V_A）并返场着陆；

（d）如果出现结构损伤，不要改变飞机构型。

e. THA 编号：34

（1）条款号：25.177。

（2）试验名称：水平转弯。

（3）试验描述：按照 AC25 - 7C 第 27 条 b（1）（i）段。

（a）飞机配平在要求的构型；

（b）缓慢偏航飞机直至方向舵全偏；

（c）用副翼保持机翼水平；

（d）释放方向舵。

（4）危险：结构失效。

（5）风险等级：低。

（6）原因：

（a）不合适的控制输入；

（b）飞控系统部件的机械故障。

（7）降低风险措施：

（a）缓慢增加控制输入；

（b）观察控制力的减轻；

（c）如果飞机响应不同于预期，终止试验；

（d）最低飞行高度限制在一定数值以上，或更高；

（e）在速度大于 V_A 时不要使用方向舵或副翼全偏；

（f）使用恒定的飞机姿态来维持空速控制。

（8）应急程序：

（a）开始失速/非正常姿态的改出程序；

（b）如果无法恢复控制，弃机（如果适用）；

（c）降低空速至最小可行速度（低于 V_A）并返场着陆；

（d）如果出现结构损伤，不要改变飞机构型。

f. THA 编号：35

（1）条款号：25.177。

（2）试验名称：机翼抬起。

（3）试验描述：按照 AC25 - 7C 第 27 条（b）（1）（ii）段。

（a）根据飞机型号情况进行滚转，但不少于 10°，或者使用一半方向舵偏度来维持稳定的直线侧滑，两者取先发生者；

（b）释放副翼。

（4）危险：失去控制。

（5）风险等级：低。

（6）原因：

（a）不合适的控制输入；

（b）控制系统部件的机械故障。

（7）降低风险措施：

（a）平稳增加小量控制输入；

（b）观察控制力减轻；

(c) 如果飞机响应不同于预期,终止试验;

(d) 最低飞行高度限制在一定数值,或更高;

(e) 在速度大于 V_A 时不要全偏使用方向舵或副翼;

(f) 使用恒定的飞机姿态来维持空速控制。

(8) 应急程序:

(a) 开始失速/非正常姿态的改出程序;

(b) 如果无法恢复控制,放弃飞机(如果适用);

(c) 降低空速至最小可行速度(低于 V_A)并返场着陆;

(d) 如果出现结构损伤,不要改变飞机构型。

g. THA 编号:36

(1) 条款号:25.177。

(2) 试验名称:水平转弯。

(3) 试验描述:按照 AC25 - 7C 第 27 条 b(1)(i)段。

(a) 飞机配平在要求的构型;

(b) 缓慢使飞机偏航直至方向舵全偏;

(c) 用副翼保持机翼水平;

(d) 释放方向舵。

(4) 危险:发动机失效。

(5) 风险等级:低。

(6) 原因:长时间大侧滑下供油不足。

(7) 降低风险措施:

(a) 燃油压力和燃油流量应监控,如果发现压力和流量有任何减少,应至少停止侧滑 30 s;

(b) 试验应在至少一定高度以上进行。

h. THA 编号:131

(1) 条款号:25.177。

(2) 试验名称:水平转弯。

(3) 试验描述:按照 AC25 - 7C 第 27 条 b(1)(i)段。

(a) 飞机配平在要求的构型;

(b) 缓慢使飞机偏航直至方向舵全偏;

(c) 用副翼保持机翼水平;

(d) 释放方向舵。

(4) 危险:失去控制。

(5) 风险等级:低。

(6) 原因:

(a) 不正确的操纵输入;

（b）飞控系统部件机械失效。

（7）降低风险措施：

（a）平稳的施加操纵输入；

（b）注意操纵力减轻；

（c）如果飞机响应和预期的相反，终止试验；

（d）最低高度限制应高于一定数值或更高；

（e）大于 V_A 速度时不能使副翼和方向舵满偏；

（f）用飞机姿态保持不变来保持速度控制。

（8）应急程序：

（a）开始失速/非正常姿态改出程序；

（b）如果不能重新控制飞机，弃机（如果适用）；

（c）减速至最低可用速度（低于 V_A），返场并着陆；

（d）如果出现结构损伤，不要改变飞机构型。

i. THA 编号：132

（1）条款号：25.177。

（2）试验名称：机翼抬起。

（3）试验描述：按照 AC25-7C 第 27 条（b）（1）（i）段。

（a）根据飞机型号情况进行滚转；但不少于 10°，或者使用一半方向舵偏度来维持稳定直线侧滑，两者选其一；

（b）释放副翼。

（4）危险：发动机失效。

（5）风险等级：低。

（6）原因：长时间大侧滑角下供油不足。

（7）降低风险措施：

（a）应监控燃油压力和燃油流量，如果发现压力和流量有任何减少，应至少停止侧滑 30 s；

（b）试验应在至少一定高度上进行。

23. 第 25.181 条　动稳定性

a. THA 编号：236

（1）条款号：25.181（b）。

（2）试验名称：方向舵倍脉冲。

（3）试验描述：按照 AC25-7C 中第 5 节动稳定性第 28 条。

（a）试验应该在 $1.13V_{SR}$ 到 V_{FE}、V_{LE} 或者 V_{FC}/M_{FC} 速度范围内进行（如果适用）；

（b）横航向—方向舵倍脉冲以能激发横航向响应（"荷兰滚"）的幅值和速率输入一个方向舵倍脉冲。

（4）危险：失去控制。

（5）风险等级：中。

（6）原因：

（a）由于低于预期的航向稳定性，侧滑角快速增加；

（b）在大迎角和大侧滑情况下较低动稳定性。

（7）降低风险措施：

（a）使用逐步逼近的方法：

<u>1</u>　初始使用小幅度方向舵输入，然后方向舵幅值逐渐增加到能够激发荷兰滚模态的最小值；

<u>2</u>　初始应该先在包线中间区域（低迎角、中速度、低马赫数）进行。包线扩展仅在初始结果和预期值比较后再进行；

<u>3</u>　试验先在前重心进行，后在后重心进行。

（b）建立滚转角和偏航角限制值，如果在自由响应期间达到限制值或者超过限制值，手动恢复；

（c）监控振荡 2 至 3 个周期，如果运动是中性阻尼或者发散，则手动恢复飞机；

（d）在机动时，全程监控侧滑；

（e）确保失速改出伞功能正常且可用；

（f）试飞机组应该熟悉失速改出技术和失速改出伞操作。

b. THA 编号：237

（1）条款号：25.181(a)。

（2）试验名称：俯仰倍脉冲。

（3）试验描述：按照 AC25 - 7C 中第 5 节动稳定性第 28 条。

（a）试验应该在 $1.13V_{SR}$ 到 V_{FE}，V_{LE} 或者 V_{FC}/M_{FC} 速度范围内进行（如果适用）；

（b）纵向—俯仰倍脉冲：

通过在飞机抬头和低头方向快速输入倍脉冲来进行纵向动稳定性试验，控制速率和角度应能足够获得飞机短周期俯仰响应。

（4）危险：结构损伤。

（5）风险等级：高。

（6）原因：

（a）由于未预期的气动响应导致的过度操纵；

（b）阻尼过小的短周期运动引起的驾驶员诱发振荡；

（c）电子飞行控制系统异常。

（7）降低风险措施：

（a）使用逐步逼近的方法：

<u>1</u>　初始使用小幅值纵向倍脉冲，逐渐增加倍脉冲幅值到能够激发俯仰响应的最小值；

2　初始应该在包线中间区域(低迎角,中速度,低马赫数)进行,包线扩展仅在初始结果和预期值比较后再进行;

3　试验先在前重心进行,后在后重心进行。

(b) 试验应该在一个合适的高度进行,使得在驾驶员诱发振荡事件中,控制面能够被释放或冻结。

c. THA 编号:238

(1) 条款号:25.181(b)。

(2) 试验名称:方向舵倍脉冲。

(3) 试验描述:按照 AC25 - 7C 中第 5 节动稳定性第 28 条。

(a) 试验应该在 $1.13V_{SR}$ 到 V_{FE},V_{LE} 或者 V_{FC}/M_{FC} 速度范围内进行(如果适用);

(b) 横航向—方向舵倍脉冲:

以能激发横航向响应(荷兰滚)的幅值和速率输入一个方向舵倍脉冲。

(4) 危险:发动机熄火。

(5) 风险等级:中。

(6) 原因:

(a) 由于低于预期的航向稳定性,侧滑快速增加;

(b) 在大迎角和大侧滑情况下较低的动稳定性;

(c) 高侧滑角时背风侧发动机进气畸变。

(7) 降低风险措施:

(a) 使用逐步逼近的方法:

1　初始使用小幅度方向舵输入,逐渐增加幅度到能够激发荷兰滚的最小值;

2　初始应该在包线中间区域(低迎角,中速度,低马赫数)进行。包线扩展仅在初始结果和预期值比较后再进行;

3　试验先在前重心进行,后在后重心进行。

(b) 确定滚转角和偏航角限制值,如果在自由响应期间达到限制值或者超过限制值,手动恢复;

(c) 监控振荡 2 至 3 个周期,如果运动是中性阻尼或者发散,手动恢复飞机;

(d) 在机动时,实时全程监控侧滑;

(e) 确保失速改出伞功能正常且可使用;

(f) 试飞机组应该熟悉失速改出技术、失速改出伞操作和发动机重新点火程序;

(g) 飞行讲评应该强调发动机重新点火程序;

(h) 如果可适用,初始试验应该在 APU 工作和发动机点火开关接通的情况下进行。

d. THA 编号:239

(1) 条款号:25.181(b)。

(2) 试验名称:方向舵倍脉冲。

（3）试验描述：按照 AC25－7C 中第 5 节动稳定性第 28 条。

（a）试验应该在 $1.13V_{SR}$ 到 V_{FE}，V_{LE} 或者 V_{FC}/M_{FC} 速度范围内进行（如果适用）；

（b）横航向—方向舵倍脉冲：以能激发横航向响应（"荷兰滚"）的幅值和速率输入一个方向舵倍脉冲。

（4）危险：结构损伤。

（5）风险等级：中。

（6）原因：

（a）由于低于预期的航向稳定性，侧滑角快速增加；

（b）大迎角和大侧滑情况下较低的动稳定性；

（c）在高速时可能超过预期的侧滑角和尾翼载荷。

（7）降低风险措施：

（a）使用逐步逼近的方法：

$\underline{1}$　初始使用小幅值方向舵输入，逐渐增加幅值到能够激发荷兰滚模态的最小值；

$\underline{2}$　初始应该在包线中间区域（低迎角、中速度、低马赫数）进行，包线扩展仅在初始试验结果和预期值比较后再进行；

$\underline{3}$　试验先在前重心进行，后在后重心进行。

（b）确定滚转角和偏航角限制值，如果在自由响应期间达到限制值或者超过限制值，手动恢复；

（c）监控振荡 2 至 3 个周期；如果运动是中性阻尼或者发散，手动恢复飞机；

（d）在机动时，持续监控侧滑；

（e）确保失速改出伞功能正常且可使用；

（f）试飞机组应该熟悉失速改出技术和失速改出伞操作；

（g）实时监控尾翼载荷；

（h）限制侧滑角在尾翼载荷包线内。

第 6 节　失　速

24. 第 25.201 条　失速演示

a. THA 编号：65

（1）条款号：25.201。

（2）试验名称：失速。

（3）试验描述：按照 AC25－7C 第 6 节失速第 29 条。

（a）在 $1.13V_{SR1}$ 和 $1.3V_{SR1}$ 间配平飞机；

(b) 机翼水平失速的减速率为 1 kn/s；

(c) 转弯失速的减速率为 1 和 3 kn/s；

(d) 慢车和带功率；

(e) 带功率＝最大着陆重量下进场襟翼构型时 $1.5V_{SR1}$ 的平飞功率；

(f) 失速定义为不可控的低头、强抖振、推杆器推杆、或杆至后止动点（至少 2 s）。

(4) 危险：发出指令后失速/尾旋改出伞无法展开。

(5) 风险等级：高。

(6) 原因：

以下功能失效：

(a) 驾驶舱展开开关；

(b) 展开电路；

(c) 仅一个展开火药筒工作导致低展开速度；

(d) 改出伞没打开；

(e) 改出伞没预位；

(f) 卡扣没有上锁，击锤没在指定位置或爆破栓失效。

(7) 降低风险措施：

(a) 飞行前检查开关、电池和线路情况；

(b) 失速改出伞可通过应急开关打开，应急线路应绕过正常线路；

(c) 飞行员与地面工作人员应对限位开关、失速改出伞预位和电源状况进行监测；

(d) 如果应急开伞失效，通过收起襟翼，放下起落架，操纵杆前后移动，使用最大连续推力尝试改出；

(e) 如果失速改出伞不能打开，应急程序中要包括 15 000 ft 逃生程序；

(f) 应对飞机尾部温度进行实时监测；

(g) 气动失速试飞时要有伴飞；

(h) 通过以下功能试验检查失速改出伞打开装置工作情况：

1 在深失速时，失速改出伞应能在预计的动压条件下充分展开；

2 失速改出伞打开系统有冗余设计；

3 应急电源与失速改出伞系统直接相连；

4 过期火药筒不得使用。

b. THA 编号：67

(1) 条款号：25.201。

(2) 试验名称：失速。

(3) 试验描述：按照 AC25 - 7C 第 6 节"失速"第 29 条。

(a) 在 $1.13V_{SR1}$ 和 $1.3V_{SR1}$ 间配平飞机；

(b) 机翼水平失速的减速率为 1 kn/s；

（c）转弯失速的减速率为 1 和 3 kn/s；

（d）慢车和带功率；

（e）带功率＝最大着陆重量下进场襟翼构型时 $1.5V_{SR1}$ 的平飞功率；

（f）失速定义为不可控低头、强抖振、推杆器推杆、或操纵杆到达后止动点（至少 2 s）。

（4）危险：失速/尾旋改出伞抛弃失败。

（5）风险等级：高。

（6）原因：

（a）机械抛伞系统卡死或损坏；

（b）安全销断开失效；

（c）锁钩钢索缠绕；

（d）应急抛伞开关卡死或损坏；

（e）由于不正确的安装、插入或者温度超限所引起的一个或两个爆破栓同时失效；

（f）一个或两个抛伞弹没有安装；

（g）抛伞系统电路失效。

（7）降低风险措施：

（a）在每次飞行之前应对抛伞手柄、操纵钢索、连接接头和锁钩等部件进行自由运动范围检查；

（b）在每次失速飞行试验时进行机械抛伞系统练习；

（c）在主机械系统失效时，飞行员可以使用应急备用抛伞系统；

（d）进行机库拉力测试以检查机械抛伞系统；

（e）对锁钩钢索进行低温适应试验：

1　在开伞之后，安全销必须断开。如果没有断开，在达到抛伞速度时必须断开。实际抛伞速度将远大于抛伞功能试验时的抛伞速度；

2　抛伞将在迎角小于 5°指示值和飞机速度达到 200 kn（校准空速）时起动，以防止伞组提带角和载荷超过设计限制。

（f）飞行前检查应急开关和应急电路；

（g）限位开关能检测到两个抛伞弹在正确的位置上，并且应该作为试验之前的检查项目之一；

（h）在开伞指示灯亮起前，继电器检测到抛伞断路器已预位；

（i）点火装置应在使用期限内；

（j）机组人员可以通过应急出口撤离；

（k）紧急程序中包括一个最低撤离高度；

（l）选择慢车功率可能减小机械缠绕；

（m）对点火装置处的温度进行实时监控；

1 每个抛伞弹有两条冗余点火线路;

2 生产厂家成功完成了两个抛伞弹的测试。

c. THA 编号:69

(1) 条款号:25.201。

(2) 试验名称:改出伞功能试验。

(3) 试验描述:失速/尾旋改出伞地面试验。

(a) 沿跑道中心线加速;

(b) 在 60～80 kn,选择慢车功率;

(c) 打开伞;

(d) 伞张开后,弃伞。

(4) 危险:脱离跑道。

(5) 风险等级:高。

(6) 原因:

(a) 失速改出伞可能提供了相当大的俯仰和偏航力矩;

(b) 失速改出伞打开时可能在跑道上拖曳。

(7) 降低风险措施:

(a) 开伞试验将在大重量和前重心下进行;

(b) 开伞试验在跑道中线以及侧风小于 5 kn 的条件下进行;

(c) 改出伞打开将在发动机慢车推力下进行以排除尾流冲击的影响;

(d) 检查使用的跑道;

(e) 试验后打扫跑道的外来物;

(f) 确认改出伞筒以及尾锥安装合适;

(g) 需要跑道观测员。

d. THA 编号:71

(1) 条款号:25.201。

(2) 试验名称:失速。

(3) 试验描述:按照 AC25 - 7C 第 6 节失速第 29 条。

(a) 在 $1.13V_{SR1}$ 和 $1.3V_{SR1}$ 配平飞机;

(b) 机翼水平失速的减速率为 1 kn/s;

(c) 转弯失速的减速率为 1 kn/s 和 3 kn/s;

(d) 慢车和带功率;

(e) 带功率=最大着陆重量下进场襟翼构型时 $1.5V_{SR1}$ 的平飞功率;

(f) 失速定义为不可控低头、制止性抖振、推杆器推杆或操纵杆到达后止动点(至少 2 s)。

(4) 危险:工作发动机失效。

(5) 风险等级:高。

（6）原因：进气道畸变所引起的压气机失速。

（7）降低风险措施：

（a）带功率失速前先执行慢车失速；

（b）一旦发动机压气机失速，减小迎角并降低功率至慢车状态（如果发动机之前没有设置在慢车状态）；

（c）如果不能防止不可逆转的喘振，关闭发动机；

（d）只要可行，试验时保持 APU 工作；

（e）通过遥测、机载测试系统或驾驶舱显示器来实时监控关键测试参数，提前确定机组资源分工(CRM)和关断发动机口令；

（f）初始失速状态时需处于发动机点火开关和引气装置接通状态；

（g）所有失速都应该是在对称推力下进行的而且保持侧滑球正中。如果可能，对侧滑角进行实时监控，以保证在失速之前侧滑角不大于 5 度（提前确定机组资源分工(CRM)和终止口令）。

e. THA 编号：75

（1）条款号：25.201。

（2）试验名称：失速。

（3）试验描述：按照 AC25-7C 第 6 节失速第 29 条。

（a）在 $1.13V_{SR1}$ 和 $1.3V_{SR1}$ 配平飞机；

（b）机翼水平失速的减速率为 1 kn/s；

（c）转弯失速的减速率为 1 kn/s 和 3 kn/s；

（d）慢车和带功率；

（e）带功率＝最大着陆重量下进场襟翼构型时 $1.5V_{SR1}$ 的平飞功率；

（f）失速定义为不可控低头、强抖振、推杆器推杆或操纵杆到达后止动点（至少 2 s）。

（4）危险：失速改出伞无指令打开。

（5）风险等级：高。

（6）原因：

（a）电压偏离；

（b）机械故障。

（7）降低风险措施：

（a）失速改出伞在所有的飞行阶段除了失速试验均不预位；

（b）合适的检查单（起飞前、尾旋前、尾旋后、着陆前），检查单根据安装失速改出伞后的飞行需要进行修改。

f. THA 编号：133

（1）条款号：25.201。

（2）试验名称：失速。

（3）试验描述：按照 AC25 - 7C 第 6 节失速第 29 条。

（a）在 $1.13V_{SR1}$ 和 $1.3V_{SR1}$ 配平飞机；

（b）机翼水平失速的减速率为 1kn/s；

（c）转弯失速的减速率为 1kn/s 和 3kn/s；

（d）慢车和带功率；

（e）带功率＝最大着陆重量下进场襟翼构型时 $1.5V_{SR1}$ 的平飞功率；

（f）失速定义为不可控低头、强抖振、推杆器推杆、或操纵杆到达后止动点（至少2s）。

（4）危险：失去控制。

（5）风险等级：高。

（6）原因：

（a）非预期的气动特性；

（b）推杆器未能阻止飞机进入气动失速；

（c）不合适的操纵输入。

（7）降低风险措施：

（a）使用逐步逼近的方法进行失速试飞：

1 从最低风险到最高风险：

（aa）前重心、中等重心、后重心；

（bb）不带动力先于带动力；

（cc）水平失速先于转弯失速；

（dd）1kn/s 先于 3kn/s。

2 如果超出 FAR 的滚转角限制则立即终止试验。

（b）确定最低高度：

1 进入失速；

2 开始改出；

3 改出伞打开；

4 空中离机。

（c）按需在飞行前检查失速警告和推杆器；

（d）必须安装失速改出伞并保证功能正常、预位，按需进行飞行前和机动前改出伞检查；

（e）最小机组；

（f）必须安装应急离机系统并预位。飞行前和机动前检查该系统；

（g）机组佩戴头盔和降落伞；

（h）风速应小于一定值（取决于降落伞）；

（i）不要使用剧烈的输入进入失速。所有失速下侧滑球都处于中间位置；

（j）不得进行不对称推力的失速；

（k）如果飞机偏离控制，则将油门杆收至慢车位并将操纵面置于中立位置；

（l）改出过程中速度增加到 $1.2V_s$ 前不要增加推力。

25. 第 25. 203 条　失速特性

a. THA 编号:56

（1）条款号:25.203。

（2）试验名称:失速特性。

（3）试验描述:按照 AC25－7C 第 6 节失速第 29 条。

（a）在 $1.13V_{SR1}$ 和 $1.3V_{SR1}$ 配平飞机;

（b）机翼水平失速的减速率为 1 kn/s;

（c）转弯失速的减速率为 1 kn/s 和 3 kn/s;

（d）慢车和带功率;

（e）带功率＝最大着陆重量下进场襟翼构型时 $1.5V_{SR1}$ 的平飞功率;

（f）失速定义为不可控低头、强抖振、推杆器推杆或操纵杆到达后止动点（至少 2 s）。

（4）危险:失去控制。

（5）风险等级:高。

（6）原因:

（a）非预期的气动特性;

（b）推杆器未能阻止飞机进入气动失速;

（c）不合适的操纵输入。

（7）降低风险措施:

（a）使用逐步逼近的方法进行失速试飞:

1　从最低风险到最高风险:

（aa）前重心、中等重心、后重心;

（bb）不带动力先于带动力;

（cc）水平失速先于转弯失速;

（dd）1 kn/s 先于 3 kn/s。

2　如果超出 FAR 的滚转角限制则立即终止试验。

（b）确定最低高度:

1　进入失速;

2　开始改出;

3　改出伞打开;

4　空中离机。

（c）按需在飞行前检查失速警告和推杆器;

（d）必须安装失速改出伞并保证功能正常、预位。按需进行飞行前和机动前改出伞检查;

（e）最小机组；

（f）必须安装应急离机系统并预位,飞行前和机动前检查该系统；

（g）机组佩戴头盔和降落伞；

（h）风速应小于一定值(取决于降落伞)；

（i）不要使用剧烈的输入进入失速,所有失速下侧滑球都处于中间位置；

（j）不得进行不对称推力的失速；

（k）如果飞机偏离控制,则将油门杆收至慢车位并将操纵杆置于中立位置；

（l）改出过程中速度增加到 $1.2V_s$ 前不要增加推力。

b. THA 编号:66

（1）条款号:25.203。

（2）试验名称:失速。

（3）试验描述:按照 AC25 - 7C 第 6 节失速第 29 条。

（a）在 $1.13V_{SR1}$ 和 $1.3V_{SR1}$ 配平飞机；

（b）机翼水平失速的减速率为 1 kn/s；

（c）转弯失速的减速率为 1 kn/s 和 3 kn/s；

（d）慢车和带功率；

（e）带功率＝最大着陆重量下进场襟翼构型时 $1.5V_{SR1}$ 的平飞功率；

（f）失速定义为不可控低头、强抖振、推杆器推杆或操纵杆到达后止动点(至少 2 s)。

（4）危险:发出指令后失速/尾旋改出伞无法展开。

（5）风险等级:高。

（6）原因:以下功能失效:

（a）驾驶舱展开开关；

（b）展开电路；

（c）一个展开火药筒工作导致低展开速度；

（d）改出伞没打开；

（e）改出伞没预位；

（f）卡扣没有上锁,击锤没在指定位置或爆破栓失效。

（7）降低风险措施:

（a）飞行前检查开关、电池和线路情况；

（b）失速改出伞可通过应急开关打开,应急线路应该绕过正常线路；

（c）飞行员与地面工作人员应对限位开关、失速改出伞预位和电源状况进行监测；

（d）如果应急开伞失效,通过收起襟翼,放下起落架,操纵杆前后移动,使用最大连续推力尝试改出；

（e）如果失速改出伞不能打开,应急程序中应包括在 15 000 ft 应急撤离；

(f) 应对飞机尾部温度进行实时监测;

(g) 气动失速试验时要有伴飞;

(h) 通过以下功能试验检查失速改出伞打开装置工作情况:

<u>1</u> 在深失速时,失速改出伞应能在预期的动压条件下充分展开;

<u>2</u> 失速改出伞打开系统有冗余设计;

<u>3</u> 应急电源与失速改出伞系统直接相连;

<u>4</u> 过期炸药筒不得使用。

c. THA 编号:68

(1) 条款号:25.203。

(2) 试验名称:失速。

(3) 试验描述:按照 AC25 - 7C 第 6 节失速第 29 条。

(a) 在 $1.13V_{SR1}$ 和 $1.3V_{SR1}$ 配平飞机;

(b) 机翼水平失速的减速率为 1kn/s;

(c) 转弯失速的减速率为 1kn/s 和 3kn/s;

(d) 慢车和带功率;

(e) 带功率=最大着陆重量下进场襟翼构型时 $1.5V_{SR1}$ 的平飞功率;

(f) 失速定义为不可控低头、强抖振、推杆器推杆或操纵杆到达后止动点(至少 2s)。

(4) 危险:失速/尾旋改出伞抛伞失败。

(5) 风险等级:高。

(6) 原因:

(a) 机械抛伞系统卡死或损坏;

(b) 安全销断开失效;

(c) 锁钩钢索缠绕;

(d) 应急抛伞开关卡死或损坏;

(e) 由于不正确的安装、插入或者温度超限所引起的一个或两个爆破栓同时失效;

(f) 一个或两个抛伞弹没有安装;

(g) 抛伞系统电路失效。

(7) 降低风险措施:

(a) 在每次飞行之前应对抛伞手柄、操纵钢索、连接接头和锁钩等部件进行自由运动范围检查;

(b) 在每次失速飞行试验时进行机械抛伞系统练习;

(c) 在主机械系统失效时,飞行员可以使用应急备用抛伞系统;

(d) 进行机库拉力测试以检查机械抛伞系统;

(e) 对锁钩钢索进行低温适应试验;

1 在开伞之后,安全销必须断开。如果没有断开,在达到抛伞速度时必须断开。实际抛伞速度将远大于抛伞功能试验时的抛伞速度;

2 抛伞将在迎角小于5°指示值和飞机速度达到200 kn(校准空速)时启动,以防止伞组提带角和载荷超过设计限制。

(f) 飞行前检查应急开关和应急电路;

(g) 限位开关能检测到两个抛伞弹在正确的位置上,并且应该作为机动动作之前的检查项目之一;

(h) 在开伞指示灯亮起前,继电器应检测到抛伞断路器已预位;

(i) 点火装置应在使用期限内;

(j) 机组人员可以通过应急出口撤离;

(k) 紧急程序中包括一个最低撤离高度;

(l) 选择慢车功率可能减小机械缠绕;

(m) 对点火装置处的温度进行实时监控;

1 每个抛伞弹有两条冗余点火线路;

2 生产厂家成功完成了两个抛伞弹测试。

d. THA 编号:70

(1) 条款号:25.203。

(2) 试验名称:改出伞功能试验。

(3) 试验描述:失速/尾旋改出伞地面试验。

(a) 沿跑道中心线加速;

(b) 在 60~80 kn,选择慢车功率;

(c) 打开伞;

(d) 伞张开后,弃伞。

(4) 危险:偏离跑道。

(5) 风险等级:高。

(6) 原因:

(a) 失速改出伞可能提供了相当大的俯仰和偏航力矩;

(b) 失速改出伞打开时可能在跑道上拖拽。

(7) 降低风险措施:

(a) 开伞试验将在大重量和前重心下进行;

(b) 开伞试验在跑道中线以及侧风小于 5 kn 的条件下进行;

(c) 改出伞打开将在发动机慢车推力下进行以排除尾流冲击的影响;

(d) 检查使用的跑道;

(e) 试验后打扫跑道外来物;

(f) 确认改出伞筒以及尾锥安装合适;

(g) 需要跑道观测员。

e. THA 编号:73

(1) 条款号:25.203。

(2) 试验名称:失速。

(3) 试验描述:按照 AC25 – 7C 第 6 节失速第 29 条。

(a) 在 1.13V_{SR1} 和 1.3V_{SR1} 配平飞机;

(b) 机翼水平失速的减速率为 1 kn/s;

(c) 转弯失速的减速率为 1 kn/s 和 3 kn/s;

(d) 慢车和带功率;

(e) 带功率=最大着陆重量下进场襟翼构型时 1.5V_{SR1} 的平飞功率;

(f) 失速定义为不可控低头、强抖振、推杆器推杆或操纵杆到达后止动点(至少 2 s)。

(4) 危险:工作发动机失效。

(5) 风险等级:高。

(6) 原因:进气道畸变所引起的压气机失速。

(7) 降低风险措施:

(a) 带功率失速前先执行慢车失速;

(b) 一旦发动机压气机失速,减小迎角并降低功率至慢车状态(如果发动机之前没有设置在慢车状态);

(c) 如果不能防止"不可逆转"的喘振,关闭发动机;

(d) 只要可行,试验时保持 APU 工作;

(e) 通过遥测、机载测试系统或驾驶舱显示器来实时监控关键测试参数,提前确定机组资源分工(CRM)和关断发动机口令;

(f) 初始失速试验时发动机点火开关和引气装置处于接通状态;

(g) 所有失速都应该是在对称推力下进行的而且保持侧滑球在中间位置。如果可能,对侧滑角进行实时监控,以保证在失速之前侧滑角不大于 5 度(提前确定机组资源分工(CRM)和试验终止口令)。

f. THA 编号:74

(1) 条款号:25.203。

(2) 试验名称:失速。

(3) 试验描述:按照 AC25 – 7C 第 6 节失速第 29 条。

(a) 在 1.13V_{SR1} 和 1.3V_{SR1} 间配平飞机;

(b) 机翼水平失速的减速率为 1 kn/s;

(c) 转弯失速的减速率为 1 kn/s 和 3 kn/s;

(d) 慢车和带功率;

(e) 带功率=最大着陆重量下进场襟翼构型时 1.5V_{SR1} 的平飞功率;

(f) 失速定义为不可控低头、强抖振、推杆器推杆或操纵杆到达后止动点(至少 2 s)。

（4）危险：改出伞非指令打开。

（5）风险等级：高。

（6）原因：

（a）电压波动；

（b）机械故障。

（7）降低风险措施：

（a）失速改出伞在所有的飞行阶段除了失速试验均不预位；

（b）合适的检查单（起飞前，尾旋前，尾旋后，着陆前）。检查单根据安装失速改出伞后的飞行需要进行修改。

26. 第 25.205 条［删除］

27. 第 25.207 条失速警告

a. THA 编号：58

（1）条款号：25.207。

（2）试验名称：失速。

（3）试验描述：按照 AC25 - 7C 第 6 节失速第 29 条。

（a）在 $1.13V_{SR1}$ 和 $1.3V_{SR1}$ 间配平飞机；

（b）机翼水平失速的减速率为 $1kn/s$；

（c）转弯失速的减速率为 $1kn/s$ 和 $3kn/s$；

（d）慢车和带功率；

（e）带功率＝最大着陆重量下进场襟翼构型时 $1.5V_{SR1}$ 的平飞功率；

（f）失速定义为不可控的低头、强抖振、推杆器推杆或操纵杆到达后止动点至少 $2s$；

（4）危险：发出指令后失速/尾旋改出伞无法展开。

（5）风险等级：高。

（6）原因：

以下功能失效：

（a）驾驶舱展开开关；

（b）展开电路；

（c）仅一个展开火药筒工作导致低展开速度；

（d）改出伞没打开；

（e）改出伞没预位；

（f）卡扣没有上锁，击锤没在指定位置或爆破栓失效。

（7）降低风险措施：

（a）飞行前检查开关、电池和线路情况；

（b）失速改出伞可通过应急开关打开，应急线路应绕过正常线路；

（c）飞行员与地面工作人员应对限位开关、失速改出伞预位和电源状况进行监测；

（d）如果应急开伞失效，通过收起襟翼，放下起落架，操纵杆前后移动，使用最大连续推力尝试改出；

（e）如果失速改出伞不能打开，应急程序中应包括在15 000 ft应急撤离；

（f）应对飞机尾部温度进行实时监测；

（g）气动失速试验时要有伴飞；

（h）通过以下功能试验检查失速改出伞打开装置运行情况；

1　在深失速时，失速改出伞应能在预期动压条件下充分展开；

2　失速改出伞打开系统有冗余设计；

3　应急电源与失速改出伞系统直接相连；

4　过期火药筒不得使用。

b. THA 编号:59

（1）条款号：25.207。

（2）试验名称：失速。

（3）试验描述：按照 AC25 - 7C 第6节失速第29条。

（a）在 $1.13V_{SR1}$ 和 $1.3V_{SR1}$ 配平飞机；

（b）机翼水平失速的减速率为1 kn/s；

（c）转弯失速的减速率为1 kn/s和3 kn/s；

（d）慢车和带功率；

（e）带功率＝最大着陆重量下进场襟翼构型时 $1.5V_{SR1}$ 的平飞功率；

（f）失速定义为不可控的低头、强抖振、推杆器推杆或操纵杆到达后止动点至少2 s。

（4）危险：失速/尾旋改出伞抛伞失败。

（5）风险等级：高。

（6）原因：

（a）机械抛伞系统卡死或损坏；

（b）安全销断开失效；

（c）锁钩钢索缠绕；

（d）应急抛伞开关卡死或损坏；

（e）由于不正确的安装、插入或者温度超限所引起的一个或两个爆破栓同时失效；

（f）一个或两个抛伞弹没有安装；

（g）抛伞系统电路失效。

（7）降低风险措施：

（a）在每次飞行之前应对抛伞手柄、操纵钢索、连接接头和锁钩等部件进行自由运动范围检查；

（b）在每次失速飞行试验时进行机械抛伞系统练习；

（c）在主机械系统失效时，飞行员可以使用应急备用抛伞系统；

（d）进行机库拉力测试以检查机械抛伞系统；

（e）对扣锁连接绳进行低温适应试验：

1 在开伞之后，安全销必须断开。如果没有断开，在达到抛伞速度时必须断开。实际抛伞速度将远大于抛伞功能试验时的抛伞速度；

2 抛伞将在迎角小于 5°指示值和飞机速度达到 200 kn（校准空速）时启动，以防止伞组提带角和载荷超过设计限制；

3 飞行前检查应急开关和应急电路。

（f）航前进行应急开关和线路检查；

（g）限位开关能检测到两个抛伞弹在正确的位置上，并且应该作为机动动作之前的检查之一；

（h）在开伞指示灯亮起前，继电器应检测到抛伞断路器已预位；

（i）点火装置应在使用期限内；

（j）机组人员可以通过应急出口撤离；

（k）紧急程序包括一个最小撤离高度；

（l）选择慢车功率可能减小机械缠绕；

（m）对点火装置处的温度进行实时监控：

1 每个抛车弹都有两个冗余的电路；

2 供应商成功地完成了两个抛伞弹的测试。

c. THA 编号：60

（1）条款号：25.207。

（2）试验名称：改出伞功能试验。

（3）试验描述：失速/尾旋改出伞地面试验。

（a）沿跑道中心线加速；

（b）在 60～80 kn，选择慢车功率；

（c）打开伞；

（d）伞张开后，弃伞。

（4）危险：偏离跑道。

（5）风险等级：高。

（6）原因：

（a）失速改出伞可能提供了相当大的俯仰和偏航力矩；

（b）失速改出伞打开时可能在跑道上拖拽。

（7）降低风险措施：

(a) 展开试验应在大重量和前重心下进行；

(b) 展开试验在跑道中线以及侧风小于 5 kn 的条件下进行；

(c) 改出伞打开应在发动机慢车推力下进行以排除尾流冲击的影响；

(d) 检查使用的跑道；

(e) 试验后打扫跑道的外来物；

(f) 确认改出伞筒以及尾锥安装合适；

(g) 需要跑道观测员。

d. THA 编号：61

(1) 条款号：25.207。

(2) 试验名称：失速。

(3) 试验描述：按照 AC25 - 7C 第 6 节失速第 29 条。

(a) 在 $1.13V_{SR1}$ 和 $1.3V_{SR1}$ 间配平飞机；

(b) 机翼水平失速的减速率为 1 kn/s；

(c) 转弯失速的减速率为 1 kn/s 和 3 kn/s；

(d) 慢车和带功率；

(e) 带功率＝最大着陆重量下进场襟翼构型时 $1.5V_{SR1}$ 的平飞功率；

(f) 失速定义为不可控低头、强抖振、推杆器推杆或操纵杆到达后止动点（至少 2 s）。

(4) 危险：工作发动机失效。

(5) 风险等级：高。

(6) 原因：进气道畸变所引起的压气机失速。

(7) 降低风险措施：

(a) 带功率失速试验前先执行慢车接近失速的试验；

(b) 一旦发动机压气机失速，减小迎角并降低功率至慢车状态（如果发动机之前没有设置在慢车状态）；

(c) 如果不能阻止"不可逆转的"喘振，关闭发动机；

(d) 只要可行，试验时保持 APU 工作；

(e) 通过遥测、机载测试系统或驾驶舱显示器来实时监控关键测试参数，提前确定机组资源分工（CRM）和关断发动机口令；

(f) 初始失速状态时需发动机点火开关和引气装置处于接通状态；

(g) 所有失速都应该是在对称推力下进行的而且保持侧滑球在中间位置。如果可能，对侧滑角进行实时监控，以保证在失速之前侧滑角不大于 5°（提前确定机组资源分工（CRM）和试验终止口令）。

e. THA 编号：62

(1) 条款号：25.207。

(2) 试验名称：失速。

(3) 试验描述:按照 AC25-7C 第 6 节失速第 29 条。

(a) 在 $1.13V_{SR1}$ 和 $1.3V_{SR1}$ 间配平飞机;

(b) 机翼水平失速的减速率为 1kn/s;

(c) 转弯失速的减速率为 1kn/s 和 3kn/s;

(d) 慢车和带功率;

(e) 带功率=最大着陆重量下进场襟翼构型时 $1.5V_{SR1}$ 的平飞功率;

(f) 失速定义为不可控低头、强抖振、推杆器推杆或操纵杆到达后止动点(至少 2 s)。

(4) 危险:失去控制。

(5) 风险等级:高。

(6) 原因:

(a) 非预期的气动特性;

(b) 推杆器未能阻止飞机进入气动失速;

(c) 不合适的操纵输入。

(7) 降低风险措施:

(a) 采用逐步逼近的方法进行失速试飞:

1 从最低风险到最高风险:

(cc) 前重心、中等重心、后重心;

(dd) 不带动力先于带动力;

(ee) 水平失速先于转弯失速;

(ff) 1kn/s 先于 3kn/s。

2 如果超出 FAR 的滚转角限制则终止逐步逼近试验。

(b) 确定最低高度:

1 进入失速;

2 开始改出;

3 改出伞打开;

4 空中离机。

(c) 按需在飞行前检查失速警告和推杆器;

(d) 必须安装失速改出伞并保证功能正常、预位。按需进行飞行前和机动前改出伞检查;

(e) 最小机组上机;

(f) 必须安装应急离机系统并预位,飞行前和机动前检查该系统;

(g) 机组佩戴头盔和降落伞;

(h) 风速应小于一定数值(取决于降落伞);

(i) 不要使用剧烈的输入进入失速。所有失速下侧滑球都处于中间位置;

(j) 不进行不对称推力条件下的失速;

（k）如果飞机偏离控制则将油门杆收至慢车位并将操纵杆置于中立位置；

（l）改出过程中速度增加到 $1.2V_S$ 前不要增加推力。

f. THA 编号:72

（1）条款号:25.207。

（2）试验名称:失速。

（3）试验描述:按照 AC25‐7C 第 6 节失速第 29 条。

（a）在 $1.13V_{SR1}$ 和 $1.3V_{SR1}$ 配平飞机；

（b）机翼水平失速的减速率为 $1kn/s$；

（c）转弯失速的减速率为 $1kn/s$ 和 $3kn/s$；

（d）慢车和带功率；

（e）带功率＝最大着陆重量下进场襟翼构型时 $1.5V_{SR1}$ 的平飞功率；

（f）失速定义为不可控低头、强抖振、推杆器推杆或操纵杆到达后止动点至少 2s。

（4）危险:失速改出伞非指令打开。

（5）风险等级:高。

（6）原因:

（a）电压波动；

（b）机械故障。

（7）降低风险措施:

（a）失速改出伞在所有的飞行阶段除了失速试验均不预位；

（b）合适的检查单（起飞前、尾旋前、尾旋后、着陆前），检查单根据安装失速改出伞后的飞行需要进行修改。

第 7 节　　地面和水面操纵特性

28. 第 25.231 条　　纵向稳定性和操纵性

a. THA 编号:135

（1）条款号:25.231。

（2）试验名称:滑行、起飞和着陆时的地面操纵。

（3）试验描述:按照 AC25‐7C 第 30 条 b 段。

（a）典型的正常在役的粗糙跑道上滑跑；

（b）以不同下降速率着陆,以便充分确认任何危险特性和趋势；

（c）应评估地面机动时的刹车能力；

（d）应研究任何刹车引起前翻的趋势；

(e) 应考虑侧风和顺风;

(f) 应确定反推的使用和限制。

(4) 危险:发动机损伤。

(5) 风险等级:中。

(6) 原因:

(a) 发动机尾气重新吸入进气道;

(b) 外来物吸入发动机进气道。

(7) 降低风险措施:

(a) 监控因发动机废气重新吸入引起的发动机温度升高;

(b) 确定反推终止速度,若需要,让不操纵的飞行员报出此速度;

(c) 进行污染跑道试验之前,先进行干跑道试验。

b. THA 编号:140

(1) 条款号:25.231。

(2) 试验名称:滑行、起飞和着陆时的地面操纵。

(3) 试验描述:按照 AC25 - 7C 第 30 条 b 段。

(a) 典型的正常在役的粗糙跑道上滑跑;

(b) 以不同下降速率着陆,以便充分确认任何危险特性和趋势;

(c) 应评估地面机动时的刹车能力;

(d) 应研究任何刹车引起前翻的趋势;

(e) 应考虑侧风和顺风;

(f) 应确定反推力的使用和限制。

(4) 危险:结构损伤。

(5) 风险等级:中。

(6) 原因:

(a) 在粗糙跑道运行过快产生过度的起落架载荷;

(b) 冲出跑道;

(c) 起落架动力学(振动、摆振)引起过大的结构载荷;

(d) 刹车或轮胎失效;

(e) 着陆触地时过大的下降速率。

(7) 降低风险措施:

(a) 跑道粗糙度不应超过正常运营状态下预计能遇到的值;

(b) 这些试验使用的跑道足够长,并有足够的没有障碍物的缓冲区;

(c) 试验保障车辆必须离跑道 400 ft 远;

(d) 基于速度和跑道剩余长度确定试验终止原则;

(e) 对重量、滑跑速度和跑道粗糙度使用逐步逼近的方法;

(f) 如果意外的抖振或摆振出现,终止试验,检查飞机和分析数据再继续试验;

(g) 在多次滑跑的试验中,应监控刹车和轮胎温度,应确定冷却循环次数和程序;

(h) 着陆试验中,逐步增加重量和下降速率,但仅需达到典型的正常服役最大值;

(i) 如果冲出跑道,关闭发动机以降低发动机损伤概率。

29. 第 25.233 条　航向稳定性和操纵性

a. THA 编号:138

(1) 条款号:25.233。

(2) 试验名称:滑行、起飞和着陆过程中地面操纵。

(3) 试验描述:按照 AC25 - 7C 第 30 条 c/e 段。

(a) 滑跑过程中航向稳定性和操纵性试验(25.233)和起飞着陆时确定侧风限制试验(25.237)可一起做;

(b) 在小重量、后重心状态下进行试验;

(c) 用推荐程序的正常起飞和着陆襟翼构型进行试验;

(d) 应演示反推装置的正常使用,应特别注意反推装置气流影响引起的方向舵效率降低;

(e) 偏航阻尼器接通或断开,取适用者;

(f) 应在至少 20 kn 或 $0.2V_{s0}$ 的侧风分量(但不必超过 25 kn)条件下,进行 3 次起飞和着陆试验(至少有一次着陆要到完全停止)。

(4) 危险:发动机损伤。

(5) 风险等级:中。

(6) 原因:

(a) 发动机尾气重新吸入进气道;

(b) 外来物吸入发动机进气道。

(7) 降低风险措施:

(a) 监控因发动机废气重新吸入引起的发动机温度升高;

(b) 确定反推力终止速度,如需要让不操纵的飞行员报出此速度;

(c) 进行污染跑道试验之前,先进行干跑道试验。

b. THA 编号:139

(1) 条款号:25.233。

(2) 试验名称:滑行、起飞和着陆过程中地面操纵。

(3) 试验描述:按照 AC25 - 7C 第 30 条 c/e 段。

(a) 滑跑过程中航向稳定性和操纵性试验(25.233)和起飞着陆时确定侧风限制试验(25.237)可一起做;

(b) 在小重量、后重心状态下进行试验;

(c) 用推荐程序的正常起飞和着陆襟翼构型进行试验;

(d) 应演示反推装置的正常使用,应特别注意反推装置气流影响引起的方向舵效率降低;

(e) 偏航阻尼器接通或断开,取适用者;

(f) 应在至少 20 kn 或 $0.2V_{s0}$ 的侧风分量(但不必超过 25 kn)条件下,进行 3 次起飞和着陆试验(至少有一次着陆要到完全停止)。

(4) 危险:结构损伤。

(5) 风险等级:中。

(6) 原因:

(a) 偏离跑道;

(b) 横向和/或航向操纵能力减弱;

(c) 侧风/反推装置气流相互作用导致的方向舵效率降低;

(d) 前轮转弯(NWS)失效,或突然的侧风期间高增益机动引起的驾驶员诱发振荡。

(7) 降低风险措施:

(a) 这些试验使用的跑道足够长,并有足够的无障碍物的缓冲区;

(b) 试验支持车辆必须离跑道 400 ft 远;

(c) 基于速度和跑道剩余长度确定试验终止原则;

(d) 如果航向操纵失效,改出程序为:

(aa) 停止使用反推装置;

(bb) 按要求使用刹车停止飞机。

(e) 前轮转弯失效或发生驾驶员诱发振荡时使用其他航向控制(方向舵、差动刹车);

(f) 如果冲出跑道,关闭发动机以减少发动机损伤概率。

30. 第 25.235 条 滑行条件【备用】

31. 第 25.237 条 风速

a. THA 编号:136

(1) 条款号:25.237。

(2) 试验名称:侧风起飞和着陆。

(3) 试验描述:按照 AC25-7C 第 30 条 c/e 段。

(a) 滑跑过程中航向稳定性和操纵性试验(25.233)和起飞着陆时确定侧风限制试验(25.237)可一起做;

(b) 在小重量、后重心状态下进行试验;

(c) 用推荐程序以及正常起飞和着陆的襟翼构型进行试验;

（d）应演示反推装置的正常使用。应特别注意反推装置气流影响引起的方向舵效率降低；

（e）偏航阻尼器接通或断开，取适用者；

（f）应在至少 20 kn 或 $0.2V_{S0}$ 的侧风分量（但不必超过 25 kn）条件下，进行 3 次起飞和着陆试验（至少有一次着陆要到完全停止）。

（4）危险：发动机损伤。

（5）风险等级：高。

（6）原因：

（a）发动机尾气重新吸入进气道；

（b）外来物吸入发动机进气道。

（7）降低风险措施：

（a）监控因发动机废气重新吸入引起的发动机温度升高；

（b）确定反推力终止速度，若需要，让不操纵的飞行员报出此速度；

（c）进行污染跑道试验之前，先进行干跑道试验。

b. THA 编号：137

（1）条款号：25.237。

（2）试验名称：侧风起飞和着陆。

（3）试验描述：按照 AC25-7C 第 30 条 c/e 段。

（a）滑跑过程中航向稳定性和操纵性试验（25.233）和起飞着陆时确定侧风限制试验（25.237）可一起做；

（b）在小重量、后重心状态下进行试验；

（c）用推荐程序以及正常起飞和着陆的襟翼构型进行试验；

（d）应演示反推装置的正常使用，应特别注意反推装置气流影响引起的方向舵效率降低；

（e）偏航阻尼器接通或断开，取适用者；

（f）应在至少 20 kn 或 $0.2V_{S0}$ 的侧风分量（但不必超过 25 kn）条件下，进行 3 次起飞和着陆试验（至少有一次着陆要到完全停止）。

（4）危险：结构损伤。

（5）风险等级：高。

（6）原因：

（a）冲出跑道；

（b）横向和/或航向操纵能力减弱；

（c）侧风/反推装置气流相互作用导致的方向舵效率降低；

（d）前轮转弯（NWS）失效，或突然的风期间高增益机动引起的驾驶员诱发振荡；

（e）刹车或轮胎失效；

（f）着陆触地时过高的下降率。

（7）降低风险措施：

（a）这些试验使用的跑道足够长，并有足够的无障碍物的缓冲区；

（b）试验保障车辆必须离跑道 400 ft 远；

（c）基于速度和跑道剩余长度确定试验终止原则；

（d）如果航向操纵失效，改出程序为：

1　停止使用反推装置；

2　按需要使用刹车停止飞机。

（e）准备好前轮转弯失效或发生驾驶员诱发振荡时使用其他航向控制（方向舵、差动刹车）；

（f）采用逐步逼近的方法增加侧风分量，扩展侧风极限的机组人员应对上一个极限有经验；

（g）如果冲出跑道，关闭发动机以减少发动机损伤概率。

32. 第 25.239 条　水面喷溅特性、操纵性和稳定性【备用】

第 8 节　其他飞行要求

33. 第 25.251 条　振动和抖振

a. THA 编号：216

（1）条款号：25.251（d）。

（2）试验名称：巡航。

（3）试验描述：见 AC25 - 7C 25.251 第 b4 段。

（a）除失速抖振外，巡航构型下，在速度直到 V_{MO}/M_{MO} 的直线飞行中，不能发生可察觉的抖振；

（b）在重心处于前极限位置的情况下，从名义巡航马赫数开始，使用最大连续推力在 1g 飞行中加速到 V_{MO}/M_{MO}；

（c）为达到 V_{MO}/M_{MO}，下降是可接受的。

（4）危险：结构损伤。

（5）风险等级：低。

（6）原因：

（a）高马赫数或高动压力下未知的气动效应；

（b）高马赫数下大气数据系统的误差。

（7）降低风险措施：

（a）在一出现抖振迹象或不稳定的杆力梯度时终止试验；

（b）确定并使用一个从高速俯冲状态中改出的程序，程序应考虑到增阻装置和发动机推力的改变导致的俯仰力矩；

（c）熟悉并遵守试验和改出的最低高度；

（d）监控并对比不同来源的空速和高度数据。

b. THA 编号：217

（1）条款号：25.251(b)。

（2）试验名称：俯冲。

（3）试验描述：按照 AC25-7C 25.251 第 b2/3 段。

（a）直到 V_{DF}/M_{DF} 不应该感受到过渡的振动和抖振；

（b）从 V_{MO}/M_{MO} 配平飞行开始，功率不超过最大连续功率，在多个高度俯冲到 V_{DF}/M_{DF}，而且：

<u>1</u>　最大可行重量，重心在或接近前限；

<u>2</u>　在 V_{DF}/M_{DF} 时打开增阻装置；

<u>3</u>　如反推装置可在空中打开，则应在其限制速度下打开。

（4）危险：失去控制。

（5）风险等级：高。

（6）原因：

（a）高马赫数和/或高动压下的未知的气动效应；

（b）因颤振导致飞控舵面损伤；

（c）高马赫数下的大气数据系统误差；

（d）高马赫数高动压下由于压气机失速导致的突然的不对称推力偏航；

（e）飞控舵面或作动器行程超出限制。

（7）降低风险措施：

（a）最小机组上机；

（b）机组成员佩戴头盔和降落伞；

（c）如果适用，应急离机系统必须在飞行前进行检查和预位；

（d）使用逐步逼近方法，检查之前逐步逼近的试验数据以确定试验结果与预期符合；

（e）列出并熟悉不可超过的参数；

（f）根据最新的数据更新预期颤振点，并在包线扩展试验点前进行回顾；

（g）实时监控关键参数，在发生制止性抖振和/或杆力反向时终止试验；

（h）确定并使用高速俯冲改出程序，考虑因高阻力装置和发动机推力变化引起的预期的俯仰力矩；

（i）考虑安装高速改出伞，如果安装，在试飞前进行检查和预位；

（j）熟悉并遵守试验和改出的最低高度；

（k）监控和对比不同来源的空速和高度数据；

（l）在速度高于 V_{MO}/M_{MO} 时需尽量减小油门加减量。如果需要，油门加减必须平滑且谨慎；

（m）最初的试验必须在发动机连续点火开关接通的情况下进行；

（n）在进行高于 V_{MO}/M_{MO} 的飞行前，进行飞控系统和操纵检查。

c. THA 编号:218

（1）条款号:25.251(e)。

（2）试验名称:收敛转弯。

（3）试验描述:见 AC25 - 7C 25.251 第 b5 段。

（a）对于 M_D 大于 0.6 或最大使用高度超过 25 000 ft 的飞机，必须确定抖振起始包线（不同速度、高度和重量下的载荷系数）；

（b）在后重心和速度从低于 M_{MO} 直到 V_{DF}/M_{DF} 的广泛范围内评估直到并超过抖振起始边界的机动稳定性特征；

（c）当速度超过 V_{FC}/M_{FC} 或抖振起始边界时，不需要有正的杆力—过载曲线斜率，但是不应该出现杆力反向。不需要定量的数据。

（4）危险:结构损伤。

（5）风险等级:高。

（6）原因:

（a）高马赫数/高气动压力和大攻角大载荷系数结合时的未知气动影响；

（b）在高马赫数或攻角改变时的大气数据系统误差；

（c）高马赫数高动压下由于压气机失速导致的突然的不对称推力偏航；

（d）飞控舵面或作动器行程超出限制。

（7）降低风险措施:

（a）最小机组上机；

（b）飞行机组佩戴头盔和降落伞；

（c）在飞行前检查应急离机系统，按需预位；

（d）明确并熟悉不可超出的参数；

（e）实时监控关键参数，在出现制止性抖振和/或杆力反向时，终止试验；

（f）确定并使用高速俯冲改出程序，考虑因高阻力装置和发动机推力变化引起的预期的俯仰力矩；

（g）考虑安装高速改出伞，如果已经安装了，在试飞前检查并预位；

（h）熟悉并遵守试验和改出的最低高度；

（i）监控并比较不同来源的空速和高度数据；

（j）在速度高于 V_{MO}/M_{MO} 时尽量减小油门加减量。如果需要，油门加减必须平滑且谨慎；

（k）在进行高于 V_{MO}/M_{MO} 的飞行前，进行飞控系统和操纵检查。

d. THA 编号:219

(1) 条款号:25.251(c)。

(2) 试验名称:俯冲。

(3) 试验描述:按照 AC25-7C 25.251 第 b2/3 段。

(a) 直到 V_{DF}/M_{DF} 不应该感受到过渡的振动和抖振;

(b) 从 V_{MO}/M_{MO} 配平飞行开始,功率不超过最大连续功率,在多个高度俯冲到 V_{DF}/M_{DF} 而,且:

<u>1</u> 最大可行重量,重心在或接近前限;

<u>2</u> 在 V_{DF}/M_{DF} 时打开增阻装置;

<u>3</u> 如反推装置可在空中打开,则应在其限制速度下打开。

(4) 危险:失去控制。

(5) 风险等级:高。

(6) 原因:

(a) 高马赫数和/或高动压下的未知的气动效应;

(b) 因颤振导致飞控舵面损伤;

(c) 高马赫数下的大气数据系统误差;

(d) 高马赫数高动压下由于压气机失速导致的突然的不对称推力偏航;

(e) 飞控舵面或作动器行程超出限制。

(7) 降低风险措施:

(a) 最小机组上机;

(b) 机组成员佩戴头盔和降落伞;

(c) 如果适用,应急离机系统必须在飞行前进行检查和预位;

(d) 采用逐步逼近方法,检查之前逐步逼近的试验数据以确定试验结果与预期符合;

(e) 列出并熟悉不可超过的参数;

(f) 根据最新的数据更新预期颤振点,并在包线扩展试验点前进行检查;

(g) 实时监控关键参数,在出现制止性抖振和/或杆力反向时终止试验;

(h) 确定并使用高速俯冲改出程序,考虑因高阻力装置和发动机推力变化引起的预期的俯仰力矩;

(i) 考虑安装高速改出伞,如果安装,在试飞前进行检查和预位;

(j) 熟悉并遵守试验和改出的最低高度;

(k) 监控和对比不同来源的空速和高度数据;

(l) 在速度高于 V_{MO}/M_{MO} 时尽量减小油门加减量,如果需要,油门加减必须平滑且谨慎;

(m) 最初的试验必须在发动机连续点火开关接通的情况下进行;

(n) 在进行高于 V_{MO}/M_{MO} 的飞行前,进行飞控系统和操纵检查。

34. 第 25.253 条 高速特性

a. THA 编号:86

(1) 条款号:25.253(a)3。

(2) 试验名称:俯冲。

(3) 试验描述:

条件:

(a) 在 V_{MO}/M_{MO} 配平飞机;

(b) 改出时过载不超过 $1.5g$;

(c) 临界重心;

(d) 垂直于试验区的高空风。

程序:

(a) 重心移动(代表性旅客个数)。加速至有效超速警告 3 s 后;

(b) 误增速。V_{MO}/M_{MO} 配平,推杆产生 0.5g 过载 5 s,然后改出;

(c) 突风颠倾:

<u>1</u> 在水平飞行时配平。快速滚转到 45°至 60°滚转角之间,然后止住滚转速度。放弃操纵 10 s 或者放弃操纵直至超速警告 3 s,两者取先到者;

<u>2</u> 在 V_{MO}/M_{MO} 或最大连续功率(MCP)配平。减速然后设置机头向下 6°~12° 姿态并重设推力为 V_{MO}/M_{MO} 或 MCP,加速至超速警告后 3 s。适用 25.143(c)中短时作用力的力的限制;

<u>3</u> 两轴颠倾。设置上面 b)段中的工况,然后使飞机滚转 15°~25°,保持姿态至超速警告后 3 s。

(d) 爬升后平飞,爬升后转平飞不减功率直到超速警告后 3 s;

(e) 从马赫空速极限高度下降。从 M_{MO} 下降,超速警告后持续 3 s;

(f) 减速装置的使用。在 V_{MO}/M_{MO} 配平,在高于 V_{MO}/M_{MO} 低于 V_{DF}/M_{DF} 打开减速板应该不导致:

<u>1</u> 杆松浮时正法向过载超过 $2g$ 或者;

<u>2</u> 机头向下力矩需要大于 20 lb 纵向力来保持 $1g$ 飞行。

详见 AC25-7C 第 32 条 c 段。

(4) 危险:结构损伤。

(5) 风险等级:高。

(6) 原因:

(a) 超出俯冲速度;

(b) 改出过程中超出最大过载。

(7) 降低风险措施:

(a) 在高速改出试验之前完成 V_{DF}/M_{DF} 速度下的振动和抖振试验;

(b) 彻底地熟悉改出技术;

(c) 检查之前的速度改出试验和结果;

(d) 确认超速警告工作;

(e) 试验在白天、目视飞行气象条件下进行;

(f) 在加速到高速配平点时,如果横向操纵余量在协调(转弯)飞行中降低到最大移动量的20%时,终止机动;

(g) 如果在3 s改出要求之前飞机的速度极有可能超过V_{DF}/M_{DF},终止机动;

(h) 如果发生制止性的抖振,终止机动;

(i) 超过2g过载,终止机动。如果达到2.5g过载,终止试验并返回基地;

(j) 最小飞行机组;

(k) 如果有可能,先用模拟器做机动练习;

(l) 飞行机组佩戴头盔和降落伞;

(m) 遥测监控;

(n) 使用逐步逼近的方法达到速度和载荷。

(8) 应急程序:如果在到达3 s改出要求之前飞机的速度即将超过V_{DF}/M_{DF},恢复飞机至机翼水平飞行,降低推力,使用减速装置和拉杆,直到飞机恢复到初始状态。

b. THA 编号:87

(1) 条款号:25.253(a)3。

(2) 试验名称:俯冲。

(3) 试验描述:

条件:

(a) 在V_{MO}/M_{MO}配平飞机;

(b) 改出时过载不超过1.5g;

(c) 临界重心;

(d) 垂直于试验区的高空风。

程序:

(a) 重心移动(代表性旅客个数)。加速至有效超速警告3 s后;

(b) 误增速。V_{MO}/M_{MO}配平,推杆产生0.5g过载5 s,然后改出;

(c) 突风颠倾:

1 在水平飞行时配平。快速滚转到45°至60°滚转角之间,然后止住滚转速度。放弃操纵10 s或者放弃操纵直至超速警告3 s,两者取先到者;

2 在V_{MO}/M_{MO}或最大连续功率(MCP)配平。减速然后设置机头向下6~12°姿态并重设推力为V_{MO}/M_{MO}或MCP。加速至超速警告后3 s。使用25.143(c)中短时作用力的力的限制;

3 两轴颠倾。设置上面b)段中的工况,然后使飞机滚转15°~25°。保持至超速警告后 3 s。

(d) 爬升后平飞，爬升后转平飞不减功率直到超速警告后 3 s；

(e) 从马赫空速极限高度下降。从 M_{MO} 下降，超速警告后持续 3 s；

(f) 减速装置的使用。在 V_{MO}/M_{MO} 配平，在高于 V_{MO}/M_{MO} 低于 V_{DF}/M_{DF} 打开减速板应该不导致：

<u>1</u> 杆松浮时正法向过载超过 2g 或者；

<u>2</u> 机头向下力矩需要大于 20 lb 纵向力来保持 1g 飞行。

详见 AC25 - 7C 第 32 条 c 段。

(4) 危险：失去控制。

(5) 风险等级：高。

(6) 原因：

(a) 超出俯冲速度；

(b) 改出过程中超过最大过载；

(c) 不利的高速气动效应；

(d) 控制力减小/反向。

(7) 降低风险措施：

(a) 在高速改出试验之前完成 V_{DF}/M_{DF} 速度下的振动和抖振试验；

(b) 彻底地熟悉改出技术；

(c) 检查之前的速度改出试验和结果；

(d) 确认超速警告工作；

(e) 试验在白天、目视飞行气象条件下进行；

(f) 在加速到高速配平点时，如果横向操纵余量在协调（转弯）飞行中降低到最大移动量的 20% 时，终止机动；

(g) 如果在 3 s 改出要求之前飞机的速度即将超过 V_{DF}/M_{DF}，终止机动；

(h) 如果发生制止性的抖振，终止机动；

(i) 超过 2g 过载，终止机动。如果达到 2.5g 过载，终止试验并返回基地；

(j) 最小飞行机组；

(k) 如果有可能，先用模拟器做机动飞行；

(l) 飞行机组佩戴头盔和降落伞；

(m) 遥测监控；

(n) 使用逐步逼近的方法达到速度和载荷。

(8) 应急程序：如果在到达 3 s 之前飞机的速度马上超过 V_{DF}/M_{DF}，改出飞机至机翼水平飞行，降低推力，使用减速装置和拉杆，直到飞机恢复到初始状态。

c. THA 编号：88

(1) 条款号：25.253(a)3。

(2) 试验名称：减速装置的使用。

（3）试验描述：

条件：

（a）在 V_{MO}/M_{MO} 配平飞机；

（b）改出时过载不超过 $1.5g$；

（c）临界重心；

（d）垂直于试验区域的高空风。

程序：

（a）减速装置的使用；

（b）在 V_{MO}/M_{MO} 配平；

（c）在高于 V_{MO}/M_{MO} 低于 V_{DF}/M_{DF} 打开减速板应该不导致：

1　杆松浮时正法向过载超过 $2g$ 或者；

2　机头向下力矩需要大于 $20\,lb$ 纵向力来保持 $1g$ 飞行。

详见 AC25-7C 第 32 条 c 段。

（4）危险：结构失效。

（5）风险等级：高。

（6）原因：

（a）由于马赫数和/或迎角（AOA）效应导致机翼或尾翼的气流分离；

（b）由于减速装置展开导致的俯仰力矩作用。

（7）降低风险措施：

（a）每次试验之前，所有参与者回顾临界试验条件和相应的危险；

（b）这些试验点之前评估飞机的颤振、稳定性和控制特性；

（c）彻底地熟悉改出技术；

（d）确认超速警告工作；

（e）试验在白天、目视飞行气象条件下进行；

（f）在加速到高速配平点时，如果横向操纵余量在协调（转弯）飞行中降低到最大移动量的 20% 时，终止机动；

（g）如果在开始改出要求的 $3\,s$ 之前马上超过 V_{DF}/M_{DF}，终止机动；

（h）如果发生制止性的抖振，终止机动；

（i）超过 $2g$ 过载，终止机动。如果达到 $2.5g$ 过载，终止试验并返回基地；

（j）最小飞行机组；

（k）如果有可能，先用模拟器做机动练习；

（l）飞行机组佩戴头盔和降落伞；

（m）遥测监控；

（n）使用逐步逼近的方法达到速度和载荷；

（o）试验时不要有超过轻度的湍流，刚开始时应缓慢伸出减速装置。

（8）应急程序：如果超过了结构载荷限制，飞行后检查飞机。

d. THA 编号:89

(1) 条款号:25.253(a)3。

(2) 试验名称:减速装置的使用。

(3) 试验描述:

条件:

(a) 在 V_{MO}/M_{MO} 配平飞机;

(b) 改出时过载不超过 $1.5g$;

(c) 临界重心;

(d) 垂直于试验区域的高空风。

程序:

(a) 减速装置的使用。在 V_{MO}/M_{MO} 配平。在高于 V_{MO}/M_{MO} 低于 V_{DF}/M_{DF} 打开减速板应该不导致:

<u>1</u> 杆松浮时正法向过载超过 $2g$ 或者;

<u>2</u> 机头向下力矩需要大于 20lb 纵向力来保持 $1g$ 飞行。

详见 AC25 - 7C 第 32 条 c 段。

(4) 危险:失去控制。

(5) 风险等级:高。

(6) 原因:

(a) 由于马赫数和/或迎角效应导致机翼或尾翼的气流分离;

(b) 由于减速装置展开导致的俯仰力矩作用。

(7) 降低风险措施:

(a) 每次试验之前,所有参与者回顾临界试验条件和相应的危险;

(b) 这些试验点之前评估飞机的颤振、稳定性和控制特性;

(c) 彻底地熟悉改出技术;

(d) 确认超速警告工作;

(e) 试验在白天、目视飞行气象条件下进行试验;

(f) 在加速到高速配平点时,如果横向操纵余量在协调(转弯)飞行中降低到最大移动量的 20% 时,终止机动;

(g) 如果在开始改出要求的 3s 之前马上超过 V_{DF}/M_{DF},终止机动;

(h) 如果发生制止性的抖振,终止机动;

(i) 超过 $2g$ 过载,终止机动。如果达到 $2.5g$ 过载,终止试验和返回基地;

(j) 最小飞行机组;

(k) 如果有可能,先用模拟器做机动练习;

(l) 飞行机组佩戴头盔和降落伞;

(m) 遥测监控;

(n) 使用逐步逼近的方法达到速度和载荷;

（o）试验时不要有超过轻度的湍流，刚开始时应缓慢伸出减速装置。

（8）应急程序：如果超过了结构载荷限制，飞行后检查飞机。

e. THA 编号：90

（1）条款号：25.253(a)3。

（2）试验名称：突风颠倾。

（3）试验描述：

条件：

（a）在 V_{MO}/M_{MO} 配平飞机；

（b）改出时过载不超过 1.5g；

（c）临界重心；

（d）垂直于试验区域的高空风。

程序：突风颠倾。

在水平飞行时配平。快速滚转到 45°至 60°滚转角之间，然后止住滚转速度。放弃操纵 10 s 或者放弃操纵直至超速警告 3 s，两者取先到者。

细节见 AC25-7C 第 32 条 c 段。

（4）危险：失去控制。

（5）风险等级：高。

（6）原因：

（a）超出俯冲速度；

（b）改出过程中超过最大过载；

（c）不利的高速气动力效应；

（d）操纵力减小/反向。

（7）降低风险措施：

（a）在高速改出试验之前完成 V_{DF}/M_{DF} 速度下的振动和抖振试验；

（b）彻底地熟悉改出技术；

（c）检查之前的速度改出试验和结果；

（d）确认超速警告工作；

（e）试验在白天、目视飞行气象条件下进行；

（f）在加速到高速配平点时，如果横向操纵余量在协调（转弯）飞行中降低到最大移动量的 20% 时，终止机动；

（g）如果在 3 s 改出要求之前飞机的速度即将超过 V_{DF}/M_{DF}，终止机动；

（h）如果发生制止性的强抖振，终止机动；

（i）超过 2g 过载，终止机动。如果达到 2.5g 过载，终止试验并返回基地；

（j）最小飞行机组；

（k）如果有可能，先用模拟器做机动练习；

（l）飞行机组佩戴头盔和降落伞；

　（m）遥测监控；

　（n）使用逐步逼近的方法达到试验滚转角。

　（8）应急程序：如果在到达 3 s 之前飞机的速度马上超过 V_{DF}/M_{DF}，改出飞机至机翼水平飞行，降低推力，使用减速装置和拉杆，直到飞机恢复到初始状态。

f. THA 编号：91

　（1）条款号：25.253（a）3。

　（2）试验名称：双轴颠倾。

　（3）试验描述：

条件：

　（a）在 V_{MO}/M_{MO} 配平飞机；

　（b）改出时过载不超过 1.5g；

　（c）临界重心；

　（d）垂直于试验区域的高空风。

程序：突风颠倾

　1　在 V_{MO}/M_{MO} 或最大连续功率（MCP）配平；

　2　减速然后设置机头向下 6°～12° 姿态并重设推力为 V_{MO}/M_{MO} 或 MCP。加速至超速警告后 3 s。使用 25.143（c）中短时作用力的力的限制；

　3　双轴颠倾。设置上面 a）段中的工况，然后使飞机滚转 15°～25°。保持至超速警告后 3 s。

　细节见 AC25 - 7C 第 32 条 c 段。

　（4）危险：结构失效。

　（5）风险等级：高。

　（6）原因：

　（a）超出俯冲速度；

　（b）改出过程中超过最大过载；

　（c）不利的高速气动力效应；

　（d）操纵力减轻/反向。

　（7）降低风险措施：

　（a）在高速改出试验之前完成 V_{DF}/M_{DF} 速度下的振动和抖振试验；

　（b）彻底地熟悉改出技术；

　（c）检查之前的速度改出试验和结果；

　（d）确认超速警告工作；

　（e）试验在白天、目视飞行气象条件下进行；

　（f）在加速到高速配平点时，如果横向操纵余量在协调（转弯）飞行中降低到最大移动量的 20% 时，终止机动；

　（g）如果在 3 s 改出要求之前飞机的速度即将超过 V_{DF}/M_{DF}，终止机动；

(h) 如果发生制止性的抖振,终止机动;

(i) 超过 2g 过载,终止机动。如果达到 2.5g 过载,终止试验并返回基地;

(j) 最小飞行机组;

(k) 如果有可能,先用模拟器做机动练习;

(l) 飞行机组佩戴头盔和降落伞;

(m) 遥测监控;

(n) 使用逐步逼近的方法达到试验滚转角。

(8) 应急程序:如果在到达 3 s 改出要求之前飞机的速度即将超过 V_{DF}/M_{DF},恢复飞机至机翼水平飞行,降低推力,使用减速装置和拉杆,直到飞机恢复到初始状态。

g. THA 编号:92

(1) 条款号:25.253(a)3。

(2) 试验名称:双轴颠倾。

(3) 试验描述:

条件:

(a) 在 V_{MO}/M_{MO} 配平飞机;

(b) 改出时过载不超过 1.5g;

(c) 临界重心;

(d) 垂直于试验区域的高空风。

程序:突风颠倾。

1 在 V_{MO}/M_{MO} 或最大连续功率(MCP)配平;

2 减速然后设置机头向下 6°～12°姿态并重设推力为 V_{MO}/M_{MO} 或 MCP。加速至超速警告后 3 s。使用 25.143(c)中短期用力的限制;

3 两轴颠倾。设置上面 a)段中的工况,然后使飞机滚转 15°～25°。保持至超速警告后 3 s 钟。

(4) 危险:失去控制。

(5) 风险等级:高。

(6) 原因:

(a) 超出俯冲速度;

(b) 改出过程中超过最大过载;

(c) 不利的高速气动力效应;

(d) 控制力减小/反向。

(7) 降低风险措施:

(a) 在高速改出试验之前完成 V_{DF}/M_{DF} 速度下的振动和抖振试验;

(b) 彻底地熟悉改出技术;

(c) 检查之前的速度改出试验和结果;

(d) 确认超速警告工作；

(e) 试验在白天、目视飞行气象条件下进行；

(f) 在加速到高速配平点时，如果横向操纵余量在协调（转弯）飞行中降低到最大移动量的 20% 时，终止机动；

(g) 如果在 3 s 改出要求之前飞机的速度即将超过 V_{DF}/M_{DF}，终止机动；

(h) 如果发生制止性的抖振，终止机动；

(i) 超过 2g 过载，终止机动。如果达到 2.5g 过载，终止试验并返回基地；

(j) 最小飞行机组；

(k) 如果有可能，先用模拟器做机动练习；

(l) 飞行机组佩戴头盔和降落伞；

(m) 遥测监控；

(n) 使用逐步逼近的方法达到试验滚转角。

(8) 应急程序：如果在到达 3 s 改出要求之前飞机的速度即将超过 V_{DF}/M_{DF}，恢复飞机至机翼水平飞行，降低推力，使用减速装置和拉杆，直到飞机恢复到初始状态。

h. THA 编号：93

(1) 条款号：25.253(a)3。

(2) 试验名称：突风颠倾。

(3) 试验描述：细节见 AC25 - 7C 第 32 条 c 段。

条件：

(a) 在 V_{MO}/M_{MO} 配平飞机；

(b) 改出时过载不超过 1.5g；

(c) 临界重心；

(d) 垂直于试验区域的高空风。

程序：突风颠倾。

在水平飞行时配平。快速滚转到 45°至 60°滚转角之间，然后止住滚转速度。放弃操纵 10 s 或者放弃操纵直至超速警告 3 s，两者取先到者。

(4) 危险：结构失效。

(5) 风险等级：高。

(6) 原因：

(a) 超出俯冲速度；

(b) 改出过程中超过最大过载；

(c) 不利的高速气动力效应；

(d) 控制力减轻/反向。

(7) 降低风险措施：

(a) 在高速改出试验之前完成 V_{DF}/M_{DF} 速度下的振动和抖振试验；

（b）彻底地熟悉改出技术；

（c）检查之前的速度改出试验和结果；

（d）确认超速警告工作；

（e）试验在白天、目视飞行气象条件下进行；

（f）在加速到高速配平点时，如果横向操纵余量在协调（转弯）飞行中降低到最大移动量的 20％时，终止机动；

（g）如果在 3 s 改出要求之前飞机的速度即将超过 V_{DF}/M_{DF}，终止机动；

（h）如果发生制止性的抖振，终止机动；

（i）超过 2g 过载，终止机动。如果达到 2.5g 过载，终止试验并返回基地；

（j）最小飞行机组；

（k）如果有可能，先用模拟器做机动练习；

（l）飞行机组佩戴头盔和降落伞；

（m）遥测监控；

（n）使用逐步逼近的方法达到试验滚转角。

（8）应急程序：如果在到达 3 s 改出要求之前飞机的速度即将超过 V_{DF}/M_{DF}，恢复飞机至机翼水平飞行，降低推力，使用减速装置和拉杆，直到飞机恢复到初始状态。

i. THA 编号：141

（1）条款号：25.253。

（2）试验名称：颠倾试验。

（3）试验描述：按照 AC25 - 7C 25.253。

颠倾机动必须在动压和马赫数的临界范围内实施以证明高速特性是满足要求的。改出载荷不超过 1.5g。飞机不应需要额外的操纵技巧和力量，不应超过 V_{MO}/M_{MO}，不应遇到阻碍改出的抖振。从直到 V_{MO}/M_{MO} 的配平速度开始，要求的颠倾包括：

（a）重心移动。按典型数量的乘客和/或服务车向前移动所对应的重心移动来使飞机产生颠倾。超速警告发出 3 s 之后改出；

（b）规避机动。推杆产生 0.7g 过载并保持 5 s 后改出；

（c）突风颠倾。

<u>1</u> 滚转—快速建立一个 45°至 60°的滚转角。放弃操纵，10 s 或超速警告发出后 3 s 后，取最先到者，改出；

<u>2</u> 俯仰—建立一个 6°至 12°机头下俯姿态，超速警告发出 3 s 后改出；

<u>3</u> 俯仰和滚转—建立上述的俯仰姿态后，使飞机滚转 15°～25°。

（d）由爬升转入平飞。转入平飞时不降低爬升时设置的推力，超速警告发出 3 s 后改出；

（e）下降—从 M_{MO} 下降，超速警告（超过 V_{MO}）发出 3 s 后改出；

（f）减速装置—在 V_{MO}/M_{MO} 配平，打开减速装置并表明：

1 松杆时,载荷系数不大于 2.0g;

2 保持 1g 不需要超过 20lb 的拉杆力。

(4) 危险:结构损伤。

(5) 风险等级:高。

(6) 原因:

由于以下原因导致的操纵力减轻或反向:

(a) 马赫数和/或迎角(AOA)效应导致的机翼或尾翼气动分离;

(b) 跨声速马赫数效应导致压力中心移动;

(c) 减速装置打开导致的俯仰力矩。

(7) 降低风险措施:

(a) V_{DF}/M_{DF} 速度下的振动和抖振演示试验(25.25lb)应在这些试验之前完成;

(b) 确定改出程序,如有可能,先用模拟器练习所有颠倾机动。改出程序中应考虑由于推力变化和减速装置导致的俯仰力矩变化;

(c) 用逐步逼近的方法:

1 重心移动量由小到大;

2 先推杆 3s,再 5s;

3 先滚转 45°,再 60°;

4 先俯冲 6°,再 12°;

5 减速装置部分打开,再全偏。

(d) 仅必要的机组人员上机;

(e) 应当佩戴头盔、降落伞和氧气罩;

(f) 试验在平缓气流、白天、目视飞行气象条件下进行试验;

(g) 如果发生制止性的抖振,终止试验;

(h) 如果即将超过 V_{DF}/M_{DF},终止计划的试验机动;

(i) 如果飞行中超过 V_{DF}/M_{DF} 或 2.5g 过载,终止试验和返回基地。

j. THA 编号:142

(1) 条款号:25.253。

(2) 试验名称:颠倾试验。

(3) 试验描述:按照 AC25-7C 25.253。

颠倾机动必须在动压和马赫数的临界范围内实施以证明高速特性是满足要求的。改出载荷不超过 1.5g。飞机不应需要额外的操纵技巧和力量,不应超过 V_{MO}/M_{MO},不应遇到阻碍改出的抖振。从直到 V_{MO}/M_{MO} 的配平速度开始,要求的颠倾包括:

(a) 重心移动。按典型数量的乘客和/或服务车向前移动所对应的重心移动来使飞机产生颠倾。超速警告发出 3s 之后改出;

(b) 规避机动。推杆产生 0.7g 过载并保持 5s 后改出;

（c）突风颠倾。

1　滚转——快速建立一个 45°至 60°的滚转角。放弃操纵，10 s 或超速警告发出后 3 s 后，取最先出现者，改出。

2　俯仰——建立一个 6°至 12°机头下俯姿态，超速警告发出 3 s 后改出。

3　俯仰和滚转——建立上述的俯仰姿态后，使飞机滚转 15°～25°。

（d）由爬升转入平飞。转入平飞时不降低爬升时设置的推力，超速警告发出 3 s 后改出；

（e）下降——从 M_{MO} 下降，超速警告（超过 V_{MO}）发出 3 s 后改出；

（f）减速装置——配平在 V_{MO}/M_{MO}，打开减速装置并演示：

1　松杆时，过载不大于 2.0g；

2　保持 1g 不需要超过 20 lb 的拉杆力。

（4）危险：失去控制。

（5）风险等级：高。

（6）原因：由于以下原因导致的操纵力减轻或反向：

（a）马赫数和/或迎角（AOA）效应导致的机翼或尾翼气动分离；

（b）跨声速效应导致压力重心移动；

（c）减速装置导致的俯仰力矩。

（7）降低风险措施：

（a）V_{DF}/M_{DF} 速度下的振动和抖振演示试验（25.251b）应在这些试验之前完成。

（b）确定改出程序，如有可能，先用模拟器练习所有颠倾机动。改出程序中应考虑由于推力变化和减速装置导致的俯仰力矩变化。

（c）用逐步逼近的方法：

1　重心移动量由小到大；

2　先推杆 3 s，再 5 s；

3　先滚转 45°，再 60°；

4　先俯冲 6 s，再 12 s；

5　减速装置部分打开，再全偏。

（d）仅必要的机组人员上机；

（e）应当佩戴头盔、降落伞和氧气罩；

（f）试验在平缓气流、白天、目视飞行气象条件下进行；

（g）如果发生制止性的抖振，终止机动；

（h）如果即将超出 V_{DF}/M_{DF}，终止计划的试验机动；

（i）如果飞行中超过 V_{DF}/M_{DF} 或 2.5g 过载，终止试验和返回基地。

35. 第 25.255 条　失配平特性

a. THA 编号：134

（1）条款号：25.255。

（2）试验名称:机动稳定性试验。

（3）试验描述:按照 AC25-7C 25.255。

（a）在 V_{MO}/M_{MO} 初始配平。前重心和后重心都要进行试验。极限马赫数和极限动压试验都要进行;

（b）失配平,抬头和低头,其量为下列情况的大者:

1 没有气动载荷时配平移动3s钟;

2 自动驾驶仪可承受的最大误配平量。

（c）确定从 $-1g$ 到 $+2.5g$ 的杆力与过载关系特性,速度到 V_{FC}/M_{FC} 以及再到 V_{DF}/M_{DF}。如果试飞结果良好,$0g$ 到 $2g$ 的数据可以外推到 $-1g$ 到 $+2.5g$。

（4）危险:结构损伤。

（5）风险等级:高。

（6）原因:

（a）操纵力减轻或反向;

（b）抬头方向的失配平导致的过度抬头;

（c）低头方向失配平时的额外力导致超出目标速度;

（d）跨声速区域滚转操纵能力的降低,导致改出时机翼滚转到水平位置的能力降低。

（7）降低风险措施:

（a）在这些试验之前,先进行 V_{DF}/M_{DF} 的振动和抖振试验(25.151b);

（b）确定改出程序,如果可能的话,在起飞前用模拟器练习所有失配平机动。改出程序应考虑功率变化和减速装置引起的俯仰力矩变化;

（c）采用逐步逼近法:

1 中等重心,然后前重心,再后重心;

2 先低速再高速;

3 先过载限制再马赫数限制;

4 先 $1g$ 配平,再失配平。

（d）优先使用对称的拉/推飞行试验技术;

（e）仅必需的机组人员上机;

（f）应当佩戴头盔、降落伞和氧气罩;

（g）试验在平稳气流、白天、目视飞行气象条件下进行;

（h）如果发生制止性的抖振,终止试验;

（i）如果飞行中超过 V_{DF}/M_{DF} 或 $2.5g$,终止试验并返回基地。

第3章 结 构

第1节 总则【备用】

第2节 飞行载荷【备用】

第3节 飞行机动和突风情况

36. 第25.331条 对称机动情况【备用】

37. 第25.333条 飞行机动包线【备用】

38. 第25.335条 设计空速【备用】

39. 第25.337条 限制机动载荷系数【备用】

40. 第25.341条 突风和湍流载荷

a. THA 编号：154

（1）条款号：25.341。

（2）试验名称：机动载荷。

（3）试验描述：根据选择的试飞技术而有所不同，通常采用收敛转弯或者对称的推拉杆动作。

（4）危险：飞机失去控制。

（5）风险等级：高。

（6）原因：载荷机动动作中攻角或侧滑过大。

（7）降低风险措施：

（a）试验时逐步逼近到预计限制的 80％，在进行预计限制的 100％试验前进行充分分析；

（b）飞行前熟悉飞机失控和尾旋改出程序；

（c）设定最低高度为一定值。

（8）应急程序：如果飞机失控：

（a）油门杆—IDLE 位；

（b）操纵杆—中立位。

如果仍不能恢复：使用飞机飞行手册（AFM）中的尾旋改出程序。

如果高度低于最低高度，弹射或跳伞（如果适用）。

b．THA 编号：155

（1）条款号：25.341。

（2）试验名称：机动载荷。

（3）试验描述：根据选择的试飞技术而有所不同。通常采用收敛转弯或者对称的推拉杆动作。

（4）危险：飞机载荷超限。

（5）风险等级：高。

（6）原因：尝试机动动作时超过最大过载。

（7）降低风险措施：

（a）试验时逐步逼近到预计限制的 80％，在进行预计限制的 100％试验前进行充分分析；

（b）任何适用的时候都采用逐步逼近的方法；

（c）如果必要，在特定速度下对方向舵反转进行限制；

（d）方向舵反转限制到单个反转以进行控制止停，没有特殊的分析和放飞许可前，不能进行摆尾机动；

（e）如果可用，使用遥测监控。

（8）应急程序：着陆前，在至少 10 000 ft 高度以上进行操纵性检查。

41．第 25.343 条　设计燃油和滑油载重

a．THA 编号：159

（1）条款号：25.343。

（2）试验名称：机动载荷。

（3）试验描述：根据选择的试飞技术而有所不同。通常采用收敛转弯或者对称的推拉杆动作。

（4）危险：飞机失去控制。

（5）风险等级：低。

（6）原因：载荷机动试验中攻角或侧滑过大。

（7）降低风险措施：

（a）飞行试验时逐步逼近到预计限制的 80％，在进行预计限制的 100％试验前进行充分分析；

（b）飞行前熟悉飞机失控和尾旋改出程序；

（c）设定最低的高度为一定值。

（8）应急程序：如果飞机失控：

（a）油门杆—IDLE 位；

（b）操纵杆—中立位。

如果仍不能恢复：使用飞机飞行手册（AFM）中的尾旋改出程序。

如果高度低于最低离地高度，弹射或跳伞（如果适用）。

b. THA 编号：160

（1）条款号：25.343。

（2）试验名称：机动载荷。

（3）试验描述：根据选择的试飞技术而有所不同。通常采用收敛转弯或者对称的推拉杆动作。

（4）危险：飞机过载超限。

（5）风险等级：低。

（6）原因：尝试机动时意外超过最大过载。

（7）降低风险措施：

（a）试验时逐步逼近到预计限制的 80％，在进行预计限制的 100％试验前进行充分分析；

（b）任何适用的时候都采用逐步逼近的方法；

（c）如果必要，在特定速度下对方向舵反转进行限制；

（d）方向舵反转限制到单个反转以进行控制止停。没有特殊的分析和放飞许可前，不能进行摆尾机动；

（e）如果可用，使用遥测监控。

（8）应急程序：着陆前，在至少 10 000 ft 以上的高度进行操纵性检查。

42. 第 25.345 条　增升装置

a. THA 编号：152

（1）条款号：25.345。

（2）试验名称：机动载荷。

（3）试验描述：根据选择的试飞技术而有所不同。通常采用收敛转弯或者对称的推拉杆动作。

（4）危险：飞机过载超限。

（5）风险等级：高。

（6）原因：尝试机动时意外超过最大过载。

（7）降低风险措施：

（a）试验时逐步逼近到预计限制的 80％，在进行预计限制的 100％试验前进行充分分析；

（b）任何适用的时候都采用逐步逼迫的方法；

（c）如果必要，在特定速度下对方向舵反转进行限制；

（d）方向舵反转限制到单个反转以进行控制止停，没有特殊的分析和放飞许可前，不能进行摆尾机动；

（e）如果可用，使用遥测监控。

（8）应急程序：着陆前，在至少 10 000 ft 以上的高度进行操纵性检查。

b. THA 编号：158

（1）条款号：25.345。

（2）试验名称：机动载荷。

（3）试验描述：根据选择的试飞技术而有所不同。通常采用收敛转弯或者对称的推拉杆动作。

（4）危险：飞机失去控制。

（5）风险等级：高。

（6）原因：载荷机动动作中攻角或侧滑过大。

（7）降低风险措施：

（a）试验时逐步逼近到预计限制的 80％，在进行预计限制的 100％试验前进行充分分析；

（b）飞行前熟悉飞机失控和尾旋改出程序；

（c）设定最低高度为一定值。

（8）应急程序：如果飞机失控：

（a）油门杆—IDLE 位；

（b）操纵杆—中立位。

如果仍不能恢复：使用飞机飞行手册（AFM）中的尾旋改出程序。

如果高度低于最低高度，弹射或跳伞（如果适用）。

43. 第 25.349 条 滚转情况

a. THA 编号：156

（1）条款号：25.349。

（2）试验名称：机动载荷。

（3）试验描述：根据选择的试飞技术而有所不同。通常设置 30°滚转角时的对称载荷系数为目标值，利用副翼阶跃输入的方法，在相反的方向上，通过 30°的坡度建立目标滚转速率。

（4）危险：飞机载荷超限。

（5）风险等级：高。

（6）原因：尝试机动时意外超过最大过载。

（7）降低风险措施：

（a）试验时逐步逼近到预计限制的 80%，在进行预计限制的 100% 试验前进行充分分析；

（b）任何适用的时候都采用逐步逼近的方法；

（c）如果可用，使用遥测监控。

（8）应急程序：着陆前，在至少 10 000 ft 以上的高度进行操纵性检查。

b. THA 编号：157

（1）条款号：25.349。

（2）试验名称：机动载荷。

（3）试验描述：根据选择的试飞技术而有所不同。通常设置 30°滚转角时的对称载荷系数为目标值，利用副翼阶跃输入的方法，在相反的方向上，通过 30°的坡度建立目标滚转速率。

（4）危险：飞机失去控制。

（5）风险等级：高。

（6）原因：载荷机动动作中攻角或侧滑过大。

（7）降低风险措施：

（a）试验时逐步逼近到预计限制的 80%，在进行预计限制的 100% 试验前进行充分分析；

（b）飞行前熟悉飞机失控和尾旋改出程序；

（c）设定最低高度为一定值。

（8）应急程序：如果飞机失控：

（a）油门杆—IDLE 位；

（b）操纵杆—中立位。

如果仍不能恢复：使用飞机飞行手册（AFM）中的尾旋改出程序。

如果高度低于最低高度，弹射或跳伞（如果适用）。

44. 第 25.351 条　偏航机动情况

a. THA 编号：161

（1）条款号：25.351。

（2）试验名称：飞行载荷机动。

（3）试验描述：根据选择的试飞技术而有所不同。可进行从中立位到预定位置的阶跃或从满偏到中立位置或从满偏到另一侧满偏。

（4）危险：飞机载荷超限。

（5）风险等级：高。

（6）原因：尝试机动时意外超过最大过载。

（7）降低风险措施：

（a）试验时逐步逼近到预计限制的 80％，在进行预计限制的 100％试验前进行充分分析；

（b）任何适用的时候都采用逐步逼近的方法；

（c）如果必要，在特定速度下对方向舵反转进行限制；

（d）方向舵反转限制到单个反转以进行控制止停。没有特殊的分析和放飞许可前，不能进行摆尾机动；

（e）如果可用，使用遥测监控。

（8）应急程序：着陆前，在至少 10 000 ft 以上的高度进行操纵性检查。

b. THA 编号：162

（1）条款号：25.351。

（2）试验名称：飞行载荷机动。

（3）试验描述：根据选择的试飞技术而有所不同。

（4）危险：飞机失去控制。

（5）风险等级：高。

（6）原因：载荷机动动作中攻角或侧滑过大。

（7）降低风险措施：

（a）试验时逐步逼近到预计限制的 80％，在进行预计限制的 100％试验前进行充分分析；

（b）飞行前熟悉飞机失控和尾旋改出程序；

（c）设定最低高度为一定值。

（8）应急程序：如果飞机失控：

（a）油门杆—IDLE 位；

（b）操纵杆—中立位。

如果仍不能恢复：使用飞机飞行手册（AFM）中的尾旋改出程序。

如果高度低于最低高度，弹射或跳伞（如果适用）。

第 4 节　补充情况【备用】

第 5 节　操纵面和操纵系统载荷【备用】

第 6 节　地面载荷【备用】

第 7 节　水载荷【备用】

第 8 节　应急着陆情况【备用】

第 9 节　疲劳评定【备用】

第 10 节　闪电防护【备用】

第4章 设计与构造

第1节 总则【备用】

第2节 操纵面【备用】

第3节 操纵系统【备用】

第4节 起落架【备用】

第5节 浮筒和船体 【备用】

第6节 载人和装货设施【备用】

第7节 应急设施【备用】

第8节 通风和加温

45. 第25.831条 通风

a. THA 编号:23

(1) 条款号:25.831。

（2）试验名称：烟雾渗透/烟雾探测。

（3）试验描述：

（a）隔舱的可达性试验应该在具有正常空气流量和正常机舱内外压差状态下的巡航阶段进行；

（b）渗透试验应该在具有正常机舱内外压差状态下的巡航和下降阶段进行，并且需要飞机具有：

1　正常的通风流量，和；

2　可派遣的通风流量。

（c）烟雾探测系统有效性试验应该在巡航阶段并且使用最大正常空气流量下的正常机舱内外压差状态下进行。试验时应使用试验区域内具有代表性的易燃材料；

（d）完整程序见 AC25 - 9A。

（4）危险：观察者被烟雾熏呛。

（5）风险等级：中。

（6）原因：

（a）行李舱的观察员需要在烟雾发生器放出的模拟烟雾下工作；

（b）行李舱的观察员将与驾驶舱机组隔离。

（7）降低风险措施：

（a）必须使用无毒烟雾；

（b）必须为行李舱观察人员提供独立的供氧设备，并且保证在整个试验过程中有足够的呼吸空气；

（c）机组人员和行李舱的观察员以及他们站位的双向通信设备必须是可用的；

（d）指定一位机组人员负责检查观察员的安全。

b. THA 编号：26

（1）条款号：25.831。

（2）试验名称：烟雾渗透/烟雾探测。

（3）试验描述：

（a）隔舱的可达性试验应该在具有正常空气流量和正常机舱内外压差状态下的巡航阶段进行；

（b）渗透试验应该在具有正常机舱内外压差状态下的巡航、下降阶段进行，并且需要飞机具有：

1　正常通风流量，和；

2　可派遣的通风流量。

（c）烟雾探测系统有效性试验应该在巡航阶段并且使用最大正常空气流量下的正常机舱内外压差状态下进行。试验时应使用试验区域内具有代表性的易燃材料；

（d）完整程序见 AC25 - 9A。

（4）危险：火灾。

（5）风险等级：中。

（6）原因：需要使用烟雾发生器。

（7）降低风险措施：

（a）熟悉 AFM 程序中的机舱火警和烟雾程序；

（b）防烟护目镜和氧气面罩准备到位；

（c）使用无毒的烟雾发生器；

（d）准备好便携式灭火瓶。

c. THA 编号：30

（1）条款号：25.831。

（2）试验名称：烟雾渗透/烟雾探测。

（3）试验描述：

（a）隔舱的可达性试验应该在具有正常空气流量和正常机舱内外压差状态下的巡航阶段进行；

（b）渗透试验应该在巡航、下降阶段和正常机舱内外压差状态下进行，并且飞机具有：

<u>1</u>　正常通风流量和；

<u>2</u>　可派遣的通风流量。

（c）烟雾探测系统有效性试验应该在巡航阶段并且使用最大正常空气流量下的正常机舱内外压差状态下进行。试验时应使用试验区域内具有代表性的易燃材料；

（d）完整程序见 AC25-9A。

（4）危险：失去控制。

（5）风险等级：中。

（6）原因：由于看不清飞行仪表，导致机组人员无法操纵飞机。

（7）降低风险措施：

（a）飞行机组和试飞工程师：

<u>1</u>　熟悉并完全理解试验程序以及氧气系统、防烟护目镜和其他安全设备的使用；

<u>2</u>　飞行试验前，在地面进行机上相关程序的演练。

（b）一名飞行员在试验过程中全程佩戴防护性供氧设备和防烟护目镜；

（c）当烟雾影响机上操作时，所有机组人员需要佩戴防护性供氧设备和防烟护目镜；

（d）向空管（ATC）报告试验的性质；

（e）试验应在一定的高度和低流量的空域进行，以便有足够的时间改出和避免潜在的空中交通冲突；

（f）试验需在目视飞行气象条件下进行；

（g）至少有一位经历过此类试验的飞行机组成员参与试验；

(h) 使用无毒烟雾发生器;

(i) 指定一位机组人员负责检查观察员的安全。

d. THA 编号:33

(1) 条款号:25.831。

(2) 试验名称:驾驶舱烟雾渗透/排放。

(3) 试验描述:使用驾驶舱内的烟雾发生器按如下程序进行排烟试验:

(a) 在试验前,驾驶舱门或门帘(如果安装)应该关闭。机组一旦发现明显的烟雾,应立刻佩戴防护性供氧设备;

(b) 当驾驶舱仪表模糊时(表盘刻度/指示的数字或字母变得不可读),应终止烟雾发生器产生烟雾,开始执行飞行手册和运行手册(如果适用)中正确的防火和排烟程序。烟雾应该在 3 min 内减少到任何残余烟雾(霾)不会分散机组注意力或影响飞行操作的程度;

(c) 如果申请人想要演示驾驶舱内烟雾持续产生时的烟雾防护,需要烟雾发生器持续产生烟雾(不是强制要求)。一旦发现明显的烟雾,机组应立刻戴上防护性供氧设备和使用任何视觉增强设备(如果批准);

(d) 完整程序见 AC25-9A 第 12 段。

(4) 危险:失去控制。

(5) 风险等级:中。

(6) 原因:由于看不清飞行仪表,导致机组人员无法操纵飞机。

(7) 降低风险措施:

(a) 飞行机组和试飞工程师:

1 熟悉并完全理解试验程序以及氧气系统、防烟护目镜和其他安全设备的使用;

2 飞行试验前,在地面进行机上相关程序的演练。

(b) 一名飞行员在试验过程中全程佩戴防护性供氧设备和防烟护目镜;

(c) 当烟雾影响机上操作时,所有机组人员需要佩戴防护性供氧设备和防烟护目镜;

(d) 向空管(ATC)报告试验的性质;

(e) 试验应在一定的高度和低流量的空域进行,以便有足够的时间改出和避免潜在的空中交通冲突;

(f) 试验需在目视飞行气象条件下进行;

(g) 至少有一位经历过此类试验的飞行机组成员参与试验;

(h) 使用无毒烟雾发生器。

e. THA 编号:43

(1) 条款号:25.831。

(2) 试验名称:烟雾渗透/烟雾探测。

（3）试验描述：

（a）隔舱的可达性试验应该在具有正常空气流量和正常机舱内外压差状态下的巡航阶段进行；

（b）渗透试验应该在具有正常机舱内外压差状态下的巡航和下降阶段进行，并且飞机具有：

1　正常通风流量，和；

2　可派遣的通风流量。

（c）烟雾探测系统有效性试验应该在使用最大正常空气流量下的正常机舱内外压差状态下的巡航阶段进行。试验时应使用试验区域内具有代表性的易燃材料；

（d）完整程序见 AC25 - 9A。

（4）危险：缺氧。

（5）风险等级：中。

（6）原因：机组人员可能暴露在 10 000 ft 或更高的座舱高度。

（7）降低风险措施：

（a）飞行机组和试飞工程师：

1　熟悉并完全理解试验程序，掌握氧气系统、防烟护目镜和其他安全设备的使用；

2　飞行试验前，在地面进行机上相关程序的演练。

（b）一名飞行员在试验过程中全程佩戴防护性供氧设备和防烟护目镜；

（c）当烟雾影响机上操作时，所有机组人员需要佩戴防护性供氧设备和防烟护目镜；

（d）向空管（ATC）报告试验的性质；

（e）试验应在一定的高度和低流量的空域进行，以便有足够的时间改出和避免潜在的空中交通冲突；

（f）试验需在目视飞行气象条件下进行；

（g）至少有一位经历过此类试验的飞行机组成员参与试验；

（h）使用无毒烟雾发生器；

（i）指定一位机组人员负责检查观察员的安全。

f.　THA 编号：153

（1）条款号：25.831。

（2）试验名称：烟雾渗透/烟雾探测。

（3）试验描述：

（a）隔舱的可达性试验应该在具有正常空气流量和正常机舱内外压差状态下的巡航阶段进行；

（b）渗透试验应该在具有正常机舱内外压差状态下的巡航和下降阶段进行，并且飞机具有：

<u>1</u> 正常通风流量,和;

<u>2</u> 可派遣的通风流量。

(c) 烟雾探测系统有效性试验应该在巡航阶段并且使用最大正常空气流量下的正常机舱内外压差的状态下进行。试验时应使用试验区域内具有代表性的易燃材料;

(d) 完整程序见 AC25－9A。

(4) 危险:缺氧。

(5) 风险等级:中。

(6) 原因:机组人员可能暴露在 10 000 ft 或更高的座舱高度。

(7) 降低风险措施:

(a) 飞行机组和试飞工程师:

<u>1</u> 熟悉并完全理解试验程序以及氧气系统、防烟护目镜和其他安全设备的使用;

<u>2</u> 飞行试验前,在地面进行机上相关程序的演练。

(b) 一名飞行员在试验过程中全程佩戴防护性供氧设备和防烟护目镜;

(c) 当烟雾影响机上操作时,所有机组人员需要佩戴防护性供氧设备和防烟护目镜;

(d) 向空管(ATC)报告试验的性质;

(e) 试验应在一定的高度和低流量的空域进行,以便有足够的时间改出和避免潜在的空中交通冲突;

(f) 试验需在目视飞行气象条件下进行;

(g) 至少有一位经历过此类试验的飞行机组成员参与试验;

(h) 使用无毒烟雾发生器;

(i) 指定一位机组人员负责检查观察员的安全。

46. 第 25.832 条　座舱臭氧浓度【备用】

47. 第 25.833 条　燃烧加温系统【备用】

第 9 节　增　压

48. 第 25.841 条　增压座舱

a. THA 编号:194

(1) 条款号:25.841。

（2）试验名称：巡航。

（3）试验描述：

见 2012 年 10 月 16 日发布的 AC25-7C 和 AC25-20"高高度运营包线亚声速飞机的增压、通风、氧气系统评估"程序：

建议选择具有型号设计允许范围内的最大漏泄率的飞机作为试验机。如果试验飞机不满足这个条件，必须通过附加的试验或者分析来证明型号设计允许范围内最大漏泄率下的符合性。

（a）正常工作状态——座舱压力高度 8000 ft

<u>1</u> 增压系统——正常模式、巡航构型稳定在最大使用高度；

<u>2</u> 保持该状态足够长的时间，以记录由于安全活门工作引起的座舱压力周期波动；

<u>3</u> 座舱压力高度不应超过 8000 ft。

（b）失效情况——15000 ft 座舱压力高度

<u>1</u> 应识别关键系统失效。应将座舱压力高度警告门限设置在容差范围的上限，或者可以通过附加试验或分析来表明符合性；

<u>2</u> 增压系统以正常模式工作，飞机在巡航构型稳定在最大使用高度；

<u>3</u> 启动关键失效使座舱压力高度升高后，机组人员应立即带上氧气面罩，直到 10000 ft 座舱压力高度警告出现后 17 s 再采取进一步的修正动作。启动应急下降程序，连续下降到 15000 ft 以下；

<u>4</u> 在试验期间的任何时刻，座舱压力高度不应超过 15000 ft。

（4）危险：结构损伤。

（5）风险等级：高。

（6）原因：

（a）增压不足；

（b）增压过大。

（7）降低风险措施：

（a）机组人员监控压差，在释压功能失效情况下及时超控；

（b）座舱压力超过 10000 ft 或引气关闭情况下，机组成员应全程佩戴氧气面罩；

（c）对于高度在 14000 ft 以上的试验，至少有一个控制飞机的机组人员全程佩戴氧气面罩；

（d）至少保证客舱里面有一个成员持续和机组人员保持通话；

（e）客舱应有备用氧气源（即便携式氧气瓶、接通客舱供氧系统等）。

b. THA 编号：195

（1）条款号：25.841。

（2）试验名称：巡航。

（3）试验描述：

见 2012 年 10 月 16 日发布的 AC25 - 7C 和 AC25 - 20"高高度运营包线亚声速飞机的增压、通风、氧气系统评估"程序：

建议选择具有型号设计允许范围内的最大漏泄率的飞机作为试验机。如果试验飞机不满足这个条件，必须通过附加的试验或者分析来证明型号设计允许范围内最大漏泄率下的符合性。

（a）正常工作状态——座舱压力高度 8 000 ft

1 增压系统——正常模式、巡航构型稳定在最大使用高度；

2 保持该状态足够长的时间，以记录由于安全活门工作引起的座舱压力周期波动；

3 座舱压力高度不应超过 8 000 ft。

（b）失效情况——15 000 ft 座舱压力高度

1 应识别关键系统失效。应将座舱压力高度警告门限设置在容差范围的上限，或者可以通过附加试验或分析来表明符合性；

2 增压系统以正常模式工作，飞机在巡航构型稳定在最大使用高度；

3 启动关键失效使座舱压力高度升高后，机组人员应立即带上氧气面罩，直到10 000 ft 座舱压力高度警告出现后 17 s 再采取进一步的修正动作。启动应急下降程序，连续下降到标准海压 15 000 ft 以下；

4 在试验期间的任何时刻，座舱压力高度不应超过 15 000 ft。

（4）危险：缺氧。

（5）风险等级：高。

（6）原因：增压不足。

（7）降低风险措施：

（a）机组人员监控压差，在释压功能失效情况下及时超控；

（b）座舱压力超过 10 000 ft 或引气关闭情况下，机组成员应全程佩戴氧气面罩；

（c）对于高度在 14 000 ft 以上的试验，至少有一个控制飞机的机组人员全程佩戴氧气面罩；

（d）至少保证客舱里面有一个成员持续和机组人员保持通话；

（e）客舱应有备用氧气源（即便携式氧气瓶、接通客舱供氧系统等）。

49. 第 25.843 条　增压座舱的试验

a. THA 编号：196

（1）条款号：25.843b(1)～(3)。

（2）试验名称：巡航。

（3）试验描述：

见 AC25 - 7C 程序，以下试验可以在飞机起飞限制高度内的任何机场进行。增压系统以正常模式工作。另外需要考虑 MMEL 派遣的状态，必须通过附加试验来证明 MMEL 构型的符合性。

（a）稳定爬升/下降。稳定爬升/下降状态下的增压系统试验应该在飞机使用限制范围内（重量、高度、温度和构型）能达到的最大爬升/下降率的条件下进行。

1　起飞后，保持稳定、连续爬升到飞机审定的最大使用高度；

2　保持高度直至座舱压力高度稳定；

3　以使用限制范围内的最大下降率，稳定下降至着陆机场。

（b）分段爬升/下降。分段爬升/下降状态下的增压系统试验应该在飞机使用限制范围内（重量、高度、温度和构型）能达到的最大爬升/下降率的条件下进行。

1　起飞后，分段爬升至飞机审定的最大使用高度。每段高度增量应该在 5 000～7 500 ft；

2　在每一改平高度保持足够时间，使座舱压力高度稳定；

3　从最大高度开始分段下降，在每一改平高度，使座舱压力高度稳定。每段高度增量应该在 7 500～10 000 ft。

（c）正释压。如有两个释压活门，在试验中应抑制其中一个。

1　起飞后，爬升到能产生最大座舱压差的使用高度；

2　手动关闭排气活门，使座舱压差增大；

3　验证座舱压差警告功能工作正常；

4　验证释压活门功能正常且不超过最大座舱压差。

（d）负释压/应急下降。如有两个释压活门，在试验中应抑制其中一个。

1　在巡航高度，进行应急下降至机身临界负压差；

2　验证没有超过机身最大负压差。

（e）手动座舱压力控制。如果有手动压力控制功能，应该在飞机飞行包线内的正常和应急使用情况下验证这些功能；

（f）舱门和应急出口的试验

1　飞行前，应检查所有舱门和应急出口的工作情况；

2　飞机在所审定的最大高度和座舱压差条件下飞行后返回，着陆后立即打开所有的客舱门和应急出口，与飞行前的工作情况相比，任何舱门和应急出口的工作特性应该没有变化。

（4）危险：缺氧。

（5）风险等级：高。

（6）原因：增压不足。

（7）降低风险措施：

（a）机组人员监控压差，在释压功能失效情况下及时超控；

（b）座舱压力超过 10 000 ft 或引气关闭情况下，机组成员应全程佩戴氧气面罩；

（c）对于高度在 14 000 ft 以上的试验，至少有一个控制飞机的机组人员全程佩戴氧气面罩；

（d）至少保证客舱里面有一个成员持续和机组人员保持通话；

（e）客舱应有备用氧气源（即便携式氧气瓶、接通客舱供氧系统等）

b. THA 编号：197

（1）条款号：25.843b(1)～(3)。

（2）试验名称：巡航。

（3）试验描述：

见 AC25－7C 程序，以下试验可以在飞机起飞限制高度内的任何机场进行。增压系统以正常模式工作。另外需要考虑 MMEL 派遣的状态，必须通过附加试验来证明 MMEL 构型的符合性。

（a）稳定爬升/下降。稳定爬升/下降状态下的增压系统试验应该在飞机使用限制范围内（重量、高度、温度和构型）能达到的最大爬升/下降率的条件下进行。

1　起飞后，保持稳定、连续爬升到飞机审定的最大使用高度；

2　保持高度直至座舱压力高度稳定；

3　以使用限制范围内的最大下降率，稳定下降至着陆机场。

（b）分段爬升/下降。分段爬升/下降状态下的增压系统试验应该在飞机使用限制范围内（重量、高度、温度和构型）能达到的最大爬升/下降率的条件下进行。

1　起飞后，分段爬升至需审定的最大使用高度。每段高度增量应该在 5 000～7 500 ft；

2　在每一改平高度保持足够时间，使座舱压力高度稳定；

3　从最大高度开始分段下降，在每一改平高度，使座舱压力高度稳定。每段高度增量应该在 7 500～10 000 ft。

（c）正释压。若有两个释压活门，在试验中应抑制其中一个。

1　起飞后，爬升到能产生最大座舱压差的使用高度；

2　手动关闭排气活门，使座舱压差增大；

3　验证座舱压差警告功能工作正常；

4　验证释压活门功能正常且不超过最大座舱压差。

（d）负释压/应急下降。若有两个释压活门，在试验中应抑制其中一个。

1　在巡航高度，进行应急下降至机身临界负压差；

2　验证没有超过机身最大负压差。

（e）手动座舱压力控制。如果有手动压力控制功能，应该在飞机飞行包线内的正常和应急使用情况下验证这些功能。

（f）舱门和应急出口的试验

1　飞行前，应检查所有舱门和应急出口的工作情况；

2　飞机在需审定的最大高度和座舱压差条件下飞行后返回，着陆后立即打开所有的客舱门和应急出口，与飞行前的工作情况相比，任何舱门和应急出口的工作特性应该没有变化。

（4）危险：结构损伤。

（5）风险等级：高。

（6）原因：

（a）增压不足。

（b）增压太大。

（7）降低风险措施：

（a）机组人员监控压差，在释压功能失效情况下及时超控；

（b）座舱压力超过 10000 ft 或引气关闭情况下，机组成员应全程佩戴氧气面罩；

（c）对于高度在 14 000 ft 以上的试验，至少有一个控制飞机的机组人员全程佩戴氧气面罩；

（d）至少保证客舱里面有一个成员持续和机组人员保持通话；

（e）客舱应有备用氧气源（即便携式氧气瓶、接通客舱供氧系统等）。

第 10 节　防　火

50. 第 25.851 条　灭火器【备用】

51. 第 25.853 条　座舱内部设施【备用】

52. 第 25.854 条　厕所防火

a. THA 编号：19

（1）条款号：25.854。

（2）试验名称：烟雾渗透/烟雾探测。

（3）试验描述：

（a）隔舱的可达性试验应该在具有正常空气流量和正常机舱内外压差状态下的巡航阶段进行。

（b）渗透试验应该在具有正常机舱内外压差状态下的巡航和下降阶段进行，并且飞机具有：

1 正常通风流量，和；

2 可派遣的通风流量。

（c）烟雾探测系统有效性试验应该在使用最大正常空气流量下的正常机舱内外压差状态下的巡航阶段进行。试验时应使用试验区域内具有代表性的易燃材料。

完整程序见 AC25 - 9A。

（4）危险：火灾。

（5）风险等级：中。

（6）原因：需要使用烟雾发生器。

（7）降低风险措施：

（a）熟悉 AFM 程序中的机舱火警和烟雾程序。

（b）防烟护目镜和氧气面罩准备到位。

（c）使用无毒的烟雾发生器。

（d）准备好便携式灭火瓶。

b. THA 编号：38

（1）条款号：25.854。

（2）试验名称：烟雾渗透/烟雾探测。

（3）试验描述：

（a）隔舱的可达性试验应该在具有、正常空气流量和正常机舱内外压差状态下的巡航阶段进行；

（b）渗透试验应该在具有正常机舱内外压差状态下的巡航和下降阶段进行，并且飞机具有：

<u>1</u>　正常通风流量，和；

<u>2</u>　可派遣的通风流量。

（c）烟雾探测系统有效性试验应该在使用最大正常空气流量下的正常机舱内外压差状态下的巡航阶段进行。试验时应使用试验区域内具有代表性的易燃材料。

完整程序见 AC25-9A。

（4）危险：观察者被烟雾熏呛。

（5）风险等级：中。

（6）原因：

（a）盥洗室的观察员需要在烟雾发生器放出的模拟烟雾下工作；

（b）盥洗室的观察员将与驾驶舱机组隔离。

（7）降低风险措施：

（a）必须使用无毒烟雾；

（b）必须为盥洗室观察人员提供独立的供氧设备，并且保证在整个试验过程中有足够的呼吸空气；

（c）机组人员和行李舱的观察员以及他们站位的双向通信设备必须是可用的；

（d）指定一位机组人员负责检查观察员的安全。

53. 第 25.855 条　货舱和行李舱

a. THA 编号：21

（1）条款号：25.855。

（2）试验名称：烟雾渗透/烟雾探测。

（3）试验描述：

（a）隔舱的可达性试验应该在具有正常空气流量和正常机舱内外压差状态下的巡航阶段进行；

（b）渗透试验应该在具有正常机舱内外压差状态下的巡航和下降阶段进行，并且飞机具有：

1 正常通风流量，和；

2 可派遣的通风流量。

（c）烟雾探测系统有效性试验应该在使用最大正常空气流量下的正常机舱内外压差状态下的巡航阶段进行。试验时应使用试验区域内具有代表性的易燃材料。

完整程序见 AC25-9A。

（4）危险：观察者被烟雾熏呛。

（5）风险等级：中。

（6）原因：

（a）行李舱的观察员需要在烟雾发生器放出的模拟烟雾下工作；

（b）行李舱的观察员将与驾驶舱机组隔离。

（7）降低风险措施：

（a）必须使用无毒烟雾；

（b）必须为行李舱观察人员提供独立的供氧设备，并且保证在整个试验过程中有足够的呼吸空气；

（c）机组人员和行李舱的观察员以及他们站位的双向通信设备必须是可用的；

（d）指定一位机组人员负责检查观察员的安全。

b. THA 编号：27

（1）条款号：25.855。

（2）试验名称：烟雾渗透/烟雾探测。

（3）试验描述：

（a）隔舱的可达性试验应该在具有正常空气流量和正常机舱内外压差状态下的巡航阶段进行；

（b）渗透试验应该在具有正常机舱内外压差状态下的巡航和下降阶段进行，并且飞机具有：

1 正常通风流量，和；

2 可派遣的通风流量。

（c）烟雾探测系统有效性试验应该在使用最大正常空气流量下的正常机舱内外压差状态下的巡航阶段进行。试验时应使用试验区域内具有代表性的易燃材料。

完整程序见 AC25-9A。

（4）危险：火灾。

（5）风险等级：中。

（6）原因：需要使用烟雾发生器。

（7）降低风险措施：

（a）熟悉 AFM 程序中的机舱火警和烟雾程序；

（b）防烟护目镜和氧气面罩准备到位；

（c）使用无毒的烟雾发生器；

（d）准备好便携式灭火瓶。

c. THA 编号：31

（1）条款号：25.855。

（2）试验名称：烟雾渗透/烟雾探测。

（3）试验描述：

（a）隔舱的可达性试验应该在具有正常空气流量和正常机舱内外压差状态下的巡航阶段进行；

（b）渗透试验应该在具有正常机舱内外压差状态下的巡航和下降阶段进行，并且飞机具有：

1 正常通风流量，和；

2 可派遣的通风流量。

（c）烟雾探测系统有效性试验应该在使用最大正常空气流量下的正常机舱内外压差状态下的巡航阶段进行。试验时应使用试验区域内具有代表性的易燃材料。

完整程序见 AC25 - 9A。

（4）危险：失去控制。

（5）风险等级：中。

（6）原因：由于看不清飞行仪表，导致机组人员无法操纵飞机。

（7）降低风险措施：

（a）飞行机组和试飞工程师：

1 熟悉并完全理解试验程序以及氧气系统、防烟护目镜和其他安全设备的使用；

2 飞行试验前，在地面进行机上相关程序的演练。

（b）一名飞行员在试验过程中全程佩戴防护性供氧设备和防烟护目镜；

（c）当烟雾影响机上操作时，所有机组人员需要佩戴防护性供氧设备和防烟护目镜；

（d）向空管（ATC）报告试验的性质；

（e）试验应在一定的高度和低流量的空域进行，以便足够的时间改出和避免潜在的空中交通冲突；

（f）试验需在目视飞行气象条件下进行；

（g）至少有一位经历过此类试验的飞行机组成员参与试验；

（h）使用无毒烟雾发生器；

（i）指定一位机组人员负责检查观察员的安全。

d.　THA 编号:42

（1）条款号:25.855。

（2）试验名称:烟雾渗透/烟雾探测。

（3）试验描述:

（a）隔舱的可达性试验应该在具有正常空气流量和正常机舱内外压差状态下的具有正常空气流量和正常机舱内外压差状态下的巡航阶段进行；

（b）渗透试验应该在具有正常机舱内外压差状态下的巡航和下降阶段进行，并且飞机具有:

1　正常通风流量,和；

2　可派遣的通风流量。

（c）烟雾探测系统有效性试验应该在使用最大正常空气流量下的正常机舱内外压差状态下的巡航阶段进行。试验时应使用试验区域内具有代表性的易燃材料。

完整程序见 AC25-9A。

（4）危险:缺氧。

（5）风险等级:中。

（6）原因:机组人员可能暴露在 10 000 ft 或更高的座舱高度。

（7）降低风险措施:

（a）飞行机组和试飞工程师:

1　熟悉并完全理解试验程序以及氧气系统、防烟护目镜和其他安全设备的使用；

2　飞行试验前,在地面进行机上相关程序的演练。

（b）一名飞行员在试验过程中全程佩戴防护性供氧设备和防烟护目镜；

（c）当烟雾影响机上操作时,所有机组人员需要佩戴防护性供氧设备和防烟护目镜；

（d）向空管（ATC）报告试验的性质；

（e）试验应在一定的高度和低流量的空域进行,以便有足够的时间改出和避免潜在的空中交通冲突；

（f）试验需在目视飞行气象条件下进行；

（g）至少有一位经历过此类试验的飞行机组成员参与试验；

（h）使用无毒烟雾发生器；

（i）指定一位机组人员负责检查观察员的安全。

e.　THA 编号:77

（1）条款号:25.855。

（2）试验名称:驾驶舱烟雾渗透/排放。

（3）试验描述:使用驾驶舱内的烟雾发生器按如下程序进行排烟试验:

（a）在试验前,驾驶舱门或门帘（如果安装）应该关闭。飞行机组一旦发现明显的烟雾,应立刻佩戴防护性供氧设备。

（b）当驾驶舱仪表模糊时（表盘刻度/指示的数字或字母变得不可读）,应终止烟雾发生器产生烟雾,开始执行飞行手册和运行手册（如果适用）中正确的防火和排烟程序。烟雾应该在3分钟内减少到任何残余烟雾（霾）不会分散机组注意力或影响飞行操作的程度。

（c）如果申请人想要演示驾驶舱内烟雾持续产生时的烟雾防护,需要烟雾发生器持续产生烟雾（不是强制要求）。一旦发现明显的烟雾,机组应立刻戴上防护性供氧设备和使用任何视觉增强设备（如果批准）。

完整程序见 AC25 - 9A 第 12 段。

（4）危险:失去控制。

（5）风险等级:中。

（6）原因:由于看不清飞行仪表,导致机组人员无法操纵飞机。

（7）降低风险措施:

（a）飞行机组和试飞工程师:

<u>1</u> 熟悉并完全理解试验程序以及氧气系统、防烟护目镜和其他安全设备的使用;

<u>2</u> 飞行试验前,在地面进行机上相关程序的演练;

（b）一名飞行员在试验过程中全程佩戴防护性供氧设备和防烟护目镜;

（c）当烟雾影响机上操作时,所有机组人员需要佩戴防护性供氧设备和防烟护目镜;

（d）向空管（ATC）报告试验的性质;

（e）试验应在一定的高度和低流量的空域进行,以便有足够的时间改出和避免潜在的空中交通冲突;

（f）试验需在目视飞行气象条件下进行;

（g）至少有一位经历过此类试验的飞行机组成员参与试验;

（h）使用无毒烟雾发生器。

54. 第 25.856 条　隔热/隔音材料【备用】

55. 第 25.857 条　货舱等级

a. THA 编号:22

（1）条款号:25.857。

（2）试验名称:烟雾渗透/烟雾探测。

（3）试验描述:

（a）隔舱的可达性试验应该具有正常空气流量和正常机舱内外压差状态下的

巡航阶段进行；

(b) 渗透试验应该在具有正常机舱内外压差状态下的巡航和下降阶段进行,并且飞机具有:

1 正常通风流量,和;

2 可派遣的通风流量。

(c) 烟雾探测系统有效性试验应该在使用最大正常空气流量下的正常机舱内外压差状态下的巡航阶段进行。试验时应使用试验区域内具有代表性的易燃材料。

完整程序见 AC25 - 9A。

(4) 危险:观察者被烟雾熏呛。

(5) 风险等级:中。

(6) 原因:

(a) 行李舱的观察员需要在烟雾发生器放出的模拟烟雾下工作。

(b) 行李舱的观察员将与驾驶舱机组隔离。

(7) 降低风险措施:

(a) 必须使用无毒烟雾;

(b) 必须为行李舱观察人员提供独立的供氧设备,并且保证在整个试验过程中有足够的呼吸空气;

(c) 机组人员和行李舱的观察员以及他们站位的双向通信设备必须是可用的;

(d) 指定一位机组人员负责检查观察员的安全。

b. THA 编号:28

(1) 条款号:25.857。

(2) 试验名称:烟雾渗透/烟雾探测。

(3) 试验描述:

(a) 隔舱的可达性试验应该在具有正常空气流量和正常机舱内外压差状态下的巡航阶段进行;

(b) 渗透试验应该在具有正常机舱内外压差状态下的巡航和下降阶段进行,并且飞机具有:

1 正常通风流量,和;

2 可派遣的通风流量。

(c) 烟雾探测系统有效性试验应该在使用最大正常空气流量下的正常机舱内外压差状态下的巡航阶段进行。试验时应使用试验区域内具有代表性的易燃材料。

完整程序见 AC25 - 9A。

(4) 危险:火灾。

(5) 风险等级:中。

(6) 原因:需要使用烟雾发生器。

（7）降低风险措施：

（a）熟悉 AFM 程序中的机舱火警和烟雾程序；

（b）防烟护目镜和氧气面罩准备到位；

（c）使用无毒的烟雾发生器；

（d）准备好便携式灭火瓶。

c. THA 编号：32

（1）条款号：25.857。

（2）试验名称：烟雾渗透/烟雾探测。

（3）试验描述：

（a）隔舱的可达性试验应该在具有正常空气流量和正常机舱内外压差状态下的巡航阶段进行；

（b）渗透试验应该在具有正常机舱内外压差状态下的巡航和下降阶段进行，并且飞机具有：

<u>1</u> 正常通风流量，和；

<u>2</u> 可派遣的通风流量。

（c）烟雾探测系统有效性试验应该在使用最大正常空气流量下的正常机舱内外压差状态下的巡航阶段进行。试验时应使用试验区域内具有代表性的易燃材料。

完整程序见 AC25-9A。

（4）危险：失去控制。

（5）风险等级：中。

（6）原因：由于看不清飞行仪表，导致机组人员无法操纵飞机。

（7）降低风险措施：

（a）飞行机组和试飞工程师：

<u>1</u> 熟悉并完全理解试验程序，掌握氧气系统、防烟护目镜和其他安全设备的使用；

<u>2</u> 飞行试验前，在地面进行机上相关程序的演练；

（b）一名飞行员在试验过程中全程佩戴防护性供氧设备和防烟护目镜；

（c）当烟雾影响机上操作时，所有机组人员需要佩戴防护性供氧设备和防烟护目镜；

（d）向空管（ATC）报告试验的性质；

（e）试验应在一定的高度和低流量的空域进行，以便有足够的时间改出和避免潜在的空中交通冲突；

（f）试验需在目视飞行气象条件下进行；

（g）至少有一位经历过此类试验的飞行机组成员参与试验；

（h）使用无毒烟雾发生器；

（i）指定一位机组人员负责检查观察人员的安全。

d. THA 编号:44

(1) 条款号:25.857。

(2) 试验名称:烟雾渗透/烟雾探测。

(3) 试验描述:

(a) 隔舱的可达性试验应该在具有正常空气流量和正常机舱内外压差状态下的巡航阶段进行;

(b) 渗透试验应该在具有正常机舱内外压差状态下的巡航和下降阶段进行,并且飞机具有:

1　正常通风流量,和;

2　可派遣的通风流量。

(c) 烟雾探测系统有效性试验应该在使用最大正常空气流量下的正常机舱内外压差状态下的巡航阶段进行。试验时应使用试验区域内具有代表性的易燃材料。

完整程序见 AC25-9A。

(4) 危险:缺氧。

(5) 风险等级:中。

(6) 原因:机组人员可能暴露在 10 000 ft 或更高的座舱高度。

(7) 降低风险措施:

(a) 飞行机组和试飞工程师:

1　熟悉并完全理解试验程序以及氧气系统、防烟护目镜和其他安全设备的使用;

2　飞行试验前,在地面进行机上相关程序的演练。

(b) 一名飞行员在试验过程中全程佩戴防护性供氧设备和防烟护目镜;

(c) 当烟雾影响机上操作时,所有机组人员需要佩戴防护性供氧设备和防烟护目镜;

(d) 向空管(ATC)报告试验的性质;

(e) 试验应在一定的高度和低流量的空域进行,以便有足够的时间改出和避免潜在的空中交通冲突;

(f) 试验需在目视飞行气象条件下进行;

(g) 至少有一位经历过此类试验的飞行机组成员参与试验;

(h) 使用无毒烟雾发生器;

(i) 指定一位机组人员负责检查观察员的安全。

e. THA 编号:76

(1) 条款号:25.857。

(2) 试验名称:驾驶舱烟雾渗透/排放。

(3) 试验描述:使用驾驶舱内的烟雾发生器按如下程序进行排烟试验:

(a) 在试验前,驾驶舱门或门帘(如果安装)应该关闭。飞行机组一旦发现明显的烟雾,应立刻佩戴防护性供氧设备。

（b）当驾驶舱仪表模糊时（表盘刻度/指示的数字或字母变得不可读），应终止烟雾发生器产生烟雾,开始执行飞行手册和运行手册（如果适用）中正确的防火和排烟程序。烟雾应该在三分钟内减少到任何残余烟雾（霾）不会分散机组注意力或影响飞行操作的程度。

（c）如果申请人想要演示驾驶舱内烟雾持续产生时的烟雾防护,需要烟雾发生器持续产生烟雾（不是强制要求）。一旦发现明显的烟雾,机组应立刻戴上防护性供氧设备和使用任何视觉增强设备（如果批准）。

完整程序见 AC25-9A 第 12 条。

（4）危险:失去控制。

（5）风险等级:中。

（6）原因:由于看不清飞行仪表,导致机组人员无法操纵飞机。

（7）降低风险措施:

（a）飞行机组和试飞工程师:

1 熟悉并完全理解试验程序以及氧气系统、防烟护目镜和其他安全设备的使用;

2 飞行试验前,在地面进行机上相关程序的演练。

（b）一名飞行员在试验过程中全程佩戴防护性供氧设备和防烟护目镜;

（c）当烟雾影响机上操作时,所有机组人员需要佩戴防护性供氧设备和防烟护目镜;

（d）向空管（ATC）报告试验的性质;

（e）试验应在一定的高度和低流量的空域进行,以便有足够的时间改出和避免潜在的空中交通冲突;

（f）试验需在目视飞行气象条件下进行;

（g）至少有一位经历过此类试验的飞行机组成员参与试验;

（h）使用无毒烟雾发生器。

56. 第 25.858 条　货舱或行李舱烟雾或火警探测系统

a. THA 编号:29

（1）条款号:25.858。

（2）试验名称:烟雾渗透/烟雾探测。

（3）试验描述:

（a）隔舱的可达性试验应该在具有正常空气流量和正常机舱内外压差状态下的巡航阶段进行;

（b）渗透试验应该在具有正常机舱内外压差状态下的巡航和下降阶段进行,并且飞机具有:

_1_　正常通风流量,和;

_2_　可派遣的通风流量。

(c) 烟雾探测系统有效性试验应该在使用最大正常空气流量下的正常机舱内外压差状态下的巡航阶段进行。试验时应使用试验区域内具有代表性的易燃材料。

完整程序见 AC25 - 9A。

(4) 危险:失去控制。

(5) 风险等级:中。

(6) 原因:由于看不清飞行仪表,导致机组人员无法操纵飞机。

(7) 降低风险措施:

(a) 飞行机组和试飞工程师:

_1_　熟悉并完全理解试验程序以及氧气系统、防烟护目镜和其他安全设备的使用;

_2_　飞行试验前,在地面进行机上相关程序的演练。

(b) 一名飞行员在试验过程中全程佩戴防护性供氧设备和防烟护目镜;

(c) 当烟雾影响机上操作时,所有机组人员需要佩戴防护性供氧设备和防烟护目镜;

(d) 向空管(ATC)报告试验的性质;

(e) 试验应在一定的高度和低流量的空域进行,以便有足够的时间改出和避免潜在的空中交通冲突;

(f) 试验需在目视飞行气象条件下进行;

(g) 至少有一位经历过此类试验的飞行机组成员参与试验;

(h) 使用无毒烟雾发生器;

(i) 指定一位机组人员负责检查观察人员的安全。

b. THA 编号:39

(1) 条款号:25.858。

(2) 试验名称:烟雾渗透/烟雾探测。

(3) 试验描述:

(a) 隔舱的可达性试验应该在具有正常空气流量和正常机舱内外压差状态下的巡航阶段进行;

(b) 渗透试验应该在具有正常机舱内外压差状态下的巡航和下降阶段进行,并且飞机具有:

_1_　正常通风流量,和;

_2_　可派遣的通风流量。

(c) 烟雾探测系统有效性试验应该在使用最大正常空气流量下的正常机舱内外压差状态下的巡航阶段进行。试验时应使用试验区域内具有代表性的易燃材料。

完整程序见 AC25 - 9A。

（4）危险：缺氧。

（5）风险等级：中。

（6）原因：机组人员可能暴露在 10000 ft 或更高的座舱高度。

（7）降低风险措施：

（a）飞行机组和试飞工程师：

1　熟悉并完全理解试验程序以及氧气系统、防烟护目镜和其他安全设备的使用；

2　飞行试验前，在地面进行机上相关程序的演练。

（b）一名飞行员在试验过程中全程佩戴防护性供氧设备和防烟护目镜；

（c）当烟雾影响机上操作时，所有机组人员需要佩戴防护性供氧设备和防烟护目镜；

（d）向空管（ATC）报告试验的性质；

（e）试验应在一定的高度和低流量的空域进行，以便有足够的时间改出和避免潜在的空中交通冲突；

（f）试验需在目视飞行气象条件下进行；

（g）至少有一位经历过此类试验的飞行机组成员参与试验；

（h）使用无毒烟雾发生器；

（i）指定一位机组人员负责检查观察人员的安全。

c. THA 编号：45

（1）条款号：25.858。

（2）试验名称：烟雾渗透/烟雾探测。

（3）试验描述：

（a）隔舱的可达性试验应该在具有正常空气流量和正常机舱内外压差状态下的巡航阶段进行；

（b）渗透试验应该在具有正常机舱内外压差状态下的巡航和下降阶段进行，并且飞机具有：

1　正常通风流量，和；

2　可派遣的通风流量。

（c）烟雾探测系统有效性试验应该在使用最大正常空气流量下的正常机舱内外压差状态下的巡航阶段进行。试验时应使用试验区域内具有代表性的易燃材料。

完整程序见 AC25-9A。

（4）危险：失去控制。

（5）风险等级：中。

（6）原因：由于看不清飞行仪表，导致机组人员无法操纵飞机。

（7）降低风险措施：

（a）飞行机组和试飞工程师：

1 熟悉并完全理解试验程序以及氧气系统、防烟护目镜和其他安全设备的使用;

2 飞行试验前,在地面进行机上相关程序的演练。

(b) 一名飞行员在试验过程中全程佩戴防护性供氧设备和防烟护目镜;

(c) 当烟雾影响机上操作时,所有机组人员需要佩戴防护性供氧设备和防烟护目镜;

(d) 向空管(ATC)报告试验的性质;

(e) 试验应在一定的高度和低流量的空域进行,以便有足够的时间改出和避免潜在的空中交通冲突;

(f) 试验需在目视飞行气象条件下进行;

(g) 至少有一位经历过此类试验的飞行机组成员参与试验;

(h) 使用无毒烟雾发生器;

(i) 指定一位机组人员负责检查观察人员的安全。

d. THA 编号:46

(1) 条款号:25.858。

(2) 试验名称:烟雾渗透/烟雾探测。

(3) 试验描述:

(a) 隔舱的可达性试验应该在具有正常空气流量和正常机舱内外压差状态下的巡航阶段进行;

(b) 渗透试验应该在具有正常机舱内外压差状态下的巡航和下降阶段进行,并且飞机具有:

1 正常通风流量,和;

2 可派遣的通风流量。

(c) 烟雾探测系统有效性试验应该在使用最大正常空气流量下的正常机舱内外压差状态下的巡航阶段进行。试验时应使用试验区域内具有代表性的易燃材料。

完整程序见 AC25-9A。

(4) 危险:火灾。

(5) 风险等级:中。

(6) 原因:需要使用烟雾发生器。

(7) 降低风险措施:

(a) 熟悉 AFM 程序中的机舱火警和烟雾程序;

(b) 防烟护目镜和氧气面罩准备到位;

(c) 使用无毒的烟雾发生器;

(d) 准备好便携式灭火瓶。

57. 第 25.859 条　燃烧加温器的防火【备用】

58. 第25.863条　可燃液体的防火【备用】

59. 第25.865条　飞行操纵系统、发动机架和其他飞行结构的防火【备用】

60. 第25.867条　其他部件的防火【备用】

61. 第25.869条　系统防火【备用】

第11节　其他【备用】

第5章 动力装置

第1节 总 则

62. 第25.901条 安装

a. THA 编号:198

(1) 条款号:25.901(d)。

(2) 试验名称:发动机运转。

(3) 试验描述:无明确的 AC25-7C 指导;APU 研发。

(4) 危险:APU 损伤。

(5) 风险等级:低。

(6) 原因:

(a) 进气畸变;

(b) 非正常飞行条件;

(c) 电源不足;

(d) 部件过热;

(e) 由于安装导致的在批准包线外的运行。

(7) 降低风险措施:APU 被认为是非必需设备,APU 不工作将不会影响飞机的正常运行。根据 AFM 程序保护 APU。

b. THA 编号:199

(1) 条款号:25.901。

(2) 试验名称:发动机运转。

(3) 试验描述:无明确的 AC25-7C 指导。

(4) 危险:飞机损伤。

(5) 风险等级:低。

(6) 原因:发动机振动引发的共振。

(7) 降低风险措施:

(a) 在飞行前进行发动机振动试验以确保不存在受迫振动频率和共振;

（b）经常检查发动机直到装载了标准发动机平衡装置的飞机完成不平衡临界试验；

（c）监控发动机振动；

（d）准备好应对结冰条件下发动机振动增强和可能出现的机身共振情况；准备好进行动力调整及/或脱离结冰条件。

c. THA 编号：200

（1）条款号：25.901。

（2）试验名称：所有。

（3）试验描述：无明确的 AC25 - 7C 指导。

（4）危险：动力装置损伤。

（5）风险等级：低。

（6）原因：

（a）发动机压气机在慢车或者低于慢车状态下失压；

（b）可能的涡轮热损伤；

（c）发动机在引气不对称情况下工作；

（d）发动机低压压气机共振由于：

1 侧风；

2 进气畸变；

3 反推气流再吸入。

（7）降低风险措施：

（a）不要在引气隔离阀打开时操作发动机，除非"低功率"发动机引气已经关闭（如果适用于发动机安装）；

（b）当以不平衡功率工作时，监控低功率发动机的涡轮排气温度，特别是在加大油门时；

（c）确定系统设计不允许危险的发动机引气回流；

（d）避免侧风速超过一定数值时起动发动机或进行固定式发动机运转；

（e）尽量减少发动机暴露在超出正常运行飞行包线以外的迎角和侧滑角范围；

（f）避免使用高功率反推；

（g）回顾风扇应变试验的危险。

d. THA 编号：213

（1）条款号：25.901(b)(1)(i)。

（2）试验名称：空中起动。

（3）试验描述：见 FAR Part 33.5，空中起动。

（4）危险：双发熄火。

（5）风险等级：高。

（6）原因：

（a）非试验发动机失去推力；

（b）发动机起动异常：热起动、悬挂、发动机着火、起动失败。

（7）降低风险措施：

（a）告知空管正在单发飞行；

（b）APU 必须作为直接或备用的气源和电源工作；

（c）机组佩戴氧气面罩；

（d）在尝试包线边界起动之前，确保在起动包线中部发动机起动成功；

（e）每次发动机空中起动试验前在地面上检查点火器工作情况（所有发动机）；

（f）在更有利的速度和高度尝试重新点火。

e. THA 编号：214

（1）条款号：25.901(b)(1)(i)。

（2）试验名称：空中起动。

（3）试验描述：

见 FAR Part 33.5，空中起动。

（4）危险：单发紧急情况。

（5）风险等级：高。

（6）原因：

（a）失去试验发动机的全部推力；

（b）发动机起动异常：热起动、悬挂、发动机着火、起动失败。

（7）降低风险措施：

（a）告知空管正在单发飞行；

（b）APU 必须作为直接或备用的气源和电源工作；

（c）机组佩戴氧气面罩；

（d）在尝试包线边界起动之前，确保在起动包线中部成功起动发动机；

（e）每次发动机空中起动试验前在地面上检查点火器工作情况（所有发动机）；

（f）在更有利的速度和高度尝试重新点火。

f. THA 编号：215

（1）条款号：25.901(b)(1)(i)。

（2）试验名称：空中起动。

（3）试验描述：见 FAR Part 33.5；空中起动。

（4）危险：失去座舱增压

（5）风险等级：高。

（6）原因：双发熄火。

（7）降低风险措施：

（a）告知空管正在单发飞行；

（b）APU 必须作为直接或备用的气源和电源工作；

（c）机组佩戴氧气面罩；

（d）在包线边缘尝试起动发动机之前,确保在包线中部成功起动发动机;

（e）每次发动机空中起动试验前在地面上检查点火器工作情况(所有发动机);

（f）在更有利的速度和高度尝试重新点火。

63. 第25.903条 发动机

a. 编号:201

（1）条款号:25.903(e)。

（2）试验名称:空中起动。

（3）试验描述:空中起动。

（4）危险:双发熄火。

（5）风险等级:高。

（6）原因:

（a）非试验发动机失去推力;

（b）发动机起动异常:热起动、悬挂、发动机着火、起动失败。

（7）降低风险措施:

（a）告知空管正在单发飞行;

（b）APU 必须作为直接或备用的气源和电源工作;

（c）机组佩戴氧气面罩;

（d）在尝试包线边界起动之前,确保在起动包线中部成功起动发动机;

（e）每次发动机空中起动试验前在地面上检查点火器工作情况(所有发动机);

（f）在更有利的速度和高度尝试重新点火。

b. 编号:202

（1）条款号:25.903(e)。

（2）试验名称:空中起动。

（3）试验描述:空中起动。

（4）危险:单发紧急情况。

（5）风险等级:高。

（6）原因:

（a）失去试验发动机的全部推力;

（b）发动机起动异常:热起动、悬挂、发动机着火、起动失败。

（7）降低风险措施:

（a）告知空管正在单发运行;

（b）APU 必须作为直接或备用的气源和电源工作;

（c）机组人员佩戴氧气罩;

（d）在尝试包线边界起动之前,确保发动机在空中起动包线的中间范围成功起动;

（e）在进行每次发动机空中起动飞行前在地面检查点火器（两个或所有发动机）的工作情况；

（f）尝试在更有利的空速和高度上重新点火。

c. 编号：203

（1）条款号：25.903（e）。

（2）试验名称：空中起动。

（3）试验描述：空中起动。

（4）危险：失去座舱压力。

（5）风险等级：高。

（6）原因：双发熄火。

（7）降低风险措施：

（a）告知空管正在单发运行；

（b）APU 必须作为直接或备用的气源和电源工作；

（c）机组人员戴上氧气面罩；

（d）在尝试包线边界起动之前，确保发动机在空中起动包线的中间范围成功起动；

（e）每个发动机空中起动飞行之前，需在地面上检查点火器的工作情况（两个或所有发动机）；

（f）尝试在更有利的空速和高度下点火。

64. 第 25.904 条　起飞推力自动控制系统（ATTCS）

a. 编号：204

（1）条款号：25.904。

（2）试验名称：V_1 断油起飞。

（3）试验描述：详见 FAR 25 部附录 I。

临界时间间隔。当采用自动起飞推力控制系统（ATTCS，Automatic Takeoff Thrust Control System）起飞时，其临界时间间隔是指 V_1 点倒退 1 s 与最低性能全发飞行航迹上的一个点之间的时间间隔。这一点的定位：假设在该点同时发生单发和 ATTCS 失效，所形成的最低飞行航迹与 25 部要求的真实飞行航迹（单发失效）相交在不低于起飞表面以上 400 ft 处。

（4）危险：在跑道上失去方向控制。

（5）风险等级：高。

（6）原因：

（a）在跑道上方向控制能力不足；

（b）ATTCS 失效。

（7）降低风险措施：

（a）发动机推力减小时的速度始终大于 V_{MCG}；

（b）试验按性能减小的顺序进行；

（c）在松刹车前，检查 ATTCS 状态。

b. 编号：205

（1）条款号：25.904。

（2）试验名称：V_1 中断起飞。

（3）试验描述：详见 FAR 25 部附录Ⅰ。

临界时间间隔。当采用自动起飞推力控制系统（automatic takeoff thrust control system，ATTCS)起飞时,其临界时间间隔是指 V_1 点倒退 1 s 与最低性能全发飞行航迹上的一个点之间的时间间隔。这一点的定位：假设在该点同时发生单发和 ATTCS 失效,所形成的最低飞行航迹与 25 部要求的真实飞行航迹（单发失效）相交在不低于起飞表面以上 400 ft 处。

（4）危险：受控撞地（CFIT)。

（5）风险等级：高。

（6）原因：

（a）由于爬升性能降低越障失败；

（b）ATTCS 失效。

（7）降低风险措施：

（a）熟悉机场区域的障碍物和疏散路线；

（b）熟悉发动机失效安全速度和飞行技巧；

（c）性能数据适用于所有构型；

（d）对于每次起飞,尤其是在发动机真实失效时,确有足够的爬升梯度、越障能力和跑道长度；

（e）试验按性能减小的顺序进行；

（f）在试验前,确保有足够的燃油可以支持飞机飞往备降机场；

（g）在松刹车前,检查 ATTCS 状态。

65. 第 25.905 条　螺旋桨【备用】

66. 第 25.907 条　螺旋桨振动【备用】

67. 第 25.925 条　螺旋桨间距【备用】

68. 第 25.929 条　螺旋桨除冰【备用】

69. 第 25.933 条　反推力系统【备用】

a. 编号：206

（1）条款号：25.933(a)(1)(ii)。

（2）试验名称：着陆—反推力装置。

（3）试验描述：纵向和航向的稳定性和控制—着陆时对称打开反推力装置。

（4）危险：失去控制。

（5）风险等级：高。

（6）原因：

（a）过大的上仰或偏航；

（b）爆胎；

（c）延迟的刹车导致飞机冲出跑道。

（7）降低风险措施：

（a）监控过大的上仰或偏航趋势（按需收起反推和/或接通前轮转弯系统以保持控制）；

（b）有足够长度和宽度的跑道，并且有充足的净空道和缓冲区；

（c）机组人员佩戴头盔和防护飞行装备；

（d）机组人员需熟悉空中应急撤离程序；

（e）车辆和设备距离跑道中心线 400 ft 以上，或停放在试验区后方；

（f）试验间歇期间检查反推力装置和结构；

（g）监控轮胎和刹车装置的温度；

（h）监控由于反吸而导致的发动机温度上升；

（i）湿跑道试验前先进行干跑道试验；

（j）根据飞机速度和剩余的跑道长度来确定试验中止的准则；

（k）监控速度和剩余的跑道长度来确定何时需要中止试验；

（l）准备好开始刹车的速度与距离的对应数据。

b.　编号：207

（1）条款号：25.933（a）（1）（ii）。

（2）试验名称：着陆—反推力装置。

（3）试验描述：纵向和航向的稳定性和控制—着陆时对称打开反推力装置。

（4）危险：结构损伤。

（5）风险等级：高。

（6）原因：

（a）偏离跑道；

（b）爆胎。

（7）降低风险措施：

（a）监控异常的抬头或偏航趋势（按需收回反推和/或接通前轮转弯系统以保持控制）；

（b）有足够长度和宽度的跑道，并且有充足的净空道和缓冲区；

（c）机组人员佩戴头盔，穿戴防护飞行装备；

（d）保证机组人员熟悉紧急机上撤离程序；

（e）车辆和设备距离跑道中心线 400 ft 以上，或停放在试验区后方；

（f）试验间期检查反推装置和相关结构；

（g）监控轮胎和刹车装置的温度；

（h）监控由于排气反吸而导致的发动机温度的上升；

（i）在进行湿跑道试验前先完成干跑道情况的试验；

（j）确定基于飞机的速度和剩余跑道长度的试验中止准则；

（k）监控飞机的速度和剩余跑道长度以决定何时中止试验；

（l）准备好开始刹车的速度与距离的对应数据。

c. 编号：208

（1）条款号：25.933（a）（1）（ii）。

（2）试验名称：着陆—反推力装置。

（3）试验描述：纵向和航向的稳定性和控制—着陆时对称打开反推力装置。

（4）危险：发动机外来物损伤（FOD）。

（5）风险等级：高。

（6）原因：

（a）发动机尾气进入发动机进气道；

（b）外来物进入发动机进气道。

（7）降低风险措施：

（a）监控过量的抬头和偏航趋势（按需收起反推和/或打开前轮转弯，来保持控制）；

（b）有足够长度和宽度的跑道，并且有充足的净空道和缓冲区；

（c）机组人员戴上头盔和穿上防护飞行装备；

（d）机组人员应熟悉紧急离机程序；

（e）车辆和设备距离跑道中心线至少 400 ft，或者停放在试验区域后方；

（f）在试验间隔期检查反推和结构；

（g）监控轮胎和刹车温度；

（h）监控因排气回吸引起的发动机温度升高；

（i）在进行湿跑道试验前先完成干跑道试验。

70. 第 25.934 条　涡轮喷气发动机反推力装置系统试验【备用】

71. 第 25.937 条　涡轮螺旋桨阻力限制系统【备用】

72. 第 25.939 条　涡轮发动机工作特性

a. 编号：209

（1）条款号：25.939（a）。

（2）试验名称：发动机操纵。

（3）试验描述：必须在飞行中检查涡轮发动机特性，以确定在飞机和发动机运行限制内的正常和应急操作时不会出现不利的特性。见 AC25-939。

（4）危险：单发紧急情况。

（5）风险等级：高。

（6）原因：

（a）压气机失速或喘振；

（b）超温；

（c）熄火。

（7）降低风险措施：

（a）每次试验仅在一个发动机上执行；

（b）逐步逼近油门杆瞬态速率；

（c）逐步逼近临界高度（高高度）和临界空速（低空速）；

（d）进行引气关断试验前先进行引气接通试验；

（e）如果遭遇喘振，收油门杆至慢车；

（f）监控涡轮燃气温度（TGT）；

（g）如果在慢车时涡轮燃气温度持续上升，关断发动机；

（h）在重新起动后，确认发动机响应和滑油系统运行和振动水平的显示正常。要预计到发动机熄火后飞机需要下降。

73. 第 25.941 条　进气系统、发动机和排气系统的匹配性【备用】

74. 第 25.943 条　负加速度

a. 编号：210

（1）条款号：25.943。

（2）试验名称：Push Over（过推杆）。

（3）试验描述：发动机、APU、液压系统和燃油系统在负加速度条件下工作。

（4）危险：双发熄火。

（5）风险等级：高。

（6）原因：燃油供应不足。

（7）降低风险措施：

（a）熟悉发动机空中起动程序；

（b）熟悉飞控液压系统失效程序；

（c）在适合无动力着陆的空域进行试验；

（d）试验前通告空管可能请求无动力下降和着陆；

（e）保持非试验侧燃油量在安全位置，接通非试验发动机燃油增压泵；

(f) 确保飞机上所有松动设备被牢固地系紧。

b. 编号:211

(1) 条款号:25.943。

(2) 试验名称:Push Over(过推杆)。

(3) 试验描述:发动机、APU、液压系统和燃油系统在负加速度条件下工作。

(4) 危险:失去飞行控制所需的液压动力。

(5) 风险等级:高。

(6) 原因:

(a) 液压系统出现气穴现象;

(b) 由于燃油系统供油不足导致双发失效。

(7) 降低风险措施:

(a) 回顾发动机空中起动程序;

(b) 回顾飞控液压系统失效程序;

(c) 在适合无动力着陆的空域进行试验;

(d) 试验前通告空管可能请求无动力下降和着陆;

(e) 保持非试验侧燃油量在安全位置,接通非试验发动机燃油增压泵;

(f) 确保飞机上所有松动设备被牢固地系紧。

c. 编号:212

(1) 条款号:25.943。

(2) 试验名称:Push Over(过推杆)。

(3) 试验描述:发动机、APU、液压系统和燃油系统在负加速度条件下运行。

(4) 危险:飞机载荷超限。

(5) 风险等级:高。

(6) 原因:超速和拉起时加速度超限。

(7) 降低风险措施:

(a) 回顾发动机空中起动程序;

(b) 回顾飞控液压系统失效程序;

(c) 在适合无动力着陆的机场附近空域进行试验;

(d) 试验前告知空中交通管制(ATC)可能会有无动力下降和着陆的请求;

(e) 保持非试验油箱燃油量在安全水平,接通非试验发动机的增压泵;

(f) 确保飞机上所有松动的设备被牢固地系紧。

75. 第25.945条 推力或功率增大系统【备用】

第2节 燃油系统【备用】

第 3 节 燃油系统部件【备用】

第 4 节 滑油系统【备用】

第 5 节 冷却【备用】

第 6 节 进气系统【备用】

第 7 节 排气系统【备用】

第 8 节 动力装置的操纵器件和附件【备用】

第 9 节 动力装置的防火【备用】

第6章 设 备

第1节 总 则

76. 第25.1301条 功能和安装

a. THA 编号:17

(1) 条款号:25.1301。

(2) 试验名称:驾驶舱烟雾渗透/排放。

(3) 试验描述:使用驾驶舱内的烟雾发生器按如下程序进行排烟试验:

(a) 在试验前,驾驶舱门或门帘(如果安装)应该关闭。飞行机组一旦发现明显的烟雾,应立刻佩戴防护性供氧设备;

(b) 当驾驶舱仪表模糊时(表盘刻度/指示的数字或字母变得不可读),应终止产生烟雾,开始执行飞行手册和运行手册(如果适用)中正确的防火和排烟程序。烟雾应该在三分钟内减少到任何残余烟雾(霾)不会分散机组注意力或影响飞行操作的程度;

(c) 如果申请人想要演示驾驶舱内烟雾持续产生时的烟雾防护,需要烟雾发生器持续产生烟雾(不是强制要求)。一旦发现明显的烟雾,机组应立刻戴上防护性供氧设备和使用任何视觉增强设备(如果批准)。

完整程序见 AC25-9A 第12条。

(4) 危险:失去控制。

(5) 风险等级:中。

(6) 原因:由于看不清飞行仪表,导致机组人员无法获知飞行状况。

(7) 降低风险措施:

(a) 飞行机组和试飞工程师:

1 熟悉并完全理解试验程序以及氧气系统、防烟护目镜和其他安全设备的使用方法;

2 飞行试验前,在地面进行机上相关程序的演练。

(b) 一名飞行员在试验过程中全程佩戴防护性供氧设备和防烟护目镜;

（c）当烟雾影响机上操作时，所有机组人员需要佩戴防护性供氧设备和防烟护目镜；

（d）向空管报告试验的性质；

（e）试验需在一定的高度和低流量的空域执行，以获取足够的改出时间及避免潜在的空中管制冲突；

（f）试验需在目视飞行气象条件下进行；

（g）至少一位经历过此类试验的飞行机组成员参与试验；

（h）使用无毒烟雾发生器。

b. THA 编号：20

（1）条款号：25.1301。

（2）试验名称：烟雾渗透/烟雾探测。

（3）试验描述：

（a）隔舱的可达性试验应该在巡航阶段、正常空气流量和正常机舱内外压差状态下进行；

（b）渗透试验应该在巡航、下降阶段和正常机舱内外压差状态下进行，并且在：

1　正常通风流量；

2　飞机可派遣的通风流量状态。

（c）烟雾探测系统有效性试验应该在巡航阶段和使用最大正常空气流量下的正常机舱内外压差状态进行。试验时应使用试验区域内具有代表性的易燃材料。

完整程序见 AC25-9A。

（4）危险：火灾。

（5）风险等级：中。

（6）原因：需要使用烟雾发生器。

（7）降低风险措施：

（a）熟悉 AFM 程序中的客舱火警和烟雾程序；

（b）防烟护目镜和氧气面罩准备到位；

（c）使用无毒的烟雾发生器；

（d）准备便携式灭火瓶。

c. THA 编号：24

（1）条款号：25.1301。

（2）试验名称：烟雾渗透/烟雾探测。

（3）试验描述：

（a）隔舱的可达性试验应该在巡航阶段、正常空气流量和正常机舱内外压差状态下进行；

（b）渗透试验应该在巡航、下降阶段和正常机舱内外压差状态下进行，并且在：

1　正常通风流量；

2　飞机可派遣的通风流量状态。

(c) 烟雾探测系统有效性试验应该在巡航阶段和使用最大正常空气流量下的正常机舱内外压差状态进行。试验时应使用试验区域内具有代表性的易燃材料。

完整程序见 AC25－9A。

(4) 危险:观察员被烟雾熏呛。

(5) 风险等级:中。

(6) 原因:

(a) 货舱的观察员需要在烟雾发生器放出的模拟烟雾下工作;

(b) 货舱的观察员将与驾驶舱机组隔离。

(7) 降低风险措施:

(a) 必须使用无毒烟雾;

(b) 必须为货舱观察员提供独立的供氧设备,并且保证在整个试验过程中有足够的呼吸空气;

(c) 机组成员和行李舱的观察员以及他们站位的双向通信设备必须可用。

d. THA 编号:41

(1) 条款号:25.1301。

(2) 试验名称:烟雾渗透/烟雾探测。

(3) 试验描述:

(a) 隔舱的可达性试验应该在巡航阶段、正常空气流量和正常机舱内外压差状态下进行;

(b) 渗透试验应该在巡航、下降阶段和正常机舱内外压差状态下进行,并且在:

1　正常通风流量;

2　飞机可派遣的通风流量状态。

(c) 烟雾探测系统有效性试验应该在巡航阶段和使用最大正常空气流量下的正常机舱内外压差状态进行。试验时应使用试验区域内具有代表性的易燃材料。

完整程序见 AC25－9A。

(4) 危险:缺氧。

(5) 风险等级:中。

(6) 原因:机组人员可能暴露在 10000 ft 或更高的座舱高度。

(7) 降低风险措施:

(a) 飞行机组和试飞工程师:

1　熟悉并完全理解试验程序以及氧气系统、防烟护目镜和其他安全设备的使用方法;

2　飞行试验前,在地面进行机上相关程序的演练。

(b) 一名飞行员在试验过程中全程佩戴防护性供氧设备和防烟护目镜;

(c) 当烟雾影响机上操作时,所有机组人员需要佩戴防护性供氧设备和防烟护目镜；

(d) 向空管报告试验的性质；

(e) 试验在一定的高度和低流量的空域进行，以便有足够的改出时间及避免潜在的空中交通冲突；

(f) 试验需在目视飞行气象条件下进行；

(g) 至少有一位经历过此类试验的飞行机组成员参与试验；

(h) 使用无毒烟雾发生器；

(i) 指定一位机组人员负责检查观察员的安全。

e. THA 编号:51

(1) 条款号:25.1301。

(2) 试验名称:TAWS(GPWS 或 EGPWS)——过早下降警告(PDA -模式 6)。

(3) 试验描述:

(a) PDA 试验应当考虑:

1 在距离跑道 10 n mile 以内进行试验；

2 在 1500 ft 离地高度,距离跑道 10 n mile 的最后进近航段,设置成着陆构型；

3 在距离跑道 10 n mile 处,开始 3°下滑角下降,并保持到 PDA 警告出现。

(b) 注意:最后进近航段应该保持水平飞行和相对不受地形/障碍物的干扰以免触发 FLTA 功能。这个试验可能也检查了 500 ft 语音提示功能(模式 6)。验证了 PDA 语音警告、机场数据库、导航源输入、输入到 TAWS 的气压高度表和/或无线电高度表数据的正确性。详细飞行试验程序见 AC25 - 23。

(c) PDA 试验条件:

1 下降率:750 ft/min、1500 ft/min、2000 ft/min 和 3000 ft/min。

2 假设跑道标高:标准海平面、地形平坦。

(d) 另外的试验详细要求见 TSO C151b 附件 3 段落 3.0 和表格 H。

(4) 危险:受控撞地(CFIT)

(5) 风险等级:中。

(6) 原因:

(a) 未告警,系统没有提供戒备和/或警告；

(b) 错误的戒备和/或警告；

(c) 危险的误导性信息(HMI)；

(d) 机组疏忽或注意力分散；

(e) 飞机性能不足以避免撞地。

(7) 降低风险措施:

(a) 如果飞行中任何阶段的安全存在疑问,则爬升到预设的安全高度；

(b) 飞行前讲评应包含所有的试验机动、试验区域的使用、试验中断的标准和程序；

（c）把杆飞行员和不把杆飞行员都应熟悉机组程序；

（d）检查有关低空交通情况或鸟类活动警告的航行通告（NOTAM）；

（e）根据地形核查单发失效性能；

（f）执行此任务的试飞员应当熟悉试验区域，且有近地警告系统（GPWS）试验的相关经验；

（g）一直保持对高度和障碍物的意识；

（h）试验在白天、目视飞行气象条件下进行，且地面可见；

（i）确保机组已根据当地气压正确进行了高度表拨正；

（j）飞过已知的山顶或高塔飞行来校准高度表，从而确保高度表的压力和温度设置符合试验条件。按需修正到误差最小；

（k）试验前调查试验区域内的空中交通状况、未记录的障碍物、天气（湍流）或者鸟类活动；

（l）确定一名驾驶员或观察员作为安全监控员，负责监控前方地形、障碍物；

（m）下降率逐步增大；

（n）高度逐步降低；

（o）试验前确定各高度的改出性能，根据结果确定相应的最低高度值；

（p）由不把杆飞行员在飞机下降到设定的最小高度时报出终止口令；

（q）任何风向的风速应小于 30 kn。

f. THA 编号：52

（1）条款号：25.1301。

（2）试验名称：TAWS（GPWS 或 EGPWS）—地形接近率过大（模式 2）和在非着陆构型撞地（模式 4）。

（3）试验描述。

（a）航路上水平飞行要求（模式 2）：

水平飞行时（垂直方向速度：±500 ft/min），当飞机距离地面在 700 ft 以内，或者预测在规定的警告时间或距离内达到或少于 700 ft 时，近地警告应当发出。

试验标准见 TSO C151b 附录 3 中的 1.3 段和表 B。

（b）终端区（中间进近航段）水平飞行要求（模式 2）：

水平飞行时（垂直方向速度小于±500 ft/min），当飞机距离地面在 350 ft 以内，或者预测在规定的警告时间或距离内达到或少于 350 ft 时，近地警告应当发出。

试验标准见 TSO C151b 附录 3 中的 1.5 段和表 D。

（c）最后进近航段水平飞行要求（模式 2&4）。

在最低下降高度（MDA）水平飞行时，当飞机距离地面在 150 ft 以内，或者预测在规定的警告时间或距离内达到或少于 150 ft 时，近地警告应当发出。

（f）试验标准见 TSO C151b 附录 3 中的 1.5 段和表 F。

（g）前视地形防撞的飞行程序见 AC25-23。

（4）危险：受控撞地（CFIT）。

（5）风险等级：中。

（6）原因：

（a）未警告，系统没有提供戒备和/或警告；

（b）错误的戒备和/或警告；

（c）危险的误导性信息（HMI）；

（d）机组疏忽或注意力分散；

（e）飞机性能不足以避免撞地。

（7）降低风险措施：

（a）如果飞行中任何阶段安全存在疑问，爬升到预设的安全高度；

（b）飞前讲评应包含所有的试验机动、试验区的使用、试验中断的标准和程序；

（c）把杆飞行员和不把杆飞行员都应熟悉机组程序；

（d）检查有关低空交通情况或鸟类活动警告的航行通告（NOTAM）；

（e）根据地形核查单发失效性能；

（f）执行此任务的试飞员应当熟悉试验区域，且有近地警告系统试验的相关经验；

（g）一直保持对高度和障碍物的意识；

（h）试验在白天、目视飞行气象条件下进行，且地面可见；

（i）确保机组已根据当地气压正确进行了高度表拨正；

（j）飞过已知的山顶或高塔飞行来校准高度计，确保高度表的压力和温度设置符合试验条件。按需修正到误差最小；

（k）试验前调查试验区域内的交通状况、未标识的障碍物、天气（湍流）或者鸟类活动；

（l）确定一名驾驶员或观察员作为安全监控员，负责监控前方地形、障碍物。

g. THA 编号：53

（1）条款号：25.1301。

（2）试验名称：TAWS（GPWS 或 EGPWS）—地形接近率过大（模式 2）和在非着陆构型撞地（模式 4）。

（3）试验描述：

（a）航路上水平飞行要求（模式 2）：

水平飞行时（垂直方向速度：±500 ft/min），当飞机距离地面在 700 ft 以内，或者预测在规定的警告时间或距离内达到或少于 700 ft 时，近地警告应当发出。

（b）试验标准见 TSO C151b 附录 3 中的 1.3 段和表 B。

（c）终端区（中间进近航段）水平飞行要求（模式 2）：

水平飞行时（垂直方向速度小于±500 ft/min），当飞机距离地面在 350 ft 以内，或者预测在规定的警告时间或距离内达到或少于 350 ft 时，近地警告应当发出。

（d）试验标准见 TSO C151b 附录 3 中的 1.5 段和表 D。

（e）最后进近航段水平飞行要求（模式 2&4）。

在最低下降高度（MDA）时水平飞行，当飞机距离地面在 150 ft 以内，或者预测在规定的警告时间或距离内达到或少于 150 ft 时，近地警告应当发出。

（f）试验标准见 TSO C151b 附录 3 中的 1.5 段和表 F。

（g）前视地形防撞的飞行程序见 AC25 - 23。

（4）危险：鸟撞。

（5）风险等级：中。

（6）原因：

（a）在鸟类飞行路线上低空飞行。

（7）降低风险措施：

（a）如果飞行中任何阶段安全存在疑问，爬升到预设的安全高度；

（b）检查有关低空交通和鸟类活动警告的航行通告（NOTAM）；

（c）试验在白天、目视飞行气象条件下进行，且地面可见；

（d）在试验进行前调查试验区域的空中交通情况、未记录的障碍物、气象条件（湍流）、鸟类活动；

（e）确定一名飞行员或观察员作为安全监控员，监控前方地形、障碍物、交通情况、鸟类活动。

h. THA 编号：54

（1）条款号：25.1301。

（2）试验名称：TAWS（GPWS 或 EGPWS）—地形接近率过大（模式 2）和在非着陆构型撞地（模式 4）。

（3）试验描述：

（a）航路上水平飞行要求（模式 2）：

水平飞行时（垂直方向速度：±500 ft/min），当飞机距离地面在 700 ft 以内，或者预测在规定的警告时间或距离内达到或少于 700 ft 时，近地警告应当发出。

试验标准见 TSO C151b 附录 3 中的 1.3 段和表 B；

（b）终端区（中间进近航段）水平飞行要求（模式 2）：

水平飞行时（垂直方向速度小于±500 ft/min），当飞机距离地面在 350 ft 以内，或者预测在规定的警告时间或距离内达到或少于 350 ft 时，近地警告应当发出。

试验标准见 TSO C151b 附录 3 中的 1.5 段和表 D；

（c）最后进近航段水平飞行要求（模式 2&4）：

在最低下降高度（MDA）水平飞行时，当飞机距离地面在 150 ft 以内，或者将预测在规定的警告时间或距离内达到或少于 150 ft 时，近地警告应当发出。

试验标准见 TSO C151b 附录 3 中的 1.5 段和表 F；

（d）前视地形防撞的飞行程序见 AC25 - 23。

(4) 危险:空中相撞。

(5) 风险等级:中。

(6) 原因:

(a) 低高度飞行;

(b) 机组专注于试验;

(c) 空域中的其他飞机。

(7) 降低风险措施:

(a) 检查有关低空交通和鸟类活动警告的航行通告(NOTAM)。

(b) 一直保持对交通情况的关注。如果可用,使用空中交通防撞系统(TCAS)。

(c) 试验在白天目视飞行气象条件下进行,且地面可见。

(d) 在试验进行前调查试验区域的空中交通情况、未记录的障碍物、气象条件(湍流)、鸟类活动。

(e) 确定一名飞行员或观察员作为安全监控员,监控前方地形、障碍物和交通情况。

(f) 最大范围使用雷达跟踪飞行。

i. THA 编号:122

(1) 条款号:25.1301。

(2) 试验名称:TAWS(GPWS 或 EGPWS)—过大下降率(模式 1)。

(3) 试验描述:

(a) 航路上下降要求:在离地高度 500 ft 或以上高度改出恢复平飞。

试验条件:

1 飞行员反应时间:最少 3.0 s;

2 恒定加速度拉起:0.25g;

3 最小离地高度:500 ft AGL;

4 下降率:1000、2000、4000 和 6000 ft/min;

5 假定的飞行员任务:在离地高度 1000 ft 处改平。

(b) 终端(进近管制)区下降要求:在离地高度 300 ft 或以上高度改出并恢复平飞。

试验条件:

1 飞行员反应时间:最小 1.0 s;

2 恒定加速度拉起:0.25g;

3 最小离地高度:300 ft AGL;

4 下降率:1000、2000、3000 ft/min;

5 预设飞行员任务:在离地高度 500 ft 处改平。

(c) 最后进近航段下降要求:在离地高度 100 ft 或以上高度改出并恢复平飞

试验条件:

<u>1</u> 飞行员反应时间：最小 1.0 s；

<u>2</u> 恒定加速度拉起：0.25 g；

<u>3</u> 最小离地高度：100 ft AGL；

<u>4</u> 下降率：500 ft/min、750 ft/min、1000 ft/min 和 1500 ft/min；

<u>5</u> 假定的飞行员任务：按照仪表进近着陆程序（TERPS）的所需净空高度（ROC）要求在离地高度 250 ft 平飞。

（d）试验条件见 TSOC151b 附录 3；

（e）飞行试验程序见 AC25 - 23。

（4）危险：受控撞地（CFIT）。

（5）风险等级：中。

（6）原因：

（a）未警告，系统没有提供戒备和/或警告；

（b）错误的戒备和/或警告；

（c）危险的误导性信息（HMI）；

（d）机组疏忽或注意力分散；

（e）飞机性能不足以避免撞地。

（7）降低风险措施：

（a）如果飞行中任何阶段的安全存在疑问，则爬升到预设的安全高度；

（b）飞行前讲评应包含所有的试验机动、试验区域的使用，试验中断的标准和程序；

（c）把杆飞行员和不把杆飞行员都应熟悉机组程序；

（d）检查有关低空交通情况或鸟类活动警告的航行通告（NOTAM）；

（e）根据地形核查单发失效性能；

（f）执行任务的试飞员应当熟悉试验区域，且有近地警告系统试验的相关经验；

（g）一直保持对高度和障碍物的意识；

（h）试验在白天、目视飞行气象条件下进行，且地面可见；

（i）确保机组已根据当地气压正确进行了高度表拨正；

（j）飞过已知的山顶或高塔飞行来校准高度表，确保高度表的压力和温度设置符合试验条件。按需修正到误差最小；

（k）试验前调查试验区域内的空中交通状况、未记录的障碍物、天气（湍流）或者鸟类活动；

（l）确定一名驾驶员或观察员作为安全监控员，负责监控前方地形、障碍物；

（m）下降率逐步增大；

（n）高度逐步降低；

（o）试验前确定各高度的改出性能，根据结果确定相应的最低高度；

（p）由不把杆飞行员在飞机下降到设定的最小高度时报出终止口令；

（q）任何风向的风速应小于 30 kn。

（8）应急程序：

（a）断开自动驾驶；

（b）进行 2g 的规避机动；

（c）推力设置到 MCP。

j. THA 编号：123

（1）条款号：25.1301。

（2）试验名称：TAWS（GPWS 或 EGPWS）—前视地形防撞（模式 2 和模式 4）。

（3）试验描述：

（a）前视地形防撞（FLTA）飞行试验考虑：

<u>1</u> 地形或障碍物已知的海拔高度应该在大约 300 ft 以内；

<u>2</u> 水平飞行高度在地形/障碍物之上大约 500 ft。

（b）验证：

<u>1</u> 所有告警（戒备级和警告级）都在试验中合适的时候出现；

<u>2</u> 所有弹出的，自动调节的或其他显示特性正常；

<u>3</u> 显示器准确地描绘出地形。

（c）注：前述进行试验的地形至少离最近的机场 15 n mile。如果这一要求不现实，飞行高度要降到离地高度/障碍物 300 ft 或更少以触发一个 TAWS 警告。

（d）详细的飞行试验程序详见 AC25 - 23；

（e）同时参考 TSOC151b 附录 3 段落 1.0 和 2.0。

（4）危险：受控撞地（CFIT）。

（5）风险等级：中。

（6）原因：

（a）未警告，系统没有提供戒备和/或警告；

（b）错误的戒备和/或警告；

（c）危险的误导性信息（HMI）；

（d）机组人员疏忽或注意力分散；

（e）飞机性能不足以避免撞地。

（7）降低风险措施：

（a）如果飞行中任何阶段的安全存在疑问，爬升到预设的安全高度；

（b）飞行前讲评应包含所有试验机动、试验区域的使用和试验中断的标准和程序；

（c）把杆飞行员和不把杆飞行员都应熟悉机组程序；

（d）检查有关低空交通和鸟类活动警告的航行通告（NOTAM）；

（e）根据地形检查单发失效性能；

（f）执行试验的飞行员应熟悉试验场地和有过 GPWS 试验经验；

（g）一直保持对高度和障碍物的意识；

（h）一直保持对交通情况的关注。如果可用，使用空中交通警告和防撞系统（TCAS）；

（i）试验在白天、目视飞行气象条件下进行，且地面可见；

（j）确保机组已根据当地气压进行了高度表拨正；

（k）飞过一个已知高度的山顶或高塔校准高度表，确保高度表的压力和温度设置符合试验条件。按需修正误差到最小；

（l）在试验进行前调查试验区域的空中交通情况、未记录的障碍物、气象条件（湍流）、鸟类活动；

（m）确定一名飞行员或观察员作为安全监控员，负责监控前方地形和/或障碍物的情况。

k. THA 编号：124

（1）条款号：25.1301。

（2）试验名称：TAWS（GPWS 或 EGPWS）—起飞后负爬升率或掉高度（模式 3）。

（3）试验描述：

（a）（模式 3）飞行试验考虑：

<u>1</u> 完成正常起飞或低空进场。起落架和襟翼保持在起飞位置；

<u>2</u> 在或低于 700 ft AGL 推杆至大约 300 ft/min 下降率；

<u>3</u> 保持下降直到"Don't Sink（不要下沉）"、"Pull Up（拉起）"警告或最小安全高度之一出现。

（b）注：试验跑道周边地形必须平坦；

（c）详细的飞行试验指南见 AC25 - 23；

（d）同时参见 TSO C151b 附件 3。

（4）危险：受控撞地（CFIT）。

（5）风险等级：中。

（6）原因：

（a）未警告，系统没有提供戒备和/或警告；

（b）错误的戒备和/或警告；

（c）危险的误导性信息（HMI）；

（d）机组疏忽或注意力分散。

（7）降低风险措施：

（a）如果飞行中任何阶段的安全存在疑问，爬升到预设的安全高度；

（b）飞行前讲评应包括所有试验机动，试验区域的使用，试验中断的标准和程序；

（c）把杆飞行员和不把杆飞行员都应熟悉机组程序；

（d）根据地形检查单发失效性能；

（e）执行试验的飞行员应熟悉试验场地和有过 GPWS 试验经验；

（f）一直保持对高度和障碍物的意识；

（g）在白天、目视飞行气象条件下进行，且地面可见；

（h）确保机组已根据当地气压进行了高度表拨正；

（i）不把杆的飞行员报出终止试验高度。

l. THA 编号：125

（1）条款号：25.1301。

（2）试验名称：TAWS（GPWS 或 EGPWS）—非着陆构形撞地（模式 4）。

（3）试验描述：

（a）从大约 1000 ft 离地高度开始，起落架收起，襟翼不在着陆构型；

（b）以大约 500 ft 每分钟下降，空速适合构型；

（c）查看“TOO LOW GEAR”和“PULL UP”指示；

（d）放下起落架并继续下降；

（e）查看“TOO LOW FLAPS”指示；

（f）试验标准见 TSO C151b 附录 3；

（g）其他的飞行试验程序见 AC25 - 23。

（4）危险：低高度失速。

（5）风险等级：中。

（6）原因：速度损失。

（7）降低风险措施：

（a）不把杆飞行员应监控速度和高度，且在预定的极限时报告终止试验；

（b）预案：在 150 ft AGL（喷气式）100 ft AGL（涡桨），当速度下降至比目标速度低 5 kn 以上时应报告终止试验；

（c）采用进近襟翼和适当的空速以保持失速余量。

m. THA 编号：126

（1）条款号：25.1301。

（2）试验名称：TAWS（GPWS 或 EGPWS）—相对下滑道过大下偏（模式 5）。

（3）试验描述：

（a）着陆构型以 V_{REF} 空速建立仪表着陆系统（ILS）进场程序；

（b）下降率增加 200 ft/min（总下降率至少 500 ft/min），下降到低于下滑道；

（c）保持下降率直到观察到“GLIDESLOPE”（Mode 5）警告或最小下降指示（两点或最小高度）；

（d）详细飞行试验程序见 AC25 - 23；

（e）详细的飞行试验程序见 TSOC151b 附录 3 段落 3.0 和表格 H。

（4）危险：受控撞地（CFIT）。

（5）风险等级：中。

（6）原因：

（a）未警告，系统没有提供戒备和/或警告；

（b）错误的戒备和/或警告；

（c）危险的误导性信息（HMI）；

（d）机组疏忽或注意力分散。

（7）降低风险措施：

（a）如果飞行中任何阶段安全存在疑问，爬升到预设的安全高度；

（b）飞行前讲评应包括所有试验机动，试验区域的选用，试验中断的标准和程序；

（c）执行试验的飞行员应熟悉试验场地和有过 GPWS 试验经验；

（d）一直保持对高度和障碍物的意识；

（e）在白天、目视飞行气象条件下进行，且地面可见；

（f）确保机组已根据当地气压进行了高度表拨正；

（g）在试验进行前调查试验区域的空中交通情况，未记录的障碍物，气象条件（湍流）；

（h）把杆飞行员和不把杆飞行员都应熟悉机组程序；

（i）不把杆飞行员报出终止试验高度/偏离下滑道以下 2 点（满刻度）；

（j）通知空管下降到下滑道以下的警告试验。

n. THA 编号：127

（1）条款号：25.1301。

（2）试验名称：TAWS(GPWS 或 EGPWS)—风切变探测（模式 7）。

（3）试验描述：

（a）起飞构型空速 $1.25V_{REF}$；

演示：

1　固定高度 45°滚角转弯；

2　机翼水平 $1.5g$ 拉起；

3　水平机翼 $0.5g$ 推杆；

4　一个球宽度的长时间侧滑；

5　接近失速。

（b）着陆构型空速 $1.25V_{REF}$；

演示：

1　固定高度 45°滚转角转弯；

2　机翼水平 $1.5g$ 拉起；

3　水平机翼 $0.5g$ 推杆；

4　一个球宽度的长时间侧滑；

5　接近失速。

（c）空速设定 V_{REF}，并以 500 ft/min 下降率下降，加最大额定推力并加速到接近襟翼标牌速度或 $1.25V_{REF}$ 同时保持下降。减速推力至慢车，减少下降率并减速到 V_{REF}；

（d）在上述各情况下，验证没有"WIND SHEAR"的戒备或警告；

（e）详细飞行试验程序见 AC25-23；

（f）详细的飞行试验程序见 TSO C151b 附录 3 段落 3.0 和表 H。

（4）危险：失去控制。

（5）风险等级：中。

（6）原因：机组疏忽或注意力分散。

（7）降低风险措施：在安全高度执行试验（建议 10 000～15 000 ft AGL。要求给 GPWS 系统的仿真无线电高度信号少于 1500 ft）。

77. 第 25.1303 条 飞行和导航仪表

a. THA 编号：350

（1）条款号：25.1303。

（2）试验名称：TAWS（GPWS 或 EGPWS）—过大速率接近地形（模式 2）和非着陆构型撞地（模式 4）。

（3）试验描述：

（a）航路上水平飞行要求（模式 2）：水平飞行时（垂直方向速度：±500 ft/min），当飞机距离地面在 700 ft 以内，或者预测在规定的警告时间或距离内达到或少于 700 ft 时，近地警告应当发出；

试验标准见 TSO C151b 附录 3 中的 1.3 段和表 B；

（b）终端区（中间进近航段）水平飞行要求（模式 2）：水平飞行时（垂直方向速度：±500 ft/min），当飞机距离地面在 350 ft 以内，或者预测在规定的警告时间或距离内达到或少于 350 ft 时，近地警告应当发出；

试验标准见 TSO C151b 附录 3 中的 1.5 段和表 D；

（c）最后进近航段水平飞行要求（模式 2&4）；

在最小下降高度（MDA）水平飞行时，当飞机距离地面在 150 ft 以内，或者预测在规定的警告时间或距离内达到或少于 150 ft 时，近地警告应当发出；

试验标准见 TSO C151b 附录 3 中的 1.5 段和表 F；

（h）更多有关前视地形防撞（FLTA）的试验程序见 AC25-23。

（4）危险：受控撞地（CFIT）

（5）风险等级：中

（6）原因：

（a）未警告，系统没有提供戒备和/或警告；

（b）错误的戒备和/或警告；

（c）危险的误导性信息（HMI）；

（d）机组疏忽或注意力分散；

（e）飞机性能不足以防止撞地。

（7）降低风险措施：

（a）如果飞行中任何阶段安全存在疑问，则飞到预先设定的安全高度；

（b）飞行前的讲评应包含所有的试验机动，试验区域的使用，试验中断的标准和程序；

（c）把杆飞行员和不把杆飞行员都应熟悉机组程序；

（d）检查有关低空交通情况或鸟类活动警告的航行通告（NOTAM）；

（e）根据地形核查单发失效性能；

（f）执行任务的试飞员应当熟悉试验区域，且有近地警告系统试验的相关经验；

（g）一直保持对高度和障碍物的意识；

（h）试验应在白天、目视飞行气象条件下进行，且地面可见；

（i）确保机组已根据当地气压进行了高度表拨正；

（j）飞过一个已知的山顶或高塔来校准高度表，确保高度表的压力和温度设置符合试验条件。按需修正到误差最小；

（k）试验前调查试验区域内的空中交通状况、未记录的障碍物、天气（湍流）或者鸟类活动；

（l）确定一名驾驶员或观察员作为安全监控员，负责监控前方地形、障碍物和交通工具情况。

b. THA 编号：351

（1）条款号：25.1303。

（2）试验名称：TAWS（GPWS 或 EGPWS）—过早下降警告（PDA-模式6）。

（3）试验描述：

（a）过早下降警告试飞考虑：

<u>1</u> 在距离跑道 10 n mile 以内进行试验；

<u>2</u> 在最后进近阶段距离跑道 10 n mile，高度 1500 ft AGL 时设置飞机着陆；

<u>3</u> 在距离跑道 10 n mile 处，启动一个 3°下降，并保持到 PDA 提醒出现。

注意：最后进近应该保持水平飞行和相对不受地形/障碍物的干扰以免触发 FLTA 功能。这个试验可能也验证了 500 ft 语音提示功能（模式6）。确认 PDA 语音提醒、机场数据库、导航源输入、输入到 TAWS 的大气和/或雷达高度数据的合适性；

详细飞行试验程序见 AC25-23；

（b）过早下降警告试验条件：

下降率：750 ft/min、1500 ft/min、2000 ft/min 和 3000 ft/min。

假设跑道标高：标准海平面、地形平坦；

另外的试验细节见 TSO C151b 附件 3 段落 3.0 和表格 H。

(4) 危险:受控撞地(CFIT)。

(5) 风险等级:中。

(6) 原因:

(a) 未警告,系统没有提供戒备和/或警告;

(b) 错误的戒备和/或警告;

(c) 危险的误导性信息(HMI);

(d) 机组疏忽或注意力分散;

(e) 飞机性能不足以防止撞地。

(7) 降低风险措施:

(a) 如果飞行中任何阶段的安全存在疑问,则飞到预先设定的安全高度;

(b) 飞行前的讲评应包含所有的试验机动,试验区域的使用,试验中断的标准和程序;

(c) 把杆飞行员和不把杆飞行员都应熟悉机组程序;

(d) 检查有关低空交通情况或鸟类活动警告的航行通告(NOTAM);

(e) 根据地形核查单发失效性能;

(f) 执行任务的试飞员应当熟悉试验区域,且有近地警告系统试验的相关经验;

(g) 一直保持对高度和障碍物的意识;

(h) 试验在白天、目视飞行气象条件下进行,且地面可见;

(i) 确保机组已根据当地气压进行了高度表拨正;

(j) 飞过一个已知的山顶或高塔来校准高度表,确保高度表的压力和温度设置符合试验条件。按需修正到误差最小;

(k) 试验前调查试验区域内的空中交通状况、未记录的障碍物、天气(湍流)或者鸟类活动;

(l) 确定一名驾驶员或观察员作为安全监控员,负责监控前方地形、障碍物和交通工具情况;

(m) 下降率逐步增大;

(n) 高度逐步降低;

(o) 试验前确定各高度的改出性能,根据结果确定相应的最低高度值;

(p) 由不把杆的飞行员在飞机下降到设定的最小高度时报出终止口令;

(q) 任何风向的风速应小于 30 kn。

c. THA 编号:352

(1) 条款号:25.1303。

(2) 试验名称:TAWS(GPWS 或 EGPWS)—过大速率接近地形(模式 2)和非着陆构型撞地(模式 4)。

(3) 试验描述。

（a）航路上水平飞行要求（模式 2）：

水平飞行时（垂直方向速度：±500 ft/min），当飞机距离地面在 700 ft 以内，或者预测在规定的警告时间或距离内达到或少于 700 ft 时，近地警告应当发出；

试验标准见 TSO C151b 附录 3 中的 1.3 段和表 B；

（b）终端（进近管制）区（中间进近航段）水平飞行要求（模式 2）：

水平飞行时（垂直方向速度：±500 ft/min），当飞机距离地面在 350 ft 以内，或者预测在规定的警告时间或距离内达到或少于 350 ft 时，近地警告应当发出。

试验标准见 TSO C151b 附录 3 中的 1.5 段和表 D；

（c）最后进近航段水平飞行要求（模式 2&4）：

在最小下降高度（MDA）水平飞行时，当飞机距离地面在 150 ft 以内，或者预计在规定的警告时间或距离内达到或少于 150 ft 时，近地警告应当发出。

试验标准见 TSO C151b 附录 3 中的 1.5 段和表 F；

（d）更多的有关前视地形防撞（FLTA）的试验程序见 AC25-23。

（4）危险：鸟撞。

（5）风险等级：中。

（6）原因：在鸟类飞行路线上低空飞行。

（7）降低风险措施：

（a）如果飞行中任何阶段的安全存在疑问，爬升到预设的安全高度；

（b）检查有关低空交通和鸟类活动警告的航行通告（NOTAM）；

（c）在白天、目视飞行气象条件下进行，且地面可见；

（d）在试验进行前调查试验区域的空中交通情况、未记录的障碍物、气象条件（湍流）、鸟类活动；

（e）确定一名飞行员或观察员作为安全监控员，负责监控前方地形、障碍物、交通量、鸟类活动。

d. THA 编号：353

（1）条款号：25.1303。

（2）试验名称：TAWS（GPWS 或 EGPWS）—过大速率接近地形（模式 2）和非着陆构型撞地（模式 4）。

（3）试验描述。

（a）航路上水平飞行要求（模式 2）：

水平飞行时（垂直方向速度：±500 ft/min），当飞机距离地面在 700 ft 以内，或者预计在规定的警告时间或距离内达到或少于 700 ft 时，近地警告应当发出。

试验标准见 TSO C151b 附录 3 中的 1.3 段和表 B；

（b）终端（进近管制）区（中间进近航段）水平飞行要求（模式 2）：

水平飞行时（垂直方向速度：±500 ft/min），当飞机距离地面在 350 ft 以内，或者预计在规定的警告时间或距离内达到或少于 350 ft 时，近地警告应当发出。

试验标准见 TSO C151b 附录 3 中的 1.5 段和表 D；

(c) 最后进近航段水平飞行要求(模式 2&4)：

在最小下降落高度(MDA)水平飞行时，当飞机距离地面在 150 ft 以内，或者预计在规定的警告时间或距离内达到或少于 150 ft 时，近地警告应当发出。

试验标准见 TSO C151b 附录 3 中的 1.5 段和表 F；

(d) 更多有关前视地形提示(FLTA)的试验程序见 AC25 - 23。

(4) 危险：空中碰撞。

(5) 风险等级：中。

(6) 原因：

(a) 低高度飞行；

(b) 机组专注于试验；

(c) 空域中的其他飞机。

(7) 降低风险措施：

(a) 检查有关低空交通和鸟类活动警告的航行通告(NOTAM)；

(b) 一直保持对交通情况的关注。如可用，使用空中交通警告和防撞系统(TCAS)；

(c) 在白天、目视飞行气象条件下进行，且地面可见；

(d) 在试验进行前调查试验区域的空中交通情况、未记录的障碍物、气象条件(湍流)、鸟类活动；

(e) 确定一名飞行员或观察员作为安全监控员，负责监控前方地形、障碍物和交通情况；

(f) 最大范围使用雷达跟随飞行。

e. THA 编号：354

(1) 条款号：25.1303。

(2) 试验名称：TAWS(GPWS 或 EGPWS)—过大下降率(模式 1)。

(3) 试验描述。

(a) 航路上下降要求：在离地高度 500 ft 或以上高度改出并恢复平飞。

试验条件：

1 飞行员反应时间：最小 3.0 s；

2 恒定加速度拉起：0.25g；

3 最小离地高度：500 ft AGL；

4 下降率：1000 ft/min、2000 ft/min、4000 ft/min 和 6000 ft/min；

5 预设飞行员任务：在离地高度 1000 ft 处改平。

(b) 终端(进近管制)区下降要求：在离地高度 300 ft 或以上处恢复平飞；

(c) 试验条件：

1 飞行员反应时间：最小 1.0 s；

<u>2</u>　恒定加速度拉起:0.25g;

<u>3</u>　最小离地高度:300 ft AGL;

<u>4</u>　下降率:1000、2000、3000 ft/min;

<u>5</u>　预设飞行员任务:在离地高度 500 ft 处改平。

(d) 最后进近航段下降要求:在离地高度 100 ft 或以上高度改出并恢复平飞。

<u>1</u>　试验条件:飞行员反应时间:最小 1.0 s;

<u>2</u>　恒定加速度拉起:0.25g;

<u>3</u>　最小离地高度:100 ft AGL;

<u>4</u>　下降率:500、750、1000 和 1500 ft/min;

<u>5</u>　预设飞行员任务:按照仪表进近着陆程序(TERPS)的所需净空高度(ROC)要求在离地高度 250 ft 平飞。

(e) 试验条件见 TSOC151b 附录 3。

飞行试验程序见 AC25-23。

(4) 危险:受控撞地(CFIT)。

(5) 风险等级:中。

(6) 原因:

(a) 未敬告,系统没有提供戒备和/或警告;

(b) 错误的戒备和/或警告;

(c) 危险的误导性信息(HMI);

(d) 机组疏忽或注意力分散;

(e) 飞机性能不足以避免撞地。

(7) 降低风险措施:

(a) 如果飞行中任何阶段的安全存在疑问,则飞到预设的安全高度;

(b) 飞行前讲评应包含所有的试验机动,试验区域的使用,试验中断的标准和程序;

(c) 把杆飞行员和不把杆飞行员都应熟悉机组程序;

(d) 检查有关低空交通情况或鸟类活动警告的航行通告(NOTAM);

(e) 根据地形核查单发失效性能;

(f) 执行任务的试飞员应当熟悉试验区域,且有近地警告系统试验的相关经验;

(g) 一直保持对高度和障碍物的意识;

(h) 试验在白天、目视飞行气象条件下进行,且地面可见;

(i) 确保机组已根据当地气压进行了高度表拨正;

(j) 飞过一个已知的山顶或高塔来校准高度表,确保高度表的压力和温度设置符合试验条件。按需修正到误差最小;

(k) 试验前调查试验区域内的交通状况、未记录的障碍物、天气(湍流)或者鸟类活动;

（l）确定一名驾驶员或观察员作为安全监控员，负责监控前方地形、障碍物和交通工具情况；

（m）下降率逐步增大；

（n）高度逐步降低；

（o）试验前确定各高度的改出性能，根据结果确定相应的最低高度；

（p）由不把杆的飞行员在飞机下降到设定的最小高度时报出中止口令；

（q）任何风向的风速应小于 30 kn。

（8）应急程序：

（a）断开自动驾驶仪；

（b）进行 2g 的机动；

（c）推力设置 MCP。

f. THA 编号：355

（1）条款号：25.1303。

（2）试验名称：TAWS（GPWS 或 EGPWS）—前视地形防撞（模式 2 和模式 4）。

（3）试验描述。

（a）前视地形防撞（FLTA）飞行试验考虑：

<u>1</u> 地形或障碍物已知的海拔高度应该在大约 300 ft 以内；

<u>2</u> 水平飞行高度在地形/障碍物之上大约 500 ft。

（b）确认：

<u>1</u> 所有警告（戒备级和警告级）都在试验中合适的时候出现；

<u>2</u> 所有弹击的、自动调节的或其他显示特性正常；

<u>3</u> 显示准确地描绘出地形。

（c）注：前述进行试验的地形至少离最近的机场 15 n mile。如果这一要求不现实，飞行高度要降到离地高度/障碍物 300 ft 或更少以触发一个 TAWS 警告；

（d）详细的飞行试验程序见 AC25 - 23；

（e）同时参考 TSOC151b 附录 3 段落 1.0 和 2.0。

（4）危险：受控撞地（CFIT）。

（5）风险等级：中。

（6）原因：

（a）未警告，系统没有提供戒备和/或警告；

（b）错误的戒备和/或警告；

（c）危险的误导性信息（HMI）；

（d）机组疏忽或注意力分散；

（e）飞机性能不足以防止撞地。

（7）降低风险措施：

（a）如果飞行中任何阶段的安全存在疑问，爬升到预设的安全高度；

（b）在飞行前讲评中包含所有的试验机动，试验区域的使用和试验中断的标准和程序；

（c）把杆飞行员和不把杆飞行员都应熟悉机组程序；

（d）检查有关低空交通和鸟类活动的航行通告（NOTAM）；

（e）根据地形检查单发失效性能；

（f）执行试验的飞行员应熟悉试验场地和有过 GPWS 试验经验；

（g）一直保持对高度和障碍物的意识；

（h）一直保持对交通情况的关注。如可用，使用空中交通警告和防撞系统（TCAS）；

（i）在白天、目视飞行气象条件下进行，且地面可见；

（j）确保机组已根据当地气压进行了高度表拨正；

（k）飞过一个已知高度的山顶或高塔，确保高度表的压力和温度设置符合试验条件。按需修正到误差最小；

（l）在试验进行前调查试验区域的空中交通情况，未记录的障碍物，气象条件（湍流），或者鸟类活动；

（m）确定一名飞行员或观察员作为安全监控员，负责监控前方地形和/或障碍物的情况。

g. THA 编号：356

（1）条款号：25.1303。

（2）试验名称：TAWS（GPWS 或 EGPWS）—起飞后负爬升率或掉高度（模式 3）。

（3）试验描述。

（a）（模式 3）飞行试验考虑：

1　完成正常起飞或低空进场。起落架和襟翼保持在起飞位置；

2　在或低于 700 ft AGL 推杆至大约 300 ft/min 下降率；

3　保持下降直到"Don't Sink（不要下沉）"和"Pull Up（拉起）"警告或最小安全高度，先到即止。

（b）注：试验跑道周边地形必须平坦；

（c）详细的飞行试验见 AC25 - 23；

（d）同时参见 TSO C151b 附件 3。

（4）危险：受控撞地（CFIT）。

（5）风险等级：中。

（6）原因：

（a）未警告，系统没有提供戒备和/或警告；

（b）错误的戒备和/或警告；

（c）危险的误导性信息（HMI）；

（d）机组疏忽或注意力分散。

（7）降低风险措施：

（a）如果飞行中任何阶段的安全存在疑问，爬升到预设的安全高度；

（b）在飞行前讲评中包含所有的试验机动，试验区域的使用和试验中止的标准和程序；

（c）把杆飞行员和不把杆飞行员都应熟悉机组程序；

（d）根据地形检查单发失效的性能；

（e）执行试验的飞行员应熟悉试验场地和有过 GPWS 试验经验；

（f）一直保持对高度和障碍物的意识；

（g）在白天、目视飞行气象条件下进行，且地面可见；

（h）确保机组已根据当地气压进行了高度表拨正；

（i）不把杆的飞行员将报出终止试验高度。

h. THA 编号：357

（1）条款号：25.1303。

（2）试验名称：TAWS(GPWS 或 EGPWS)—非着陆构形撞地（模式 4）。

（3）试验描述。

（a）从大约 1000 ft 离地高度开始，起落架收起，襟翼不在着陆构型；

（b）以大约 500 ft/min 下降，空速适合构型；

（c）查看"TOO LOW GEAR"和"PULL UP"指示；

（d）放下起落架并继续下降；

（e）查看"TOO LOW FLAPS"指示；

（f）试验标准见 TSO C151b 附录 3；

（g）其他的飞行试验程序见 AC25 - 23。

（4）危险：失速。

（5）风险等级：中。

（6）原因：

（a）速度减低；

（b）机组专注于试验。

（7）降低风险措施：

（a）在 150 ft AGL（喷气式）和 100 ft AGL（涡桨），不把杆飞行机组成员应报告终止试验；

（b）在平坦的地形和跑道上空进行（推荐）；

（c）采用进近襟翼构型和适当的空速以保持失速余量。

i. THA 编号：358

（1）条款号：25.1303。

（2）试验名称：TAWS(GPWS 或 EGPWS)—相对下滑道过大下偏（模式 5）。

（3）试验描述：

（a）着陆构型以 V_{REF} 空速建立仪表着陆系统（ILS）进场程序；

（b）下降率增加 200 ft/min（总下降率至少 500 ft/min），下降到低于下滑道；

（c）保持下降率直到观察到"GLIDESLOPE"（模式 5）警告或最小下降指示（两点或最小高度）。

详细飞行试验程序见 AC25‐23，其他详细的飞行试验程序见 TSOC151b 附录 3 段落 3.0 和表格 H。

（4）危险：受控撞地（CFIT）。

（5）风险等级：中。

（6）原因：

（a）未警告，系统没有提供戒备和/或警告；

（b）错误的戒备和/或警告；

（c）危险的误导性信息（HMI）；

（d）机组疏忽或注意力分散。

（7）降低风险措施：

（a）如果飞行中任何阶段的安全存在疑问，爬升到预设的安全高度；

（b）在飞行前讲评中包含所有试验机动，试验区域的使用和试验中断的标准和程序；

（c）执行试验的飞行员应熟悉试验场地和有过 GPWS 试验经验；

（d）一直保持高度和障碍物的意识；

（e）在白天、目视飞行气象条件下进行，且地面可见；

（f）确保机组已根据当地气压进行了高度表拨正；

（g）在试验进行前调查试验区域的空中交通情况，未记录的障碍物，气象条件（湍流）；

（h）把杆飞行员和不把杆飞行员都应熟悉机组程序；

（i）不把杆飞行员报出终止试验高度/偏离下滑道以下 2 点（满刻度）；

（j）通知空管下降到下滑道以下的警告试验。

j. THA 编号：359

（1）条款号：25.1301。

（2）试验名称：TAWS（GPWS 或 EGPWS）—风切变探测（模式 7）。

（3）试验描述。

（a）起飞构型空速 $1.25V_{REF}$

演示：

$\underline{1}$ 固定高度 45°滚转角转弯；

$\underline{2}$ 机翼水平 1.5g 拉起；

$\underline{3}$ 水平机翼 0.5g 推杆；

<u>4</u>　一个球宽度的长时间侧滑；

<u>5</u>　接近失速。

(b) 着陆构型空速 $1.25V_{REF}$

演示：

<u>1</u>　固定高度 45°滚转角转弯；

<u>2</u>　机翼水平 $1.5g$ 拉起；

<u>3</u>　水平机翼 $0.5g$ 推杆；

<u>4</u>　一个球宽度的长时间侧滑；

<u>5</u>　接近失速。

(c) 空速设定 V_{REF}，并以 500 ft/min 下降率下降，加最大额定推力并加速到接近襟翼标牌速度或 $1.25V_{REF}$ 同时保持下降。减速推力至慢车，减少下降率并减速到 V_{REF}。在上述各情况下，确认没有"WIND SHEAR"的提醒或警告。

详细飞行试验程序见 AC25‑23，其他详细试验程序见 TSO C151b 附录 3 段落 3.0 和表 H。

(4) 危险：失去控制。

(5) 风险等级：中。

(6) 原因：机组疏忽或注意力分散。

(7) 降低风险措施：在安全高度进行试验(建议 10 000～15 000 ft AGL。要求给 GPWS 系统的仿真无线电高度信号少于 1500 ft)。

78. 第 25.1305 条　动力装置仪表【备用】

79. 第 25.1307 条　其他设备【备用】

80. 第 25.1309 条　设备、系统及安装【备用】

81. 第 25.1310 条　电源容量和分配【备用】

82. 第 25.1316 条　系统闪电防护【备用】

83. 第 25.1317 条　高能辐射场(HIRF)防护【备用】

第 2 节　仪表：安装

84. 第 25.1321 条　布局和可见度【备用】

85. 第 25.1322 条　警告灯、戒备灯和提示灯【备用】

86. 第 25.1323 条　空速指示系统【备用】

87. 第 25.1325 条　静压系统【备用】

88. 第 25.1326 条　空速管加温指示系统【备用】

89. 第 25.1327 条　磁航向指示器【备用】

90. 第 25.1329 条　自动驾驶仪系统

a. THA 编号:78

(1) 条款号:25.1329(f)。

(2) 试验名称:自动驾驶仪研发。

(3) 试验描述:

(a) 功能的演示。

(b) 自动驾驶仪应在所有环境条件(包括湍流)下通过所有合适的机动执行其设计功能,除非某些操纵限制或情况说明已包括在飞行手册中。所有的这些机动应该流畅地完成,且不会对飞机造成 0 到 2g 之外的过载。

(c) 试验细节见 AC25-7C 第 181 条和 AC1329-1A

(4) 危险:失速。

(5) 风险等级:高。

(6) 原因:低速飞行。

(7) 降低风险措施:

(a) 在该飞行试验前失速特性应已确定;

(b) 每次飞行前检查自动飞行控制系统(AFCS)断开功能;

(c) 飞行员监控控制系统;

(d) 熟悉终止标准和改出技术;

(e) 拉杆不超过抖杆触发;

(f) 确定一个最低的试验开始高度;

(g) 气象:

1 目视飞行气象条件(VMC);

2 地面可见(低高度点);

3 清晰的地平线。

b. THA 编号:79

(1) 条款号:25.1329(f)。

（2）试验名称：自动驾驶仪研发。

（3）试验描述：

（a）功能的演示；

（b）自动驾驶仪应在所有环境条件（包括湍流）下通过所有合适的机动执行其设计功能，除非某些操纵限制或情况说明已包括在飞行手册中，所有的这些机动应该流畅地完成，且不会对飞机造成 0 到 $2g$ 之外的载荷；

（c）试验细节见 AC25 - 7C 第 181 条和 AC1329 - 1A。

（4）危险：失去控制。

（5）风险等级：高。

（6）原因：

（a）速度超过 V_D/M_D

（7）降低风险措施

（a）监控速度偏离。在速度超出 V_D/M_D 前断开 AP 并改出；

（b）在此科目试飞前，飞机包线必须扩展到 V_D/M_D。

c. THA 编号：80

（1）条款号：25.1329(f)。

（2）试验名称：自动驾驶仪研发。

（3）试验描述：

（a）功能的演示。

（b）自动驾驶仪应在所有环境条件（包括湍流）下通过所有合适的机动执行其设计功能，除非某些操纵限制或情况说明已包括在飞行手册中。所有的这些机动应该流畅地完成，且不会对飞机造成 0 到 $2g$ 之外的过载。

（c）试验细节见 AC25 - 7C 第 181 条和 AC1329 - 1A。

（4）危险：结构失效。

（5）风险等级：高。

（6）原因：

（a）速度超过 V_D/M_D；

（b）改出机动时 g 超过允许值；

（c）自动驾驶仪急剧满偏故障。

（7）降低风险措施：

（a）监控飞机速度的超限。在速度超过 V_{FC}/M_{FC} 前断开 AP 并改出；

（b）试飞前飞机的速度包线必须已经扩展到 V_D/M_D；

（c）监控数据以确定飞机的性能和载荷水平；

（d）监控结构数据。

d. THA 编号：81

（1）条款号：25.1329(f)。

（2）试验名称：自动驾驶仪故障。

（3）试验描述：

（a）故障试验：

1　爬升、巡航和下降：

（aa）飞行员最少延迟 3 s；

（bb）过载 0～2g；

（cc）速度不应超过 V_{FC}/M_{FC}；

（dd）测量高度损失。

2　机动飞行

（aa）飞行员最少延迟 1 s；

（bb）过载 0～2g；

（cc）速度不应超过 V_{FC}/M_{FC}；

（dd）测量高度损失。

3　回振信号试验

确定一个足够大幅度的回振信号的效果，这一幅度使各个活动控制面的伺服放大器饱和。

（b）飞控恢复：

在恰当的延时后，通过更大力克服或选择紧急快速断开的方法恢复，使飞机恢复到正常的飞行姿态，恢复过程中不超过以上过载或速度限制或发生危险的机动；

（c）试验细节见 AC25‑7C 的 181 条和 AC25‑1329‑1A。

（4）危险：失去控制。

（5）风险等级：高。

（6）原因：

（a）自动驾驶仪急剧满偏故障（伺服快速地将舵面单向推到极限）。

（7）降低风险措施：

（a）最小机组上机；

（b）每次飞行前检查自动飞行控制系统（AFCS）断开功能；

（c）在一定的高度以下无故障；

（d）飞行员监控控制系统；

（e）熟悉终止标准和改出技术；

（f）完成侧滑评估；

（g）确定一个最低的试验开始高度；

（h）气象：

1　目视飞行气象条件（VMC）；

2　地面可见（低高度点）；

3　清晰的天地线。

e. THA 编号:82

(1) 条款号:25.1329(f)。

(2) 试验名称:自动驾驶仪故障。

(3) 试验描述:

(a) 故障试验:

1 爬升、巡航和下降:

(aa) 飞行员最少延迟 3 s;

(bb) 载荷 0~2g;

(cc) 速度不应超过 V_{FC}/M_{FC};

(dd) 测量高度损失。

2 机动飞行:

(aa) 飞行员最少延迟 1 s;

(bb) 载荷 0~2g;

(cc) 速度不应超过 V_{FC}/M_{FC};

(dd) 测量高度损失。

3 回振信号试验:

确定一个足够大幅度的回振信号的效果,这一幅度使各个活动控制面的伺服放大器饱和。

(b) 飞控恢复:

在恰当的延时后,通过更大力克服或选择紧急快速断开的方法恢复。使飞机恢复到正常的飞行姿态,恢复过程中不超过以上载荷或速度限制或发生危险的机动;

(c) 试验细节见 AC25-7C 的 181 条和 AC25-1329-1A

(4) 危险:结构失效。

(5) 风险等级:高。

(6) 原因:

(a) 改出机动时过载 g 值过大;

(b) 自动驾驶仪急剧满偏故障。

(7) 降低风险措施:

(a) 最小机组上机。

(b) 每次飞行前检查自动飞行控制系统(AFCS)断开功能;

(c) 飞行员全程监控;

(d) 熟悉终止标准和改出技术;

(e) 确定一个最低的试验开始高度;

(f) 监控数据以确定飞机性能与载荷水平;

(g) 结构数据监测;

(h) 合理的逐渐逼近的条件(高度从高到低,反应时间从短到长);

(i) 气象:

1　目视飞行气象条件(VMC);

2　地面可见(低高度点);

3　清晰的天地线。

f. THA 编号:83

(1) 条款号:25.1329(f)。

(2) 试验名称:自动驾驶仪故障。

(3) 试验描述:

(a) 故障试验:

1　爬升、巡航和下降:

(aa) 飞行员最少延迟 3 s;

(bb) 过载 0～2g;

(cc) 速度不应超过 V_{FC}/M_{FC};

(dd) 测量高度损失。

2　机动飞行:

(aa) 飞行员最少延迟 1 s;

(bb) 过载 0～2g;

(cc) 速度不应超过 V_{FC}/M_{FC};

(dd) 测量高度损失。

3　回振信号试验:

确定一个足够大幅度的回振信号的效果,这一幅度使各个活动控制面的伺服放大器饱和。

(b) 飞控恢复:

在恰当的延时后,通过更大力克服或选择紧急快速断开的方法恢复。使飞机恢复到正常的飞行姿态,恢复过程中不超过以上过载或速度限制或发生危险的机动。

(c) 试验细节见 AC25-7C 的 181 条和 AC25-1329-1A。

(4) 危险:失速。

(5) 风险等级:高。

(6) 原因:低速飞行自动驾驶仪急剧满偏故障。

(7) 降低风险措施:

(a) 确定最小飞行飞组上机;

(b) 在该飞行试验前确定失速特性;

(c) 每次飞行前检查自动飞行控制系统(AFCS)断开功能;

(d) 飞行员监控控制系统;

(e) 熟悉终止标准和改出技术;

(f) 拉杆不超过触发抖杆的条件;

(g) 确定一个最低的试验开始高度;

(h) 气象:

<u>1</u>　目视飞行气象条件(VMC);

<u>2</u>　地面可见(低高度点);

<u>3</u>　清晰的天地线。

g. THA 编号:84

(1) 条款号:25.1329(f)。

(2) 试验名称:自动驾驶仪故障。

(3) 试验描述。

(a) 故障试验。

<u>1</u>　爬升、巡航和下降:

(aa) 飞行员最少延迟 3 s;

(bb) 过载 0~2g;

(cc) 速度不应超过 V_{FC}/M_{FC};

(dd) 测量高度损失。

<u>2</u>　机动飞行:

(aa) 飞行员最少延迟 1 s;

(bb) 过载 0~2g;

(cc) 速度不应超过 V_{FC}/M_{FC};

(dd) 测量高度损失。

<u>3</u>　回振信号试验:

确定一个足够大幅度的回振信号的效果,这一幅度使各个活动控制面的伺服放大器饱和。

(b) 飞控恢复:

在恰当的延时后,通过更大力克服或选择紧急快速断开的方法恢复。使飞机恢复到正常的飞行姿态,恢复过程中不超过以上过载或速度限制或发生危险的机动。

(c) 试验细节见 AC25 - 7C 的 181 条和 AC25 - 1329 - 1A。

(4) 危险:受控撞地(CFIT)。

(5) 风险等级:高。

(6) 原因:飞行员专注于试验相关任务。

(7) 降低风险措施:

(a) 最小飞行机组上机;

(b) 每次飞行前检查自动飞行控制系统(AFCS)断开功能;

(c) 飞行员监控控制系统;

(d) 熟悉试验终止标准和改出技术;

(e) 在进近阶段,负责安全的飞行员监视跑道并报告高度;

(f) 确定一个最低试验开始高度；

(g) 气象：

1 目视飞行气象条件(VMC)；

2 地面可见(低高度点)；

3 清晰的天地线。

h. THA 编号:85

(1) 条款号:25.1329(f)。

(2) 试验名称:自动驾驶仪故障。

(3) 试验描述。

(a) 故障试验。

1 爬升、巡航和下降：

(aa) 飞行员最少延迟 3 s；

(bb) 过载 0～2g；

(cc) 速度不应超过 V_{FC}/M_{FC}；

(dd) 测量高度损失。

2 机动飞行：

(aa) 飞行员最少延迟 1 s；

(bb) 过载 0～2g；

(cc) 速度不应超过 V_{FC}/M_{FC}；

(dd) 测量高度损失。

3 回振信号试验：

确定一个足够大幅度的回振信号的效果,这一幅度使各个活动控制面的伺服放大器饱和。

(b) 飞控恢复：

在恰当的延时后,通过更大力克服或选择紧急快速断开的方法恢复。使飞机恢复到正常的飞行姿态,恢复过程中不超过以上过载或速度限制或发生危险的机动。

(c) 试验细节见 AC25‐7C 的 181 条和 AC25‐1329‐1A。

(4) 危险:失去全部推力。

(5) 风险等级:高。

(6) 原因:单发进近过程中,第二台发动机失效。

(7) 降低风险措施:在进行单发失效操纵前,回顾双发熄火和发动机应急重启程序。

i. THA 编号:128

(1) 条款号:25.1329(f)。

(2) 试验名称:自动驾驶仪故障‐ILS 进近。

(3) 试验描述。

（a）最小使用高度的确定：

<u>1</u> 着陆构型；

<u>2</u> 空速为 V_{REF}；

<u>3</u> 飞机在 3°下滑道上；

<u>4</u> 飞行员最少延迟 1 s；

<u>5</u> 记录从下滑道到下滑道最大垂直偏离的高度损失；

<u>6</u> 如果故障发生在 80% 的最低决断高度处,飞机最低点不穿过 29∶1 的最小使用限制线。在着陆或复飞机动时机轮可以接触跑道。

（b）试验细节见 AC25 - 7A 中的 181 段和 AC25 - 1329 - 1A。

（4）危险:飞机撞击地面(尾部撞击)。

（5）风险等级:高。

（6）原因：

（a）飞行员专注于其他试验相关任务；

（b）修正控制操作太晚。

（7）降低风险措施：

（a）最小飞行机组；

（b）每次飞行前检查自动飞行控制系统(AFCS)断开功能；

（c）飞行员监控控制系统；

（d）熟悉试验终止标准和改出技术；

（e）进近阶段,安全飞行员监视跑道并呼报高度；

（f）确定一个最低试验开始高度；

（g）气象：

<u>1</u> 目视飞行气象条件(VMC)；

<u>2</u> 地面可见(低高度点)；

<u>3</u> 清晰的地平线。

91. 第 25.1331 条　使用能源的仪表【备用】

92. 第 25.1333 条　仪表系统【备用】

93. 第 25.1337 条　动力装置仪表【备用】

第 3 节　电气系统和设备【备用】

第 4 节　灯【备用】

第 5 节　安全设备

94. 第 25.1411 条　总则【备用】

95. 第 25.1413 条　［删除］

96. 第 25.1415 条　水上迫降设备【备用】

97. 第 25.1416 条　［删除］

98. 第 25.1419 条　防冰

a. THA 编号:15

(1) 条款号:25.1419(b)。

(2) 试验名称:直线定常侧滑(模拟冰型)。

(3) 试验描述:

(a) 用滚转平衡方向舵以保持恒定的航向。

(b) 通常分步进行(1/4、1/2、3/4、满舵或 180 lb 力)。

(c) 方向舵和副翼操纵向行程和力在正常侧滑范围内基本呈线性变化。

(d) 超出正常范围后,方向舵偏度的小量增加导致侧滑角的增加。直至满蹬舵或 180 lb 力,脚蹬力不可以反向。

参看 AC25 - 7C 第 27 条 a 和 b。带冰的试验程序见 AC20 - 73,AC25.1419 - 1A 和 AC25 - 7C。

(4) 危险:失去控制。

(5) 风险等级:高。

(6) 原因:

(a) 不对称的推力状态;

(b) 超过侧滑限制;

(c) 超过滚转角限制;

(d) 飞控系统部件机械故障;

(e) 冰型不对称丢失。

(7) 降低风险措施:

(a) 模拟冰型构型和机动动作应循序渐进；

(b) 应急离机系统可用并预位；

(c) 失速改出伞可用,按需要预位；

(d) 仅最小机组人员；

(e) 机组人员佩戴降落伞和头盔；

(f) 地面风速不超过一定数值(为跳伞作考虑)；

(g) 试飞员必须熟悉飞机失控情况下的改出技术,包括失速改出伞的操作；

(h) 机组人员需检查模拟冰型风洞试验的数据与分析；

(i) 所有机动动作必须在无冰型条件下执行并良好地完成；

(j) 驾驶舱内配备侧滑和迎角指示器；

(k) 飞行试验前须证明冰型安装可靠。

(8) 应急程序：

(a) 采用失速/不正常姿态改出程序；

(b) 如果不能恢复控制则弃机(如果适当的)；

(c) 减少空速至最小可行值(低于 V_A),返回降落；

(d) 如果飞机出现结构损坏的迹象,不改变飞机构型；

(e) 如果飞行过程中出现超出结构载荷的情况,航后检查飞机。

b. THA 编号:57

(1) 条款号:25.1419(b)。

(2) 试验名称:带冰型起飞。

(3) 试验描述:按照 AC20 - 73、AC25.1419 - 1A 和 AC25 - 7C。

(4) 危险:正常起飞失败。

(5) 风险等级:高。

(6) 原因:由冰型带来失速速度增加或者操纵效率降低。

(7) 降低风险措施：

(a) 采用逐步逼近的方法进行模拟冰型试验；

(b) 风速不能超过 10 kn；

(c) 所需最小机组上机；

(d) 机组佩戴头盔；

(e) 起飞之前通过高速滑行来评估操纵效率。

c. THA 编号:63

(1) 条款号:25.1419(b)。

(2) 试验名称:带冰型的失速。

(3) 试验描述:见 FAR25.201 和 FAR25.203。

按照 AC25 - 7C 第 6 节"失速"第 29 条。

(a) 在 $1.13V_{SR1}$ 和 $1.3V_{SR1}$ 间配平飞机到松杆飞行；

（b）机翼水平减速，减速率 $1kn/s$；

（c）减速率 $1kn/s$ 和 $3kn/s$ 转弯失速；

（d）慢车和带功率；

（e）带功率＝最大着陆重量下进场襟翼构型时 $1.5V_{SR1}$ 的平飞功率；

（f）失速定义为不可控低头、制止性抖振、推杆器推杆或操纵杆到达后止动点（保持 2 秒）。

（4）危险：失去控制。

（5）风险等级：高。

（6）原因：

（a）飞机带冰型的失速可能比无冰污染失速的迎角更小而且后果更严重；

（b）不对称的冰型脱离；

（c）失速改出特性也可能因水平安定面前缘冰型而改变。

（7）降低风险措施：

（a）采用逐步逼近的方法进行模拟冰型试验；

（b）应急撤离系统须工作正常并预位；

（c）失速改出伞工作正常，并按需要预位；

（d）所需最小机组上机；

（e）机组人员佩戴降落伞和戴头盔；

（f）地面风速应小于一定值（为跳伞考虑）；

（g）试飞员必须熟悉飞机失控的改出技术，包括失速改出伞的操作；

（h）机组人员回顾模拟冰型的风洞试验数据及其分析；

（i）必须先在无冰型条件下满意地完成所有试验；

（j）驾驶舱配备迎角、侧滑角和过载指示器；

（k）每次飞行前进行冰型的安全确认；

（l）飞行员必须熟悉飞机失速/偏离的改出技术；

（m）不使用机翼/尾翼防冰系统；

（n）试验必须在白天目视飞行气象条件下进行，天地线清晰且大气平稳；

（o）如果出现任何不寻常的抖振、非预期的非指令运动或者操纵反向，则终止试验，而后进行航后分析。

d. THA 编号：64

（1）条款号：25.1419（b）。

（2）试验名称：自然结冰失速。

（3）试验描述：

见 AC25－7C 第 6 节"失速"第 29 条。

（a）在 $1.13V_{SR1}$ 和 $1.3V_{SR1}$ 间配平飞机到松杆飞行；

（b）机翼水平减速，减速率 $1kn/s$；

（c）减速率 1 kn/s 和 3 kn/s 转弯失速；

（d）慢车和带功率；

（e）带功率＝最大着陆重量下进场襟翼构型时 $1.5V_{SR1}$ 的平飞功率；

（f）失速定义为不可控的低头、制止性抖振、推杆器推杆或操纵杆到达后止动点（保持 2 秒）。

（4）危险：失去控制。

（5）风险等级：高。

（6）原因：

（a）由于冰积聚对飞机气动外形的影响导致非预期的飞机气动响应；

（b）大迎角结冰条件下发动机熄火导致的不对称推力。

（7）降低风险措施：

（a）机组人员熟悉进入已知结冰条件飞行的 AFM 操作程序；

（b）飞行员必须熟悉飞机结冰污染后的操纵特性；

（c）试飞员必须熟悉飞机的失速/偏离改出技术，包括失速改出伞的操作；

（d）必须先在无冰型条件下满意地完成所有试验机动和构型状态；

（e）必须配备失速改出伞且确保工作正常；

（f）所需最小机组上机；

（g）地面风速不超过一定值（为跳伞考虑）；

（h）机组人员佩戴降落伞和头盔；

（i）结冰条件下的失速特性应该先在发动机引气和点火装置接通的条件下进行。

e. THA 编号：102

（1）条款号：25.1419（b）。

（2）试验名称：盘旋待机。

（3）试验描述：

在 FAR25 部附录 C 图 1 和 4 的连续最大结冰条件和间断最大结冰条件下，演示验证飞机安全运行。结冰条件下的运行合格审定要先完成自然结冰试验。

必须演示验证以下构型：

（a）襟翼收起、起落架收起、前重心、配平在待机速度；

（b）襟翼放下、起落架收起、前重心、配平在待机速度；

（c）着陆构型、前重心、配平在 V_{REF}：

1 水平、40°滚转角转弯；

2 快速 30°到 −30°滚转；

3 减速板打开、收起。

（d）着陆构型、前重心、配平速度与无冰失速一样：

1 慢车以 1 kn/s 减速至完全失速。

结冰试验程序见 AC20‐73、AC25.1419‐1A 和 AC25‐7C。

（4）危险：失去控制。

（5）风险等级：高。

（6）原因：

<u>1</u>　无防冰表面的不对称冰积聚；

<u>2</u>　由于不平衡的机翼防冰系统工作导致有防冰表面的不对称冰积聚；

<u>3</u>　由冰积聚造成的操纵异常；

<u>4</u>　由于机翼前缘冰积聚导致低迎角失速。

（7）降低风险措施：

（a）试验机动逐步逼近；

（b）地面风速不超过一定值（为跳伞考虑）；

（c）应急离机系统必须工作正常，按需预位；

（d）失速改出伞工作正常，按需预位；

（e）所需最小机组人员上机；

（f）机组人员佩戴降落伞和戴头盔；

（g）机组人员熟悉防冰系统的操作和进入已知结冰条件下飞行的飞行手册程序；

（h）飞行员必须熟悉飞机在带冰积聚情况下的操纵特性；

（i）试飞员必须熟悉飞机失速/偏离改出技术，包括失速改出伞的操作；

（j）持续监控机翼防冰温度；

（k）目视监控机翼前缘；

（l）驾驶舱配备迎角、侧滑和过载系数指示器；

（m）定位相机观测机翼、水平尾翼、发动机进气口、起落架和襟翼；

（n）必须先完成模拟冰型试飞；

（o）机组人员回顾模拟冰型的风洞试验数据及其分析；

（p）必须先在无冰型条件下满意地完成所有试验。

f. THA 编号：104

（1）条款号：25.1419(b)。

（2）试验名称：盘旋待机。

（3）试验描述：

在 FAR25 部附录 C 图 1 和 4 的连续最大结冰条件和间断最大结冰条件下，演示验证飞机安全运行。结冰条件下的运行合格审定要先完成自然结冰试验。

必须演示验证以下构型：

（a）襟翼收起、起落架收起、前重心、配平在待机速度；

（b）襟翼放下、起落架收起、前重心、配平在待机速度；

（c）着陆构型、前重心、配平在 V_{REF}；

$\underline{1}$ 水平、40°滚转角转弯；

$\underline{2}$ 快速 30°到-30°滚转；

$\underline{3}$ 减速板打开、收起。

d) 着陆构型、前重心、配平速度与无冰失速一样：

$\underline{1}$ 慢车 1kn/s 减速至完全失速。

结冰试验程序见 AC20-73、AC25.1419-1A 和 AC25-7C。

(4) 危险：发电机过热。

(5) 风险等级：高。

(6) 原因：防冰系统负载过大。

(7) 降低风险措施：

(a) 如果需要的话，飞机飞离结冰区域，爬升或下降到温暖的大气中并保持远离云层(机组在每次遇到结冰之前要提前报告)；

(b) 监控发动机的发电机温度；

(c) 保持 APU 工作并提供备用电源和气源；

(d) 持续监控机翼防冰温度。

g. THA 编号：105

(1) 条款号：25.1419(b)。

(2) 试验名称：盘旋待机。

(3) 试验描述：

在 FAR25 部附录 C 图 1 和 4 的连续最大结冰条件和间断最大结冰条件下，演示验证飞机安全运行。结冰条件下的运行合格审定要先完成自然结冰试验。

必须演示验证以下构型：

(a) 襟翼收起、起落架收起、前重心、配平在待机速度；

(b) 襟翼放下、起落架收起、前重心、配平在待机速度；

(c) 着陆构型、前重心、配平在 V_{REF}：

$\underline{1}$ 水平、40°滚转角转弯；

$\underline{2}$ 快速 30°到-30°滚转；

$\underline{3}$ 减速板打开、收起。

d) 着陆构型、前重心、配平速度与无冰失速一样：

$\underline{1}$ 慢车以 1kn/s 减速至完全失速。

结冰试验程序见 AC20-73、AC25.1419-1A 和 AC25-7C。

(4) 危险：发动机损伤或熄火。

(5) 风险等级：高。

(6) 原因：

(a) 冰吸入导致发动机损伤；

(b) 由于发动机风扇叶片冰积聚导致发动机剧烈振动；

（c）"不可逆转"的喘振。

（7）降低风险措施：

（a）熟悉发动机空中起动程序；

（b）向空管通告可能的单发失效和可能的下降需求；

（c）如果 ITT 超过限制，减少推力，以保持最大许可的 ITT；

（d）如果发动机喘振，参考 AFM。如果喘振继续且不消失，则关闭该发动机并终止试验；

（e）飞机飞离结冰条件，爬升或下降到温暖的大气中并远离云层（机组在每次遇到结冰之前要提前报告）；

（f）监控发动机的振动；

（g）如果 ITT 超过规定的限制，通过操纵油门杆降低发动机推力来保持最大许可 ITT；

（h）如果发生发动机喘振，中止试验。如果 ITT 上升或发生 3 次喘振，将油门杆收至慢车。如果喘振继续并且慢车状态不会消除，关闭发动机并终止试验；

（i）定位相机观测机翼、水平尾翼、左右发动机进气口、起落架和襟翼；

（j）APU 保持工作并提供备用电源和气源；

（k）执行飞行前和飞行后发动机检查，包括给编号的风扇叶片拍照。

h. THA 编号：106

（1）条款号：25.1419(b)。

（2）试验名称：盘旋待机。

（3）试验描述：

在 FAR25 部附录 C 图 1 和 4 的连续最大结冰条件和间断最大结冰条件下，演示验证飞机安全运行。结冰条件下的运行合格审定要先完成自然结冰试验。

必须演示验证以下构型：

（a）襟翼收起、起落架收起、前重心、配平在待机速度；

（b）襟翼放下、起落架收起、前重心、配平在待机速度；

（c）着陆构型、前重心、配平在 V_{REF}：

1 水平、40°滚转角转弯；

2 快速 30°到-30°滚转；

3 减速板打开、收起.

d）着陆构型、前重心、配平速度与无冰失速一样：

1 慢车以 1kn/s 减速至完全失速。

结冰试验程序见 AC20-73、AC25.1419-1A 和 AC25-7C。

（4）风险等级：高。

（5）原因：由于 APU 进气口结冰导致 APU 排气温度或滑油温度超限。

（6）降低风险措施：

（a）如果需要的话，飞机飞离结冰条件，爬升或下降到温暖的大气中并远离云层（机组在每次遇到结冰之前要提前报告）；

（b）如果 APU 排气温度超过一定数值，APU 手动关车；

（c）如果 APU 滑油温度超过一定数值，APU 手动关车。

i. THA 编号：107

（1）条款号：25.1419(b)。

（2）试验名称：盘旋待机。

（3）试验描述：

在 FAR25 部附录 C 图 1 和 4 的连续最大结冰条件和间断最大结冰条件下，演示验证飞机安全运行。结冰条件下的运行合格审定要先完成自然结冰试验。

必须演示验证以下构型：

（a）襟翼收起、起落架收起、前重心、配平在待机速度；

（b）襟翼放下、起落架收起、前重心、配平在待机速度；

（c）着陆构型、前重心、配平在 V_{REF}：

1　水平、40°滚转角转弯；

2　快速 30°到−30°滚转；

3　减速板打开、收起。

d）着陆构型、前重心、配平速度与无冰失速一样：

1　慢车以 1 kn/s 减速至完全失速。

结冰试验程序见 AC20‑73、AC25.1419‑1A 和 AC25‑7C；

（4）危险：机翼前缘过热。

（5）风险等级：高。

（6）原因：防冰控制器不能正确控制系统温度。

（7）降低风险措施：

（a）持续监控机翼防冰温度；

（b）目视监控机翼前缘。

（8）应急程序：

（a）离开结冰区域；

（b）关闭防冰系统。

j. THA 编号：108

（1）条款号：25.1419(b)。

（2）试验名称：盘旋待机。

（3）试验描述：

在 FAR25 部附录 C 图 1 和 4 的连续最大结冰条件和间断最大结冰条件下，演示验证飞机安全运行。结冰条件下的运行合格审定要先完成自然结冰试验。

必须演示验证以下构型：

(a) 襟翼收起、起落架收起、前重心、配平在待机速度；

(b) 襟翼放下、起落架收起、前重心、配平在待机速度；

(c) 着陆构型、前重心、配平在 V_{REF}：

<u>1</u> 水平、40°滚转角转弯；

<u>2</u> 快速 30°到−30°滚转；

<u>3</u> 减速板打开、收起。

d) 着陆构型、前重心、配平速度与无冰失速一样：

<u>1</u> 慢车以 1 kn/s 减速至完全失速。

结冰试验程序见 AC20-73、AC25.1419-1A 和 AC25-7C。

a. 危险：冰雹或闪电损伤；

b. 风险等级：高；

c. 原因：穿越雷暴或者在雷暴附近运行；

d. 降低风险措施：

(a) 与雷暴区域保持 20 n mile 以上的距离；

(b) 与气象雷达中的黄色和红色区保持距离；

(c) 通过空管监控来辅助飞机避开雷暴区。

k. THA 编号：109

(1) 条款号：25.1419(b)。

(2) 试验名称：推杆/拉杆。

(3) 试验描述：

结冰试验程序见 AC20-73、AC25.1419-1A 和 AC25-7C。

(4) 危险：失去控制。

(5) 风险等级：高。

(6) 原因：

(a) 平尾失速；

(b) 杆力过大或拉杆改出时操纵效率降低。

(7) 降低风险措施：

(a) 地面风速不超过一定值（为跳伞考虑）；

(b) 应急离机系统工作正常并预位；

(c) 失速改出伞工作正常，按需要预位；

(d) 所需最小机组人员上机；

(e) 机组人员佩戴降落伞和戴头盔；

(f) 试飞员必须熟悉飞机失控情况下的改出技术，包括失速改出伞的操作；

(g) 机组人员回顾模拟冰型的风洞试验数据及其分析；

(h) 必须先在无冰型条件下满意地完成所有试验；

(i) 驾驶舱内配备迎角和过载系数指示器；

(j) 每次飞行前进行冰型的安全确认;

(k) 试验过程中过载从 1g 向 0.0g 逐步逼近;

(l) 发动机点火装置保持接通,直至确认发动机已经工作。点火装置合格审定试飞的数据必须是正常的;

(m) 在中等重心试验点确定临界条件(空速和推力设置),在前重心条件下最后执行该临近条件试验。

l. THA 编号:110

(1) 条款号:25.1419(b)。

(2) 试验名称:副翼卡阻试验。

(3) 试验描述:

大雨中副翼控制的水喷射形状评估。

结冰试验程序见 AC20-73、AC25.1419-1A 和 AC25-7C。

(4) 危险:副翼黏合或卡阻。

(5) 风险等级:中。

(6) 原因:副翼钢索、滑轮和扇形盘上的水冻结。

(7) 降低风险措施:

(a) 下降到非结冰气象环境;

(b) 按照 AFM 中副翼卡阻程序操作。

m. THA 编号:111

(1) 条款号:25.1419(b)。

(2) 试验名称:副翼卡阻试验。

(3) 试验描述:

大雨中副翼控制的水喷射形状评估。

结冰试验程序见 AC20-73、AC25.1419-1A 和 AC25-7C。

(4) 危险:冰雹或闪电损伤。

(5) 风险等级:中。

(6) 原因:穿越雷暴或者在雷暴附近运行。

(7) 降低风险措施:

(a) 与雷暴区域保持 20 n mile 以上的距离;

(b) 与气象雷达中的黄色和红色区保持距离;

(c) 通过空管监控来辅助飞机避开雷暴区。

n. THA 编号:112

(1) 条款号:25.1419(b)。

(2) 试验名称:高速滑行。

(3) 试验描述:

为副翼结冰试验进行的水进入评估试验(滑行试验)。

（4）危险：飞机失控。

（5）风险等级：中。

（6）原因：轮胎滑水。

（7）降低风险措施：

（a）告知机场消防队试验意图；

（b）选用足够长的跑道及适当的湿跑道区以保证足够的加速-停止距离；

（c）失速改出伞工作正常。机组成员熟悉应急离机程序；

（d）机组成员佩戴防护服和戴头盔；

（e）机组成员熟悉打滑速度和后果；

（f）地勤人员在距离跑道中心线至少 400 ft 外待命。

o. THA 编号：113

（1）条款号：25.1419(b)。

（2）试验名称：高速滑行。

（3）试验描述：

为副翼结冰试验进行水进入评估试验（滑行试验）。

（4）危险：发动机损伤或熄火。

（5）风险等级：中。

（6）原因：水吸入。

（7）降低风险措施：

（a）监控发动机仪表；

（b）若发动机出现异常，终止试验/对称减小推力；

（c）通告机场消防队试验意图；

（d）选用足够长的跑道及适当的湿跑道区以保证足够的加速-停止距离；

（e）失速改出伞工作正常并预位。机组成员熟悉应急离机程序；

（f）机组成员穿防护服和佩戴头盔；

（g）机组成员熟悉打滑速度和后果；

（h）地勤人员在距离跑道中心线至少 400 ft 外待命。

p. THA 编号：114

（1）条款号：25.1419(b)。

（2）试验名称：冰脱落试验。

（3）试验描述：自然结冰试验。

在 FAR25 部附录 C 图 1（连续最大结冰条件）和图 4（间断最大结冰条件）定义的结冰条件下，演示验证飞机安全运行。结冰条件下的运行合格审定要先完成自然结冰试验。

试验方法见 AC20-73 第 4 章第 2 节。冰脱落详见第 31 条。

（4）危险：失去控制。

(5) 风险等级:高。

(6) 原因:

(a) 由冰积聚造成的飞机操纵异常;

(b) 无防冰气动表面冰积聚情况下的机动;

(c) 不对称的冰脱落。

(7) 降低风险措施:

(a) 机组成员熟悉进入已知结冰条件下飞行的飞行手册程序;

(b) 试飞员必须熟悉在飞机有冰污染时的操纵特性;

(c) 机组成员熟悉发动机重新点火程序;

(d) 发动机引气、点火装置和燃油泵处于接通状态。

q. THA 编号:115

(1) 条款号:25.1419(b)。

(2) 试验名称:冰脱落试验。

(3) 试验描述:自然结冰试验。

在 FAR25 部附录 C 图 1(连续最大结冰条件)和图 4(间断最大结冰条件)定义的结冰条件下,演示验证飞机安全运行。结冰条件下的运行合格审定要先完成自然结冰试验。

试验方法见 AC20 - 73 第 4 章第 2 节。冰脱落详见第 31 条。

(4) 危险:发动机损伤或熄火。

(5) 风险等级:高。

(6) 原因:冰脱落。

(7) 降低风险措施:

(a) 机组成员熟悉进入已知结冰条件下飞行的飞行手册程序;

(b) 试飞员必须熟悉在飞机有冰污染时的操纵特性;

(c) 机组成员熟悉发动机重新点火程序;

(a) 发动机引气、点火装置和燃油泵处于接通状态。

r. THA 编号:116

(1) 条款号:25.1419(b)。

(2) 试验名称:带冰污染的水平尾翼失速推杆。

(3) 试验描述:冰型试验-综述。

结冰试验程序见 AC20 - 73、AC25.1419 - 1A 和 AC25 - 7C。

(4) 危险:失去控制。

(5) 风险等级:高。

(6) 原因:尾翼失速。

(7) 降低风险措施:

(a) 冰型沿水平尾翼展向逐步增加;

(b) 冰型从内向外逐步增加以在尾翼失速前提供警告；

(c) 在一定的高度以上进行冰型逐步逼近试验；

(d) 以襟翼偏度逐步增加进行试验；

(e) 目标过载系数逐步逼近次序是 0.75g，0.5g，0.25g 和 0g；

(f) 实时监控杆力和升降舵偏度对过载的梯度；

(g) 在试验前进行襟翼收放检查；

(h) 改出技术：襟翼/起落架收起、发动机慢车、缓慢拉杆；

(i) 白天、目视飞行气象条件且地面可见；

(j) 侧滑角不允许有意超过 15°。

s. THA 编号：117

(1) 条款号：25.1419(b)。

(2) 试验名称：综述。

(3) 试验描述：自然结冰试验。

在 FAR25 部附录 C 图 1(连续最大结冰条件)和图 4(间断最大结冰条件)定义的结冰条件下，演示验证飞机安全运行。结冰条件下的运行合格审定要先完成自然结冰试验。

试验方法见 AC20-73 第 4 章第 2 节。冰脱落详见第 31 条。

a. 危险：发动机熄火或螺旋桨故障；

b. 风险等级：高；

c. 原因；

d. 降低风险措施：

(a) 每次试飞前回顾发动机熄火操作程序。

(b) 每次试飞前回顾螺旋桨故障操作程序。

(c) 所有结冰状态下，点火器处于手动模式。

(d) 所有结冰试验应有可滑行到陆地的水上飞行距离限制。

(e) 执行发动机重起程序的最低场高为 3 000 ft。低于场高 3 000 ft 进行紧急着陆程序。真实应急中注意发动机起动机/涡轮间温度限制，但不受其约束。

(f) 每次试验前给燃油添加防冰添加剂。

(g) 出现任何非正常的抖振或振动时，终止试验以进一步分析。

t. THA 编号：118

(1) 条款号：25.1419(b)。

(2) 试验名称：伴飞。

(3) 试验描述。

(4) 危险：与伴飞飞机碰撞。

(5) 风险等级：高。

(6) 原因：对编队职责的疏忽。

（7）降低风险措施：

（a）每次试飞前熟悉伴飞飞行/防撞程序；

（b）飞机必须有无线电联系且目视可见时才开始伴飞操作；

（c）编队飞行、伴飞飞行需在目视飞行规则条件下进行。

u. THA 编号：119

（1）条款号：25.1419（b）。

（2）试验名称：带冰型失速。

（3）试验描述：冰型试验—综述。

参考 FAR25.201 和 FAR25.203；

按照 AC25-7C 第 6 节"失速"第 29 条。

（a）在 $1.13V_{SR1}$ 和 $1.3V_{SR1}$ 间配平飞机到松杆飞行；

（b）机翼水平减速，减速率 1kn/s；

（c）减速率 1kn/s 和 3kn/s 转弯失速；

（d）慢车和带功率；

（e）带功率＝最大着陆重量下进场襟翼构型时 $1.5V_{SR1}$ 的平飞功率；

（f）失速定义为机头不可控低头、制止性抖振、推杆器推杆或操纵杆到达后止动点（保持 2 秒）；

结冰试验程序见 AC20-73、AC25.1419-1A 和 AC25-7C。

（4）危险：失速改出伞开伞时与飞机脱离。

（5）风险等级：高。

（6）原因：失速改出伞开伞时与飞机脱离。

（7）降低风险措施：

（a）飞行员与地面人员监控锁钩位置与击锤设置；

（b）飞行前检查失速改出伞的安装；

（c）在失速试飞前进行开伞功能试验；

（d）飞行后检查安全销；

（e）使用襟翼收起、起落架放下、操纵杆前后移动和最大连续推力尝试改出；

（f）气动失速时需要安全伴飞。

v. THA 编号：120

（1）条款号：25.1419（b）。

（2）试验名称：带冰型失速。

（3）试验描述：冰型试验—综述。

参考 FAR25.201 和 FAR25.203；

按照 AC25-7C 第 6 节"失速"第 29 条。

（a）在 $1.13V_{SR1}$ 和 $1.3V_{SR1}$ 间配平飞机到松杆飞行；

（b）机翼水平减速，减速率 1kn/s；

(c) 减速率 1 kn/s 和 3 kn/s 转弯失速；

(d) 慢车和带功率；

(e) 带功率＝最大着陆重量下进场襟翼构型时 $1.5V_{SR1}$ 的平飞功率；

(f) 失速定义为机头不可控低头、制止性抖振、推杆器推杆或操纵杆到达后止动点(保持 2 秒)。

结冰试验程序见 AC20-73、AC25.1419-1A 和 AC25-7C。

(4) 危险：拉开抛伞手柄时抛伞失效或无法拉开手柄。

(5) 风险等级：高。

(6) 原因：机械故障。

(7) 降低风险措施：

(a) 在每次飞行前对抛伞手柄、操纵钢索、连接接头和锁钩等部件进行运动的范围检查；

(b) 每次失速飞行试验时进行机械抛伞系统练习；

(c) 飞行员可使用应急抛伞系统；

(d) 进行机库中拉力试验以检查机械抛伞系统工作情况；

(e) 对锁钩钢索进行冷浸透测试；

(f) 在迎角稳定低于 5°且在 200 kn 之前启动抛伞，以防止伞组提带角和过载超过设计限制。

w. THA 编号：121

(1) 条款号：25.1419(b)。

(2) 试验名称：带冰型失速。

(3) 试验描述：冰型试验—综述。

参考 FAR25.201 和 FAR25.203；

按照 AC25-7C 第 6 节"失速"第 29 条。

(a) 在 $1.13V_{SR1}$ 和 $1.3V_{SR1}$ 间配平飞机到松杆飞行；

(b) 机翼水平减速，减速率 1 kn/s；

(c) 减速率 1 kn/s 和 3 kn/s 转弯失速；

(d) 慢车和带功率；

(e) 带功率＝最大着陆重量下进场襟翼构型时 $1.5V_{SR1}$ 的平飞功率

(f) 失速定义为机头不可控低头、制止性抖振、推杆器推杆或操纵杆到达后止动点(保持 2 秒)；

结冰试验程序见 AC20-73、AC25.1419-1A 和 AC25-7C。

(4) 危险：失速改出伞在收到指令后无法打开。

(5) 风险等级：高。

(6) 原因：机械故障。

(7) 降低风险措施：

（a）飞行前检查开关、电池以及电路；

（b）失速改出伞可通过应急展开开关来展开，此开关可绕过正常展开电路；

（c）飞行员与地面人员需监控限制开关、失速改出伞预位状态、电池状态；

（d）若应急展开失败，可用襟翼收起、起落架放下、操纵杆前后移动和最大连续推力尝试改出；

（e）如果到达一定高度仍无法展开，则离机；

（f）实时监控火药筒附近温度；

（g）气动失速试验要求安全伴飞；

（h）进行失速改出伞展开功能试验；

（i）火药装置不得超过有效期。

99. 第 25.1421 条　扩音器【备用】

100. 第 25.1423 条　机内广播系统【备用】

第 6 节　其他设备【备用】

第 7 章　使用限制和资料

【备用】

第 8 章　电气线路互联系统(EWIS)

【备用】

第二部分
FAR 23 部试飞风险分析

第1章 总 则

【备用】

第2章 飞 行

第1节 总则【备用】

第2节 性 能

1. 第23.45条 总则【备用】

2. 第23.49条 失速速度

   a. THA 编号:259

（1）条款号:23.49。

（2）试验名称:确定失速速度。

（3）试验描述:按照 AC 23-8B 第2章,第17条:

（a）螺旋桨起飞位,慢车或者零推力设置;

（b）在 $1.5V_{S1}$ 配平;

（c）减速到高于失速速度约 10 kn;

（d）以 1 kn/s 或更小减速率减速直到失速;

（e）失速定义:不可控低头、推杆器推杆或操纵杆到达后止动点 2 s。

（4）危险:失去控制。

（5）风险等级:高。

（6）原因:

（a）非预期的气动响应;

（b）推杆器未能阻止飞机进入气动失速;

（c）不恰当的操纵输入。

（7）降低风险措施:

（a）使用逐步逼近的方法进行失速试飞:

<u>1</u> 从最低风险到最高风险;

$\underline{2}$　在逐步逼近过程中如果滚转角或偏航角超出 FAR 的限制则立即终止试验。

（b）为以下阶段确定最低高度：

$\underline{1}$　进入失速；

$\underline{2}$　开始改出；

$\underline{3}$　打开改出伞（如果适用）；

$\underline{4}$　跳伞离机。

（c）在飞行前检查失速告警和推杆器,如果适用；

（d）如果可能的话必须安装失速改出伞并保证功能正常并处于预位状态,在飞行前和做动作前进行失速改出伞检查,如果适用；

（e）最小机组上机；

（f）必须安装应急离机系统并处于预位状态。在飞行前和做动作前进行失速改出伞检查,如果适用；

（g）机组佩戴头盔和降落伞；

（h）地面风速应小于一定值（取决于降落伞）；

（i）不要使用剧烈的输入进入失速,所有失速下侧滑球都处于中间位置；

（j）没有不对称推力的失速；

（k）如果偏离可控飞行状态则立即将油门杆拉至慢车位并将操纵面置于中间位置；

（l）改出过程中直到速度增加到 $1.2V_s$ 之前不得增加推力；

b.　THA 编号：258

（1）条款号：23.49。

（2）试验名称：确定失速速度。

（3）试验描述：按照 AC 23 - 8B 第 2 章,第 17 条。

（a）螺旋桨起飞位,慢车或者零推力设置；

（b）在 $1.5V_{S1}$ 配平；

（c）减速到高于失速速度 $10\,\text{kn}$；

（d）以 $1\,\text{kn/s}$ 或更小减速率减速直到失速；

（e）失速定义：不可控低头、推杆器推杆或操纵杆到达后止动点保持 2 s。

（4）危险：工作发动机失效。

（5）风险等级：高。

（6）原因：

（a）供油不足；

（b）化油器结冰。

（7）降低风险措施：

（a）确定最小进入高度；

（b）监控发动机温度（汽缸盖温度、排气温度、油温,等等）；

（c）在失速试验中不应使用副油箱；

（d）如果发动机慢车超过 30 s,清理发动机（即增大发动机功率）；

（e）如果发动机温度接近限制值,减小推力、增加空速；交替进行带功率和关车失速可能有所帮助。

3. 第 23.51 条　起飞速度【备用】

4. 第 23.53 条　起飞性能【备用】

5. 第 23.55 条　加速—停止距离【备用】

6. 第 23.57 条　起飞航迹【备用】

7. 第 23.59 条　起飞距离和起飞滑跑距离【备用】

8. 第 23.61 条　起飞飞行航迹【备用】

9. 第 23.63 条　爬升:总则【备用】

10. 第 23.65 条　爬升:全发工作【备用】

11. 第 23.66 条　起飞爬升:一台发动机不工作【备用】

12. 第 23.67 条　爬升:一台发动机不工作【备用】

13. 第 23.69 条　航路爬升/下降【备用】

14. 第 23.71 条　滑翔:单发飞机【备用】

15. 第 23.73 条　参考着陆进场速度【备用】

16. 第 23.75 条　着陆距离【备用】

17. 第 23.77 条　中断着陆【备用】

第 3 节 飞行特性【备用】

第 4 节 操纵性和机动性

18. 第 23.143 条 总则【备用】

19. 第 23.145 条 纵向操纵

a. THA 编号:240

(1) 条款号:23.145(a)。

(2) 试验名称:接近失速。

(3) 试验描述:见 23.145 和 AC 23-8B 第 2 章,第 46 段。

(a) 目的是演示纵向操纵能力足以在速度低于配平速度时快速使机头向下。

(b) "低于配平速度的速度"指的是低到 V_{S1} 的速度。

(c) 试验的构型是以下组合:

<u>1</u> 最大重量和极限后重心;

<u>2</u> 任意重量的后重心;

<u>3</u> 起落架收起和放下;

<u>4</u> 襟翼收起和放下;

<u>5</u> 慢车和最大连续功率。

(d) 试验程序:

<u>1</u> 在 $1.3V_{S1}$ 配平;

<u>2</u> 减速到 V_{S1};

<u>3</u> 推杆使机头向下,演示快速加速到配平速度。

(4) 危险:失去控制。

(5) 风险等级:高。

(6) 原因:

(a) 非预期的气动响应;

(b) 推杆器未能阻止飞机进入气动失速;

(c) 失速点附近,较高发动机推力导致纵向失稳。

(7) 降低风险措施:

(a) 必须先完成失速速度(23.49)、机翼水平失速(23.201)、转弯失速和加速转弯失速(23.203)和转弯警告(23.207)的所有试验而且结果必须是满意的;

(b) 使用逐步逼近的方法进行失速试飞:

1　从最低风险到最高风险：

（aa）不带动力先于带动力；

（bb）最有利的襟翼设置。

（c）为以下阶段确立最低高度：

1　进入失速；

2　开始改出；

3　改出伞打开；

4　空中离机。

（d）如适用在飞行前检查失速警告和推杆器；

（e）必须安装失速改出伞并保证功能正常且处于预位状态。按需进行飞行前和机动前改出伞检查；

（f）最小机组上机；

（g）必须安装应急离机系统并预位。飞行前和机动前检查该系统；

（h）机组按需佩戴头盔和降落伞；

（i）地面风速应小于一定值（取决于降落伞）；

（j）不要使用剧烈的输入进入失速，所有失速下侧滑球都处于中间位置；

（k）没有不对称推力的失速；

（l）如果偏离可控的飞行状态则将油门杆收至慢车位，并将操纵面置于中立位置；

（m）改出过程中不要增加推力直到速度增加到 $1.2V_S$ 以上。

b.　THA 编号：241

（1）条款号：23.145(b)～(d)。

（2）试验名称：改变构型。

（3）试验描述：见 23.145 和 AC 23-8B 第 2 章,第 46 条。

（a）目的是表明：

1　当改变襟翼、推力或者速度时,纵向操纵力在不重新配平的情况下不应超过过大的力（按照 23.143c）；

2　高升力装置能够安全地收回,且不会引起高度的损失。

（b）试验的构型：

1　最大总重；

2　最前和最后重心；

3　对于 23.145(d),任何重量都是最前重心。

（c）试验程序：

1　襟翼放下：在 $1.4V_S$ 配平（慢车和平飞功率）,放下襟翼,减速至新的 $1.4V_S$；

2　复飞：着陆构型下慢车配平到 $1.3V_{S0}$,快速增加到起飞功率,襟翼回收到复飞位置,过渡到 V_{S1},在正爬升率时收回起落架；

$\underline{3}$　不损失高度：在着陆构型、平飞所需推力、$1.1\,V_{S0}$ 配平，襟翼收回，增加推力至不高于最大连续功率；

$\underline{4}$　功率的使用：在 $1.4V_{S1}$ 配平，慢车，快速施加起飞功率，保持速度；

$\underline{5}$　改变空速：在着陆构型慢车推力下的 V_{REF} 配平，在 $1.1\sim1.7\,V_{S0}$ 之间改变速度；

$\underline{6}$　襟翼收回：在 V_{FE} 配平，起飞襟翼位置，起飞功率，收回襟翼并保持速度；

$\underline{7}$　无动力下滑：着陆构型下无动力配平 V_{REF}。

（4）危险：失去控制。

（5）风险等级：中。

（6）原因：

（a）未配平时由于构型改变引起的过渡俯仰力。

（b）低速时快速收回襟翼时的意外失速。

（7）降低风险措施：

（a）试验前审查之前的试验和模拟器结果。

（b）如果遇到意外的或过渡的力，熟悉和回顾程序。

$\underline{1}$　向其他飞行员获取帮助。

$\underline{2}$　进行开始试验动作的反向操作（起落架、襟翼或者发动机的移动）。

（c）失速试验应在 25.145(c) 要求的襟翼收回的构型改变试验前完成。

（d）确定最小进入高度以便遇到失速时能够改出。

（e）出现失速警告时终止试验。

c. THA 编号：242

（1）条款号：23.145(a)。

（2）试验名称：接近失速。

（3）试验描述：

（a）见 23.145 和 AC 23-8B 第 2 章，第 46 条。

（b）目的是表明在低于配平速度时有足够的纵向操纵能力快速使机头向下。

（c）"低于配平速度"指速度低至 V_{S1}。

（d）试验的构型是以下组合：

$\underline{1}$　最大重量和极限后重心；

$\underline{2}$　任意重量的最后重心；

$\underline{3}$　起落架收起和放下；

$\underline{4}$　襟翼收起和放下；

$\underline{5}$　慢车和最大连续功率。

（e）试验程序：

$\underline{1}$　在 $1.3V_{S1}$ 配平；

$\underline{2}$　减速到 V_{S1}；

3　向下俯冲演示飞机快速加速到配平速度。

（4）危险：工作发动机失效。

（5）风险等级：中。

（6）原因：大迎角下的进气畸变导致的压气机失速。

（7）降低风险措施：

（a）在进行该试验前所有失速速度（23.49）、机翼水平失速（23.201）、转弯失速和加速转弯失速（23.203）、失速警告 23.207 试验都必须完成且结果必须是令人满意的。

（b）一旦出现压气机工作特性变差，减小迎角并设置慢车推力。

（c）如果无法防止"不可逆转"的喘振，关闭发动机。

（d）任何时候只要可能，在 APU 工作下进行试验。

（e）通过遥测系统、机载测试系统或者驾驶舱显示来实时监控关键测试参数。明确机组分工（CRM）和终止口令。

（f）初始失速应接通发动机点火开关和引气。

（g）所有失速必须在对称推力下进行，保持侧滑球在中间，如果可能，应实时监控侧滑，在失速前保持侧滑角小于 5°（飞行前明确机组分工（CRM）和终止口令）。

d. THA 编号：243

（1）条款号：23.145(c)。

（2）试验名称：机动能力。

（3）试验描述：按照 CFR 14，23.145 和 AC 23－8B 第 2 章，第 46 段。

（a）目的是演示飞机速度高于 V_{MO}/M_{MO} 时，有足够的纵向控制力以产生最小为 1.5g 过载的机动能力。

（b）必须演示直至 23.251 所表明的速度。

（c）此试验的试飞构型必须包括极限前重心。

（4）危险：失去控制。

（5）风险等级：高。

（6）原因：

（a）高马赫数和/或高动压下的未知的气动效应；

（b）因颤振导致的舵面损伤；

（c）高马赫数下的大气数据系统误差；

（d）高动压/马赫数下因压气机失速导致的突然的不对称偏航推力激增；

（e）飞控舵面或作动器行程超出限制。

（7）降低风险措施：

（a）最小机组；

（b）机组佩戴头盔和降落伞；

（c）如果适用，应急离机系统必须在飞行前进行检查和预位；

（d）使用逐步逼近方法,检查之前的试验数据以确定试验结果与预期符合;

（e）必须明确并熟悉不可超过的参数;

（f）必须根据最新的数据更新颤振分析并确定已扩展的包线;

（g）实时监控关键参数。在发生不可抑制的抖振和/或杆力反向时终止试验;

（h）确定并使用高速俯冲改出程序,考虑因高阻力装置和发动机推力变化引起的预期的俯仰力矩;

（i）必须考虑高速改出伞,如果安装,在试飞前进行检查和预位;

（j）熟悉和遵守最低试验高度和改出程序;

（k）监控和对比不同来源的空速和高度;

（l）在速度高于 V_{MO}/M_{MO} 时需尽量减小油门操纵量。当有需要时,油门操纵必须平滑且谨慎;

（m）最初的试验应当在发动机连续点火开关接通的情况下进行;

（n）在进行速度高于 V_{MO}/M_{MO} 的飞行前进行飞控系统和操纵检查。

e. THA 编号:244

（1）条款号:23.145(c)。

（2）试验名称:机动能力。

（3）试验描述:

（a）按照 CFR 14,23.145 和 AC 23 - 8B 第 2 章,第 46 条;

（b）目的是演示飞机速度高于 V_{MO}/M_{MO} 时,有足够的纵向控制力以产生最小为 $1.5g$ 过载的机动能力;

（c）必须演示直至 23.251 所表明的速度;

（d）此试验的试飞构型必须包括最前极限重心。

（4）危险:结构损伤。

（5）风险等级:高。

（6）原因:

（a）高马赫数和/或高动压下的未知的气动效应;

（b）颤振导致的舵面损伤;

（c）高马赫数下的大气数据系统误差;

（d）高动压/马赫数下因压气机失速导致的突然的不对称偏航推力激增;

（e）飞控舵面或作动器行程超出限制。

（7）降低风险措施:

（a）所需最小机组上机;

（b）机组佩戴头盔和降落伞;

（c）如果适用,应急离机系统必须在飞行前进行检查和预位;

（d）使用逐步逼近方法,检查之前的试验数据以确定试验结果与预期符合;

（e）确定并熟悉不可超过的参数;

（f）必须根据最新的数据更新颤振分析并确定已扩展的包线；

（g）实时监控关键参数。在发生不可抑制的抖振和/或杆力反向时终止试验；

（h）确定并使用高速俯冲改出程序，考虑因高阻力装置和发动机推力变化引起的预期的俯仰力矩；

（i）必须考虑高速改出伞，如果安装，在试飞前检查和预位；

（j）熟悉和遵守最低试验高度和改出程序；

（k）必须监控和对比不同源的空速和高度；

（l）在速度高于V_{MO}/M_{MO}时需尽量减小油门操纵量。当有要求时，油门操纵必须平滑且谨慎；

（m）最初的试验必须在发动机连续点火开关接通的情况下进行；

（n）在进行速度高于V_{MO}/M_{MO}的飞行前进行飞控系统和操纵检查。

f. THA 编号：245

（1）条款号：23.145（e）。

（2）试验名称：失去主控制系统。

（3）试验描述：

见联邦规章法典（CFR）14，23.145 和 AC 23-8B 第 2 章，第 46 条。

（a）目的是表明在主操纵舵面系统失效的情况下，仅通过配平和调节发动机推力，飞机能够着陆；

（b）无须进行该情况真实着陆的试验；

（c）试验的构型包括极限前、后重心；

（d）试验程序：不使用纵向主操纵（和/或多发飞机的航向操纵），可控的着陆过程中合适的高度下获得零下降率。

（4）危险：失去控制。

（5）风险等级：中。

（6）原因：只使用配平和发动机推力不足以控制飞机。

（7）降低风险措施：

（a）此演示必须在足够的离地高度下进行，以提供在失去控制的情况下用正常操纵改出的安全裕度；

（b）如果飞行偏离可控状态，收油门至慢车状态并使各操纵器件回中；

（c）改出期间在空速增加到 $1.2V_S$ 之前，不增加推力。

g. THA 编号：246

（1）条款号：23.145（e）。

（2）试验名称：失去主控制系统。

（3）试验描述：见联邦规章法典（CFR）14，23.145 和 AC 23-8B 第 2 章，第 46 条。

（a）目的是演示在主操纵舵面系统失效的情况下，仅通过配平和调节发动机推

力,飞机能够着陆;

(b) 无须进行该情况真实着陆的试验;

(c) 试验的构型包括前后极限重心;

(d) 试验程序:不使用纵向主操纵(和/或对于多发飞机航向操纵),可控的着陆过程中合适的高度下获得零下降率。

(4) 危险:结构损伤。

(5) 风险等级:中。

(6) 原因:只用配平和发动机推力不足以控制飞机。

(7) 降低风险措施:

(a) 飞行前准备会上必须强调构型限制速度(V_{FE},$V_{LO/LE}$);

(b) 确定高于实际限制的试验限制;

(c) 为了避免超过结构速度限制,达到试验限制必须终止试验。

h. THA 编号:247

(1) 条款号:23.145(b)~(d)。

(2) 试验名称:改变构型。

(3) 试验描述:

按照 AC23.145 和 AC 23 - 8B 第 2 章,第 46 条。

(a) 目的是演示:

1̲ 当改变襟翼、推力或者速度时,纵向操纵力在不重新配平的情况下不应超过过大的力(按照 23.143c),而且

2̲ 能够安全地收回高升力装置,且不会引起高度的损失。

(b) 试验的构型:

1̲ 最大重量;

2̲ 最前和最后重心;

3̲ 对于 23.145(d),任何重量都是最前重心。

(c) 试验程序:

1̲ 襟翼放下:在 $1.4V_S$ 配平(慢车和平飞功率),放下襟翼,减速至新的 $1.4V_S$(分别在无动力和维持 $1.4V_S$ 平飞所需的发动机推力下进行);

2̲ 复飞:无动力着陆构型下配平到 $1.3V_{S0}$,快速增加到起飞功率,襟翼回收到复飞位置,速度 $1.3V_{S1}$,在正爬升率时收回起落架;

3̲ 不损失高度:在着陆构型、$1.1V_{S0}$ 平飞所需推力配平飞机,增加推力至不高于最大连续功率的同时收襟翼;

4̲ 功率的使用:在 $1.4V_{S1}$ 配平,慢车,快速施加起飞功率,保持速度;

5̲ 改变空速:在着陆构型慢车推力下的 V_{REF} 配平,在 $1.1~1.7V_{S0}$ 之间改变速度;

6̲ 收回襟翼:在 V_{FE} 配平,起飞襟翼位置,起飞功率,收襟翼并保持速度;

_7_ 无动力下滑:着陆构型、无动力条件下在 V_{REF} 配平。

(4) 危险:结构损伤。

(5) 风险等级:中。

(6) 原因:

(a) 构型变化而没有配平引起过大的俯仰力;

(b) 进行机动演示和评估力的变化时没有注意速度限制。

(7) 降低风险措施:

(a) 飞行前准备会上必须强调构型限制速度(V_{FE}, $V_{LO/LE}$);

(b) 建立高于实际限制的试验限制;

(c) 为了避免超过结构速度限制,达到试验限制必须终止试验。

20. 第 23.147 条　航向和横向操纵

a. THA 编号:11820

(1) 条款号:23.147。

(2) 试验名称:配平飞行。

(3) 试验描述:见 AC23 - 8B 的 23.147c 节。

(a) 试验的目的是保证主横向控制系统失效后飞机的操纵性;

(b) 低高度和高高度都应演示;

(c) 最大重量;

(d) 通常构型为后重心;

(e) 最大横向不平衡;

(f) 所有构型和速度。

(4) 危险:失去控制。

(5) 风险等级:低。

(6) 原因:演示仅使用配平来驾驶飞机的能力时无法控制飞机。

(7) 降低风险措施:

(a) 谨慎的使用配平输入;

(b) 谨慎的使用推力来评估其对于配平改变的影响;

(c) 评估所有的速度限制;

(d) 允许飞机达到 V_H 时不超过 V_{NE};

(e) 襟翼放下的试验点不允许超过 V_{FE};

(f) 试验前,在模拟器或者相似的飞机上练习机动;

(g) 确定并熟悉终止的标准;

(h) 确定和熟悉终止后的改出程序;

(i) 在这个试验前完成飞行控制和操纵品质试验。

b. THA 编号:11821

(1) 条款号:23.147。

（2）试验名称：配平飞行。

（3）试验描述：

见 AC23-8B 的 23.147c 节。

（a）试验的目的是保证主横向控制系统失效后飞机有操纵性。

（b）低高度和高高度都应演示；

（c）最大重量；

（d）通常构型为后重心；

（e）最大横向不平衡；

（f）所有构型和速度。

（4）危险：结构失效。

（5）风险等级：低。

（6）原因：

（a）演示仅使用配平来驾驶飞机的能力时无法控制飞机；

（b）超过飞机速度限制；

（c）超过飞机过载限制。

（7）降低风险措施：

（a）在 FAR 要求评估时谨慎的使用配平输入（逐步建立控制权限）；

（b）谨慎的使用推力来评估其对于配平改变的影响（逐步建立控制权限）；

（c）允许飞机达到 V_H，但不超过 V_{NE}；

（d）襟翼放下的试验点不允许超过 V_{FE}；

（e）试验前，在模拟器练习机动和终止改出；

（f）确定并熟悉终止后的改出程序；

（g）非机组人员监控飞机性能数据以便报告试验终止；

（h）机组人员应回顾所有速度限制；

（i）确定并熟悉终止标准；

21. 第 23.149 条　最小操纵速度

a. THA 编号：274

（1）条款号：23.149。

（2）试验名称：V_{MCA}/V_{MCL}-静态。

（3）试验描述：

（a）V_{MCA}：

<u>1</u>　最不利重心位置（通常为后重心）；

<u>2</u>　起飞配平；

<u>3</u>　最小总重以获得最小的失速速度；

<u>4</u>　最临界的起飞构型；

<u>5</u> 滚转角最大 5°(申请人选择);

<u>6</u> 考虑横向燃油不平衡。

(b) 所有飞机,除了最大重量小于或等于 6 000 lb 的活塞发动机飞机,必须满足以下(V_{MCL}):

<u>1</u> 进场构型和复飞推力;

<u>2</u> 最不利重心位置(通常为后重心);

<u>3</u> 进场配平;

<u>4</u> 最小总重以获得最小失速速度;

<u>5</u> 最临界的进场构型;

<u>6</u> 如果适用,螺旋桨风车或顺桨;

<u>7</u> 滚转角最大 5°(申请人选择)。

(4) 危险:失去控制。

(5) 风险等级:高。

(6) 原因:无意失速/偏离。

(7) 降低风险措施:

(a) 飞行员应熟悉飞机的低速、大迎角的操纵品质以及失速改出技术;

(b) 评估预计的最小操纵速度;

(c) 使用逐步降低速度的方法;

(d) 实时监控结构载荷;

(e) 飞行前熟悉发动机失效程序、快速启动程序以及水上迫降程序;

(f) 航向控制操纵品质试验和小重量后重心失速特性应在所有空中最小操纵速度试验前完成;

(g) 动态空中最小操纵速度应是 $1.1V_S$ 或者 $1.1V_{MCA}$-静态,两者中大者;

(h) 达到状态后轻轻释放方向舵(不要反向操纵方向舵以改出);

(i) V_{MCA} 试验不可以在失速警告或无动力失速速度(取大者)以下进行;

(j) 试验进入高度不小于一定的高度;

(k) 尾旋伞应功能正常,且飞行员熟悉其操作;

(l) 最小飞行机组;

(m) 地面风速应限制为一定值(跳伞逃生考虑)。

(n) 机组佩戴降落伞和头盔。

(o) 天气:目视飞行气象条件且地面可见。

(p) 机组上机飞行前应在模拟机上演示机动。

(q) 总重应尽可能小,以保持失速速度低于预期的最小操纵速度。

(8) 应急程序:

(a) 必要时减小迎角,增加空速或收回油门,以维持航向控制;

(b) 最小可用燃油量限制在一定数值;

（c）APU 必须工作并带载。

b. THA 编号：275

（1）条款号：23.149。

（2）试验名称：V_{MCA}/V_{MCL}-动态。

（3）试验描述：

（a）V_{MCA}：

1　最不利重心位置（通常为后重心）；

2　起飞配平；

3　最小总重以获得最小的失速速度；

4　最临界的起飞构型；

5　滚转角最大 5°（申请人选择）；

6　考虑横向燃油不平衡。

（b）所有飞机，除了最大重量小于或等于 6 000 lb 的活塞发动机飞机，必须满足以下（V_{MCL}）：

1　进场构型和复飞推力；

2　最不利重心位置（通常为后重心）；

3　进场配平；

4　最小总重以获得最小失速速度；

5　最临界的进场构型；

6　如果适用，螺旋桨风车或顺桨；

7　坡度角最大 5°（申请人选择）。

（c）动态：

1　V_{MCA}/V_{MCL}时发动机失效；

2　考虑反应时间；

3　航向变化不超过 20°。

（4）危险：失速。

（5）风险等级：高。

（6）原因：减速至低于失速速度。

（7）降低风险措施：

（a）飞行前熟悉包括发动机失效程序和发动机重起程序；

（b）在最小的可行高度和重量下进行试验；

（c）所需最小机组上机；

（d）采用逐步逼近方法：将从 1.4V_S 开始逐步减小速度以获得最小速度；

（e）在进行 V_{MCA} 试验前进行航向控制操纵品质检查；

（f）机组在试飞前需进行模拟机演练；

（g）在进行任何 V_{MCA} 试验前需完成航向控制操纵品质试验和小重量/后重心失

速特性试验；

（h）进行动态V_{MCA}试验的最小速度为$1.1V_S$或$1.1V_{MCA}$-静态，取大者；

（i）飞机总重尽可能小以维持V_S低于预测的最小操纵速度。

（8）应急程序：

（a）必要时减小迎角，增加速度或减小油门以维持航向控制；

（b）最小可用燃油量限值：2000 lb。

c. THA 编号：276

（1）条款号：23.149。

（2）试验名称：V_{MCA}/V_{MCL}-静态。

（3）试验描述：

（a）V_{MCA}：

1 最不利重心位置（通常为后重心）；

2 起飞配平；

3 最小总重以获得最小的失速速度；

4 最临界的起飞构型；

5 滚转角最大5°（申请人选择）；

6 考虑横向燃油不平衡。

（b）所有飞机，除了最大重量小于或等于6000 lb的活塞发动机飞机，必须满足以下（V_{MCL}）：

1 进场构型和复飞推力；

2 最不利重心位置（通常为后重心）；

3 进场配平；

4 最小总重以获得最小失速速度；

5 最临界的进场构型；

6 如果适用，螺旋桨风车或顺桨；

7 滚转角最大5°（申请人选择）。

（4）危险：失速。

（5）风险等级：高。

（6）原因：减速至低于失速速度。

（7）降低风险措施：

（a）飞行前熟悉包括发动机失效程序和发动机快速启动程序；

（b）在最小的可行高度和重量下进行试验；

（c）所需最小机组上机；

（d）采用逐步逼近方法：逐步减小速度以获得最小速度；

（e）用驾驶员主飞行显示器上的空速指示；

（f）在进行V_{MCA}试验前进行航向控制操纵品质检查；

（g）机组在试飞前需进行模拟机演练。

d. THA 编号:277

（1）条款号:23.149。

（2）试验名称:V_{MCA}/V_{MCL}-动态。

（3）试验描述:

（a）V_{MCA}:

$\underline{1}$ 最不利重心位置（通常为后重心）

$\underline{2}$ 起飞配平

$\underline{3}$ 最小总重以获得最小的失速速度

$\underline{4}$ 最临界的起飞构型

$\underline{5}$ 滚转角最大 5°（申请人选择）

$\underline{6}$ 考虑横向燃油不平衡

（b）所有飞机,除了最大重量小于或等于 6 000 lb 的活塞发动机飞机,必须满足以下(V_{MCL}):

$\underline{1}$ 进场构型和复飞推力

$\underline{2}$ 最不利重心位置（通常为后重心）

$\underline{3}$ 进场配平

$\underline{4}$ 最小总重以得到最小失速速度

$\underline{5}$ 最临界的进场构型

$\underline{6}$ 如果适用,螺旋桨风车或顺桨

$\underline{7}$ 滚转角最大 5°（申请人选择）

（c）动态:

$\underline{1}$ V_{MCA}/V_{MCL}时发动机失效;

$\underline{2}$ 考虑反应时间;

$\underline{3}$ 航向变化不超过 20°。

（4）危险:结构损伤。

（5）风险等级:高。

（6）原因:

（a）改出时出现超过载;

（b）不适当的控制输入。

（7）降低风险措施:

（a）飞机特性的预测和前期取证试验已完成;

（b）实时监控飞机机动;

（c）飞行员熟悉飞机和 V_{MCA}试验;

（d）每一条件下的失速速度是已知/确定的;

（e）飞行员应熟悉并讲评非正常姿态改出程序。

（8）应急程序：如果感觉到失去控制，减小正常工作发动机一侧的推力以降低推力不对称。

e. THA 编号：278

（1）条款号：23.149。

（2）试验名称：V_{MCA}/V_{MCL}-动态。

（3）试验描述：

（a）V_{MCA}：

<u>1</u>　最不利重心位置（通常为后重心）；

<u>2</u>　起飞配平；

<u>3</u>　最小总重以获得最小的失速速度；

<u>4</u>　最临界的起飞构型；

<u>5</u>　滚转角最大 5°（申请人选择）；

<u>6</u>　考虑横向燃油不平衡。

（b）所有飞机，除了最大重量小于或等于 6 000 lb 的活塞发动机飞机，必须满足以下（V_{MCL}）：

<u>1</u>　进场构型和复飞推力；

<u>2</u>　最不利重心位置（通常为后重心）；

<u>3</u>　进场配平；

<u>4</u>　最小总重以获得最小失速速度；

<u>5</u>　最临界的进场构型；

<u>6</u>　如果适用，螺旋桨风车或顺桨；

<u>7</u>　滚转角最大 5°（申请人选择）。

（c）动态：

<u>1</u>　V_{MCA}/V_{MCL}时发动机失效；

<u>2</u>　考虑反应时间；

<u>3</u>　航向变化不超过 20°。

（4）危险：失去控制。

（5）风险等级：高。

（6）原因：意外失速/偏离。

（7）降低风险措施：

（a）飞行员应熟悉飞机的低速、大迎角的操纵品质以及失速改出技术；

（b）回顾预计的最小操纵速度；

（c）使用逐步逼近的方法；

（d）实时监控结构载荷；

（e）飞行前熟悉包括发动机失效程序、快速启动程序以及水上迫降程序。

（f）空中最小操纵速度进行前应完成航向控制操纵品质试验和小重量后重心失

速特性试验。

（g）评估脚蹬和操纵性。如出现不可接受的操纵品质,减小工作发动机的推力以帮助改出;

（h）动态空中最小操纵速度应是 $1.1V_S$ 或者 $1.1V_{MCA}$-静态,两者中大者。

（i）达到状态后轻轻释放方向舵(不要反向操纵方向舵以改出)。

（j）V_{MCA} 试验不可以在失速警告或无动力失速速度(取大者)以下进行。

（k）机动动作进入高度应不小于一定值。

（l）失速改出伞功能可用,且飞行员熟悉其操作。

（m）最小飞行机组。

（n）地面风速应限制为一定值(跳伞逃生考虑)。

（o）机组穿戴降落伞和头盔。

（p）天气:目视飞行条件且地面可见。

（q）机组上机飞行前应在模拟机上演示机动。

（r）总重应尽可能小,以保持失速速度低于预期的最小操纵速度。

（8）应急程序:

（a）根据需要减小迎角、增加空速和收油门以保持航向控制。

（b）最小加油燃油限制。

（c）APU 工作并带载。

f. THA 编号:279

（1）条款号:23.149(f)。

（2）试验名称:V_{MCG}。

（3）试验描述:

（a）作为申请人的选择,为符合 23.51(c)(1)段的要求,需测量 V_{MCG};

（b）试验从高速到低速;

（c）最临界的情况是轻重量和后重心;

（d）前轮转弯断开或抬前轮模拟湿滑跑道;

（e）不使用差动刹车;

（f）至少切断燃油一次以便确定与慢车油门的差别。

见 AC 23-8B(这里没有多少指导),建议 AC25-7A 第 23b(3)段。

（4）危险:起落架塌下。

（5）风险等级:高。

（6）原因:

（a）轮胎失效;

（b）推力不对称;

（c）主飞行控制失效;

（d）地面最小操纵速度大于预期。

（7）降低风险措施：

（a）试飞员熟悉飞机并有地面最小操纵速度试验经验；

（b）在模拟机或相似机型先进行试验；

（c）用减少的不对称推力逐步练习（如：操作发动机燃油断到慢车）；

（d）试验进行若干次，最初的燃油切断发生在大于预期的最小操纵速度之上；

（e）如果不能对飞机进行航向控制，将工作发动机收为慢车，在跑道上停止。即使飞机马上离开跑道，不建议在低速时升空；

（f）如果航向控制需要，使用前轮转向。为避免产生大的偏航，使用时确认方向舵脚蹬靠近中立位置；

（g）所有试验应在白天、目视飞行气象条件下，在平整的、坚硬的干跑道上进行。风速应为 5 kn 或者更小（从任何方向），不允许顺风；

（h）实时监控关键参数（轮胎温度，起落架载荷、发动机状态、中心线偏离等等）；

（i）熟悉试验终止程序（加油门继续；收油门停止）；

（j）每隔一定时间检查机轮、轮胎和刹车；

（k）最小机组佩戴头盔和手套；

（l）飞行机组回顾应急撤离程序；

（m）选择足够长度和宽度的跑道进行试验；

（n）所有设备和人员应离跑道至少 400 ft；

（o）地面支持人员应持保障设备、冷却风扇等待命；

（p）飞机应急出口可用且功能正常；

（8）应急程序：

前轮转弯（如具有）接通。减小推力至慢车位以使推力不对称最小化，如有需要，使用所有的飞行控制、刹车和前轮转向以恢复对飞机的控制。

g. THA 编号：280

（1）条款号：23.149。

（2）试验名称：V_{MCA}/V_{MCL}-动态。

（3）试验描述：

见 AC23-8B。

（a）V_{MCA}：

<u>1</u> 最不利重心位置（通常为后重心）；

<u>2</u> 起飞配平；

<u>3</u> 最小总重以获得最小的失速速度；

<u>4</u> 最临界的起飞构型；

<u>5</u> 滚转角最大 5°（申请人选择）；

<u>6</u> 考虑横向燃油不平衡。

（b）所有飞机,除了最大重量小于或等于6000 lb的活塞发动机飞机,必须满足以下（V_{MCL}）：

1　进场构型和复飞推力；

2　最不利重心位置（通常为后重心）；

3　进场配平；

4　最小总重以获得最小失速速度；

5　最临界的进场构型；

6　如果适用,螺旋桨风车或顺桨；

7　滚转角最大5°（申请人选择）。

（c）动态

1　V_{MCA}/V_{MCL}时发动机失效；

2　考虑反应时间；

3　航向变化不超过20°。

（4）危险:自动上仰。

（5）风险等级:高。

（6）原因:发动机停车后飞机抬头。

（7）降低风险措施：

（a）飞行员应熟悉飞机的低速、大迎角的操纵特性以及失速改出技术；

（b）飞行员必须意识到潜在的飞机抬头的可能性并做好准备采取适当操纵以保证飞机继续安全飞行；

（c）失速改出伞功能正常且飞行员熟悉其操纵程序；

（d）最小机组；

（e）试验时地面风需限制在一定值（考虑跳伞）；

（f）机组佩带降落伞和头盔。

h. THA 编号:281

（1）条款号:23.149。

（2）试验名称:V_{MCA}/V_{MCL}-静态。

（3）试验描述：

见 AC23 - 8B。

（a）V_{MCA}：

1　最不利重心位置（一般后重心）；

2　起飞配平；

3　最小总重以获得最小的失速速度；

4　最临界的起飞构型；

5　滚转角最大5°（申请人选择）；

6　考虑横向燃油不平衡。

(b) 所有飞机,除了最大重量小于或等于 6000 lb 的活塞发动机飞机,必须满足以下(V_{MCL}):

$\underline{1}$ 进场构型和复飞推力;

$\underline{2}$ 最不利重心位置(通常为后重心);

$\underline{3}$ 进场配平;

$\underline{4}$ 最小总重以获得最小失速速度;

$\underline{5}$ 最临界的进场构型;

$\underline{6}$ 如果适用,螺旋桨风车或顺桨;

$\underline{7}$ 滚转角最大 5°(申请人选择)。

(4) 危险:结构损伤。

(5) 风险等级:高。

(6) 原因:

(a) 改出时超出过载;

(b) 不恰当的控制输入。

(7) 降低风险措施:

(a) 完成飞机特性的预测和前期取证试验;

(b) 实时监控试验;

(c) 飞行员熟悉飞机和 V_{MCA} 试验;

(d) 每一条件下的失速速度是已知/确定的;

(e) 飞行员应熟悉并讲评非正常的姿态改出程序。

(8) 应急程序:

如果感觉失去控制:通过降低正常发动机的推力或者增加"失效"发动机的推力来降低推力不对称以增加飞机速度。

i. THA 编号:282

(1) 条款号:23.149。

(2) 试验名称:V_{MCA}/V_{MCL}-静态。

(3) 试验描述:

见 AC23-8B

(a) V_{MCA}:

$\underline{1}$ 最不利重心位置(通常为后重心);

$\underline{2}$ 起飞配平;

$\underline{3}$ 最小总重以获得最小的失速速度;

$\underline{4}$ 最临界的起飞构型;

$\underline{5}$ 滚转角最大 5°(申请人选择);

$\underline{6}$ 考虑横向燃油不平衡。

(b) 所有飞机,除了最大重量小于或等于 6000 lb 的活塞发动机飞机,必须满足以下(V_{MCL})：

<u>1</u> 进场构型和复飞推力；

<u>2</u> 最不利重心位置(通常为后重心)；

<u>3</u> 进场配平；

<u>4</u> 最小总重以获得最小失速速度；

<u>5</u> 最临界的进场构型；

<u>6</u> 如果适用,螺旋桨风车或顺桨；

<u>7</u> 滚转角最大5°(申请人选择)。

(4) 危险：发动机失效。

(5) 风险等级：高。

(6) 原因：

(a) 机械故障；

(b) 供油不足。

(7) 降低风险措施：

(a) 回顾飞机飞行手册中发动机重起和单发操纵程序；

(b) 禁止在低于离地高度一定值以下的高度下进行试验,如果失去所有推力,此项要求可以提供一定的高度以重起发动机。

(c) 初次试验手动选择燃油泵至开位；

(d) 确定终止试验的最小油量；

(e) 目视飞行气象条件且地面可见。

j. THA 编号：283

(1) 条款号：23.149(f)。

(2) 试验名称：V_{MCG}。

(3) 试验描述：

(a) 作为申请人的选择,为符合 23.51(c)(1)段的要求,测量 V_{MCG}；

(b) 试验从高速到低速；

(c) 最不利的情况是小重量和后重心；

(d) 前轮转弯断开或抬前轮模拟湿滑跑道；

(e) 不使用差动刹车；

(f) 至少切断燃油一次以便确定与慢车油门的差别。

见 AC 23 - 8B(这里没有多少指导),建议参考 AC25 - 7C 第 23 条 b(3)段。

(4) 危险：发动机损坏/失效。

(5) 风险等级：高。

(6) 原因：

(a) 对切断油门的反应；

(b) 过大的偏航引起发动机喘振。

（7）降低风险措施：

（a）试飞员熟悉飞机；

（b）在模拟机或相似机型先进行试验；

（c）进行降低推力不对称的检查（例如：发动机瞬间转入慢车）；

（d）从远高于预期最小操纵速度的速度点开始切断油门，逐步降低速度进行多次试验；

（e）如果不能控制飞机的航向，减小正常工作发动机的油门至慢车位，并在跑道上中止。即使飞机即将偏离跑道，不应在低速下将飞机强行拉起至空中；

（f）如有需要接通前轮转弯进行航向控制。前轮转弯接通时，确认方向舵脚蹬接近中立位置，以避免大的偏航输入；

（g）所有的试验需在白天、目视飞行气象条件下，在平整、硬质表面的干跑道上进行。任何方向的风速不大于 5 kn，不允许顺风；

（h）实时监控发动机关键参数；

（i）熟悉程序（推油门继续，拉油门停止）；

（j）最小机组且佩戴头盔和手套；

（k）飞行机组熟悉应急撤离程序；

（l）选择足够长和宽的跑道进行试验；

（m）所有车辆和人员需距离跑道至少 400 ft；

（n）地面支援人员需准备好支援设备，如冷却风扇；

（o）应急出口可用且功能正常。

（8）应急程序：

前轮转弯接通，收油门至慢车位以最小化推力不对称，如有需要，使用所有的飞行控制、刹车和前轮转向以重获飞机控制。

k. THA 编号：284

（1）条款号：23.149。

（2）试验名称：$V_{\mathrm{MCA}}/V_{\mathrm{MCL}}$-动态。

（3）试验描述：

见 AC23-8B。

（a）V_{MCA}：

$\underline{1}$　最不利重心位置（通常为后重心）；

$\underline{2}$　起飞配平；

$\underline{3}$　最小总重以获得最小的失速速度；

$\underline{4}$　最临界的起飞构型；

$\underline{5}$　滚转角最大 5°（申请方的选择）；

$\underline{6}$　考虑横向燃油不平衡。

（b）所有飞机，除了最大重量小于或等于 6 000 lb 的活塞发动机飞机，必须满足以下(V_{MCL})：

　　1　进场构型和复飞推力；

　　2　最不利重心位置(通常为后重心)；

　　3　进场配平；

　　4　最小总重以获得最小失速速度；

　　5　最临界的进场构型；

　　6　如果适用,螺旋桨风车或顺桨；

　　7　滚转角最大 5°(申请人选择)。

　　(c) 动态：

　　1　V_{MCA}/V_{MCL} 时发动机失效；

　　2　考虑反应时间；

　　3　航向变化不超过 20°。

　　(4) 危险：发动机失效。

　　(5) 风险等级：高。

　　(6) 原因：

　　(a) 机械故障；

　　(b) 供油不足。

　　(7) 降低风险措施：

　　(a) 回顾飞机飞行手册中发动机重起和单发操纵程序。

　　(b) 禁止在低于地面一定的高度以下进行试验。如果失去所有推力,此项要求可以提供一定的高度以重起发动机。

　　(c) 初次试验手动选择燃油泵至开位。

　　(d) 机组进行试验前在模拟器上进行演练。

　　(e) 最小机组。

　　(f) 确定终止试验的最小油量。

　　(g) 天气：目视气象条件,地面可见。

　　(h) 最小可用燃油量限制在一定值。

l. THA 编号：286

　　(1) 条款号：23.149。

　　(2) 试验名称：V_{MCG}。

　　(3) 试验描述：

　　(a) 作为申请人的选择,为符合 23.51(c)(1)段的要求,测量 V_{MCG}；

　　(b) 试验从高速到低速；

　　(c) 最不利的情况是轻重量和后重心；

　　(d) 前轮转弯断开或抬前轮模拟湿滑跑道；

　　(e) 不使用差动刹车；

(f) 至少切断燃油一次以便确定与慢车油门的差别。

见 AC 23-8B(无可参考内容),建议参考 AC25-7C 第 23 条 b(3)段。

(4) 危险:飞机偏离跑道。

(5) 风险等级:高。

(6) 原因:

(a) 轮胎失效/起落架坍塌;

(b) 推力不对称;

(c) 主飞行控制失效;

(d) 地面最小操纵速度大于理论分析。

(7) 降低风险措施:

(a) 试飞员熟悉试验飞机;

(b) 在模拟器或相似机型进行预演;

(c) 推力不对称由小逐步加大(例如:发动机切断到慢车);

(d) 从远高于理论分析的最小操纵速度的速度点开始切断油门,逐步降低速度进行多次试验;

(e) 如果不能控制飞机的航向,减小正常工作发动机的油门至慢车位,并在跑道上停止。即使飞机已接近偏离跑道,不应在低速度下将飞机强行拉起到空中;

(f) 对于航向控制,如有需要或有效情况下可接通前轮转弯。前轮转弯接通时,确认方向舵脚蹬接近中立位置,以避免大的偏航输入;

(g) 所有的试验需在目视飞行气象条件下,在平整、硬质表面的干跑道上进行。任何方向的风速不大于 5 kn,且不允许有顺风;

(h) 实时监控关键参数(轮胎温度、起落架载荷、发动机状态、跑道中心线偏差等);

(i) 飞行前准备会讲解试验程序(推油门继续,收油门停止);

(j) 试验间隙期间检查机轮,轮胎和刹车;

(k) 最小机组佩戴头盔和手套;

(l) 飞行机组熟悉应急撤离程序;

(m) 选择足够长和宽的跑道进行试验;

(n) 所有车辆和人员需距离跑道至少 400 ft;

(o) 地面支援人员需准备好支援设备,如冷却风扇;

(p) 应急出口可用且功能正常。

(8) 应急程序:接通前轮转弯(如果可用),减小推力至慢车位以降低任何的推力不对称。如有需要,应用所有的控制装置、刹车和前轮转弯以恢复控制。

22. 第 23.151 条 特技机动【备用】

23. 第 23.153 条 着陆操纵【备用】

24. 第 23.155 条 机动飞行中升降舵的操纵力【备用】

25. 第 23.157 条 滚转率【备用】

第 5 节 配 平

26. 第 23.161 条 配平

a. THA 编号:248

(1) 条款号:23.161。

(2) 试验名称:配平。

(3) 试验描述:见联邦规章法典 14，23.161 和 AC 23-8B 第 2 章,第 63 条。

(a) 目的是表明配平能力足够,以避免飞行员过度疲劳或者因施加超过 23.143c 指定的长期的操纵力而导致的注意力分散;

(b) 非通勤类的飞机必须在一个巡航速度下进行无操纵力的横向和航向配平;

(c) 考虑到因行李或燃油装载而引起的横向不对称,通勤类飞机必须在一些速度范围内进行横、航向配平;

(d) 所有符合 23 部的飞机必须能够完成爬升、进近和平飞状态下的纵向配平;

(e) 在 23.67 的试验中,单发失效爬升,非通勤类飞机必须能够使用小于 5 lb 的横向配平力实现纵向和航向配平;

(f) 在 23.57 的试验中,单发失效,起飞航迹,非通勤类飞机必须能够减少纵向操纵力至 10 lb,横向操纵力至 5 lb,航向操纵力至 50 lb。

(4) 危险:失去控制。

(5) 风险等级:中。

(6) 原因:

(a) 横向重心大幅偏移导致横向操纵效率降低。

(b) 发动机失效对横航向操纵效率的影响。

(7) 降低风险措施:

使用逐步逼近的方法:

(a) 对称推力试验点先于不对称推力试验点;

(b) 无横向重心偏移试验先于横向重心偏移试验点;

(c) 慢车不对称推力试验点先于发动机关闭试验点;

(d) 高速试验点先于低速试验点(更大的操纵效率);

(e) 如果达到配平最大权限终止试验。

b. THA 编号:249

(1) 条款号:23.161。

(2) 试验名称:配平。

(3) 试验描述:见联邦规章法典 14,23.161 和 AC 23 - 8B 第 2 章,第 63 条。

(a) 目的是表明配平能力足够,以避免飞行员过度疲劳或者因施加超过 23.143c 指定的长期的操纵力而导致的注意力分散;

(b) 试飞条件必须包括临界重心,通常低速为前重心、高速为后重心;

(c) 非通勤类的飞机必须在一个巡航速度下进行无操纵力的横向和航向配平;

(d) 考虑到因行李或燃油装载而引起的横向不对称,通勤类飞机必须在一些速度范围内进行横、航向配平;

(e) 所有符合 23 部的飞机必须能够实现爬升、进近和平飞状态下的纵向配平;

(f) 在 23.67 的试验,单发失效爬升,非通勤类飞机必须能够使用小于 5 lb 的横向配平力实现纵向和航向配平;

(g) 在 23.57 的试验,单发失效,起飞航迹,非通勤类飞机必须能够减少纵向操纵力至 10 lb,横向操纵力至 5 lb,航向操纵力至 50 lb。

(4) 危险:工作发动机失效。

(5) 风险等级:中。

(6) 原因:

(a) 非标准的燃油程序或者横向不对称所需的燃油加载引起的供油不足;

(b) 单发失效试验中,低速下工作发动机长时间高功率运行而导致发动机过热。

(7) 降低风险措施:

(a) 任何非常规的燃油操作程序都要充分熟悉;

(b) 确定最低燃油量并全程监控;

(c) 试验中全程重点监控气缸盖温度、排气温度、滑油温度;

(d) 如果任何温度接近限制,终止高功率试验并增加空速(通过下降)来冷却发动机。

第 6 节　稳　定　性

27. 第 23.171 条　总则【备用】

28. 第 23.173 条　纵向静稳定性

a. THA 编号:250

(1) 条款号:23.173。

（2）试验名称：纵向静稳定性。

（3）试验描述：见 23.173，23.175 和 AC 23 - 8B 第 2 章 71 和 72 段。

（a）在平稳气流中、临界重心（通常为极限后重心），下列情况下配平：

1 爬升构型、速度和推力；

2 巡航构型、低高度和高高度的典型巡航速度；

3 着陆构型，V_{REF}、发动机停车和带功率。

（b）保持在初始配平的 2 000 ft 高度内，不改变推力和配平，改变速度。以上条件下需要速度的改变量如下：

1 配平速度的±15%；

2 ±15%或 40 kn，取大者（通勤飞机为 50 kn）；

3 1.1V_{SI} 至 1.8V_{SI}。

（c）巡航中速度的演示范围必须覆盖整个可达到的 1.3V_{SI} 至 V_{NE} 或 V_{FC}/M_{FC} 的速度范围。

（4）危险：失去控制。

（5）风险等级：中。

（6）原因：重心包线扩展期间低杆力梯度引起的过渡操控导致的驾驶员诱发振荡、过载超限或失速。

（7）降低风险措施：

（a）重心包线应向后逐步扩展。在向更后重心扩展之前，飞行员有在前一重心状态下扩展重心包线的经验。

（b）配重系统应由两个操作人员独立确认。

（c）后重心扩展试验点：

1 所需最小机组上机；

2 机组戴降落伞和头盔；

3 地面风速低于一定值（根据降落伞型号）；

4 从意外失速中改出的足够高度。

b. THA 编号：251

（1）条款号：23.173。

（2）试验名称：纵向静稳定性。

（3）试验描述：见 23.173，23.175 和 AC 23 - 8B 第 2 章 71 和 72 段。

（a）在平稳气流中、临界重心（通常为极限后重心），下列情况下配平：

1 爬升构型、速度和推力；

2 巡航构型、低高度和高高度的典型巡航速度；

3 着陆构型，V_{REF}、发动机停车和带功率。

（b）保持在初始配平的 2 000 ft 高度内，不改变推力和配平，改变速度。以上条件下需要速度的改变量如下：

<u>1</u>　配平速度的±15%；

<u>2</u>　±15%或40 kn,取大者(通勤飞机为50 kn)；

<u>3</u>　$1.1V_{S1}$至$1.8V_{S1}$。

(c) 巡航中速度的演示包线必须覆盖整个可达到的$1.3V_{S1}$至V_{NE}或V_{FC}/M_{FC}的速度范围。

(4) 危险:结构损伤。

(5) 风险等级:高。

(6) 原因:

(a) 尝试采集数据时间外超出起落架或襟翼限制速度；

(b) 跨声速时皮托管静压误差导致超出计划的速度或马赫数。

(7) 降低风险措施:

(a) 机组成员熟悉、回顾并遵守所有适当构型的速度限制(V_{FE}，V_{LE}，V_{LO}，V_{MO}，V_{NE}，V_{FC}，M_{MO}，M_{FC})；

(b) 飞行前讲解全静压误差并计算指示目标试验速度；

(c) 回顾和熟悉高速改出程序；

(d) 如果结构损伤,做个操纵性能检查并着陆,尽可能减少构型变化。

c. THA 编号:252

(1) 条款号:23.173。

(2) 试验名称:纵向静稳定性。

(3) 试验描述:见 23.173,23.175 和 AC 23-8B 第 2 章 71 和 72 段。

(a) 在平稳气流中、临界重心(通常为极限后重心),下列情况下配平:

<u>1</u>　爬升构型、速度和推力；

<u>2</u>　巡航构型、低高度和高高度的典型巡航速度；

<u>3</u>　着陆构型,V_{REF}、发动机停车和带功率。

(b) 保持在初始配平的2000 ft高度内,不改变推力和配平,改变速度。以上条件下需要速度的改变量如下:

<u>1</u>　配平速度的±15%；

<u>2</u>　±15%或40 kn,取大者(通勤飞机为50 kn)；

<u>3</u>　$1.1V_{S1}$至$1.8V_{S1}$。

(c) 巡航中速度的演示范围必须覆盖整个可达到的$1.3V_{S1}$至V_{NE}或V_{FC}/M_{FC}的速度范围。

(4) 危险:失去控制。

(5) 风险等级:中。

(6) 原因:低速试验时意外失速。

(7) 降低风险措施:

(a) 熟悉失速速度和最小试验速度；

(b) 出现失速警告时终止试验；

(c) 选择允许失速改出的适当的最低高度。

d. THA 编号：253

(1) 条款号：23.173。

(2) 试验名称：纵向静稳定性。

(3) 试验描述：见 23.173，23.175 和 AC 23 - 8B 第 2 章 71 和 72 段。

(a) 在平稳气流中，临界重心（通常为极限后重心），下列情况下配平：

1 爬升构型、速度和推力；

2 巡航构型、低高度和高高度的典型巡航速度；

3 着陆构型、V_{REF}、发动机停车和带功率。

(b) 保持在初始配平的 2 000 ft 高度内，不改变推力和配平，改变速度。以上条件下需要速度的改变量如下：

1 配平速度的 ±15%；

2 ±15% 或 40 kn，取大者（通勤飞机为 50 kn）；

3 $1.1V_{S1}$ 至 $1.8V_{S1}$。

(c) 巡航中速度的演示范围必须覆盖整个可达到的 $1.3V_{S1}$ 至 V_{NE} 或 V_{FC}/M_{FC} 的速度范围。

(4) 危险：失去控制。

(5) 风险等级：高。

(6) 原因：

(a) 高速/高马赫数下未预期的飞行特性；

(b) 跨声速区全静压管误差导致超出目标状态。

(7) 降低风险措施：

(a) 回顾和熟悉高速改出程序，考虑每个俯仰力矩，包括：

1 减小推力；

2 扰流板打开；

3 机翼改到水平并拉杆。

(b) 用基于前支杆皮托管和尾锥静压的延迟修正后的试验马赫数来实施试验；

(c) 高于 V_{NE} 或 V_{MO}/M_{MO} 的试验点实施时：

1 安装了高速改出伞并处于可用状态；

2 最小机组上机；

3 机组佩戴降落伞和头盔；

4 地面风速低于一定值（由降落伞类型决定）。

29. 第 23.175 条纵向静稳定性的演示

a. THA 编号：254

(1) 条款号：23.175。

（2）试验名称:纵向静稳定性。

（3）试验描述:见 23.173,23.175 和 AC 23-8B 第 2 章 71 和 72 条。

（a）在平稳气流中,临界重心（通常为极限后重心）,下列情况下配平:

1 爬升构型、速度和推力;

2 巡航构型、低高度和高高度的典型巡航速度;

3 着陆构型、V_{REF}、发动机停车和带功率。

（b）保持在初始配平的 2 000 ft 高度内,不改变推力和配平,改变速度。以上条件下需要速度的改变量如下:

1 配平速度的±15%;

2 ±15%或 40 kn,取大者（通勤飞机为 50 kn）;

3 1.1V_{S1} 至 1.8V_{S1}。

（c）巡航中速度的演示范围必须覆盖整个 1.3V_{S1} 至 V_{NE} 或 V_{FC}/M_{FC} 的速度范围。

（4）危险:失去控制。

（5）风险等级:中。

（6）原因:重心范围扩展期间低杆力梯度引起的过渡操控导致的驾驶员诱发振荡（飞行员诱导振荡）、载荷超限或失速。

（7）降低风险措施:

（a）重心范围应向后逐步扩展。在向更后重心扩展之前,飞行员有在前一重心状态下扩展重心范围的经验;

（b）配重系统应由两个操作者独立确认;

（c）后重心扩展试验点:

1 所需最小机组上机;

2 机组佩戴降落伞和头盔;

3 地面风速低于一定值（由降落伞类型决定）;

4 意外失速改出的足够高度。

b. THA 编号:255

（1）条款号:23.175。

（2）试验名称:纵向静稳定性。

（3）试验描述:见 23.173,23.175 和 AC 23-8B 第 2 章 71 和 72 段。

（a）在平稳气流中、临界重心（通常为极限后重心）,下列情况下配平:

1 爬升构型、速度和推力;

2 巡航构型、低高度和高高度的典型巡航速度;

3 着陆构型、V_{REF}、发动机停车和带功率。

（b）保持在初始配平的 2 000 ft 高度内,不改变推力和配平,改变速度。以上条件下需要速度的改变量如下:

<u>1</u> 配平速度的±15%；

<u>2</u> ±15%或 40 kn,取大者(通勤飞机为 50 kn)；

<u>3</u> 1.1V_{S1} 至 1.8V_{S1}。

(c) 巡航中速度的演示范围必须覆盖整个可达到的 1.3V_{S1} 至 V_{NE} 或 V_{FC}/M_{FC} 的速度范围。

(4) 危险:结构损伤。

(5) 风险等级:高。

(6) 原因:

(a) 试验时意外超出起落架或襟翼限制速度；

(b) 跨声速全静压误差导致超出计划的速度或马赫数。

(7) 降低风险措施:

(a) 机组成员熟悉、回顾并遵守所有适当形态的速度限制(V_{FE},V_{LE},V_{LO},V_{MO},V_{NE},V_{FC},M_{MO},M_{FC})；

(b) 飞行前熟悉全静压误差并计算指示目标试验速度；

(c) 回顾和熟悉高速改出程序；

(d) 如果结构损伤,做个操纵性能检查并着陆,尽可能减少构型变化。

c. THA 编号:256

(1) 条款号:23.175。

(2) 试验名称:纵向静稳定性。

(3) 试验描述:见 23.173,23.175 和 AC 23-8B 第 2 章 71 和 72 条。

(a) 在平稳气流中,临界重心(通常为极限后重心),下列情况下配平:

<u>1</u> 爬升构型、速度和推力；

<u>2</u> 巡航构型、低高度和高高度的典型巡航速度；

<u>3</u> 着陆构型,V_{REF},发动机停车和带功率。

(b) 保持在初始配平的 2000 ft 高度内,不改变推力和配平,改变速度。以上条件下需要速度的改变量如下:

<u>1</u> 配平速度的±15%；

<u>2</u> ±15%或 40 kn,取大者(通勤飞机为 50 kn)；

<u>3</u> 1.1V_{S1} 至 1.8V_{S1}。

(c) 巡航中速度的演示范围必须覆盖整个可达到的 1.3V_{S1} 至 V_{NE} 或 V_{FC}/M_{FC} 的速度范围。

(4) 危险:失去控制。

(5) 风险等级:中。

(6) 原因:低速试验状态的意外失速。

(7) 降低风险措施:

(a) 熟悉失速速度和最小试验速度；

(b) 失速警告时终止试验；

(c) 选择允许失速改出的适当的最低高度。

d. THA 编号:257

(1) 条款号:23.175。

(2) 试验名称:纵向静稳定性。

(3) 试验描述:见 23.173,23.175 和 AC 23 - 8B 第 2 章 71 和 72 段。

(a) 在平稳气流中、临界重心(通常为极限后重心),下列情况下配平:

<u>1</u> 爬升构型、速度和推力;

<u>2</u> 巡航构型、低高度和高高度的典型巡航速度;

<u>3</u> 着陆构型、V_{REF}、发动机停车和带功率。

(b) 保持在初始配平的 2 000 ft 高度内,不改变推力和配平,改变速度。以上条件下需要速度的改变量如下:

<u>1</u> 配平速度的±15%;

<u>2</u> ±15%或 40 kn,取大者(通勤飞机为 50 kn);

<u>3</u> 1.1V_{S1}至 1.8V_{S1}。

(c) 巡航中速度的演示范围必须覆盖整个可达到的 1.3V_{S1}至 V_{NE}或 V_{FC}/M_{FC}的速度范围。

(4) 危险:失去控制。

(5) 风险等级:高。

(6) 原因:

(a) 高速/高马赫数下未预期的飞行特性。

(b) 跨声速区全静压管误差导致超出目标状态。

(7) 降低风险措施:

(a) 回顾和熟悉高速改出程序,考虑每个俯仰力矩,包括:

<u>1</u> 推力降低;

<u>2</u> 扰流板打开;

<u>3</u> 机翼改到水平并拉杆。

(b) 用基于前支杆总压和拖锥静压的延迟修正后的试验马赫数来实施试验。

(c) 高于 V_{NE}或 V_{MO}/M_{MO}的试验点实施:

<u>1</u> 安装了高速改出伞并处于可用状态;

<u>2</u> 所需最小机组上机;

<u>3</u> 机组戴降落伞和头盔;

<u>4</u> 地面风速低于一定值(由降落伞类型决定)。

30. 第 23.177 条　航向和横向静稳定性

a. THA 编号:285

(1) 条款号:23.177。

（2）试验名称：水平转弯。

（3）试验描述：

（a）飞机配平在要求的构型；

（b）使飞机缓慢偏航直至方向舵全偏；

（c）用副翼保持机翼水平；

（d）释放方向舵。

（4）危险：发动机失效。

（5）风险等级：中。

（6）原因：长时间大侧滑角下的供油不足。

（7）降低风险措施：

（a）应监控燃油压力和燃油流量，如果发现压力和流量有任何减少，侧滑应至少停止 30 s；

（b）试验应至少在一定离地高度（AGL）进行。

b.　THA 编号：287

（1）条款号：23.177。

（2）试验名称：水平转弯。

（3）试验描述：

（a）飞机配平在要求的构型；

（b）使飞机缓慢偏航直至方向舵全偏；

（c）用副翼保持机翼水平；

（d）释放方向舵。

（4）危险：失去控制。

（5）风险等级：中。

（6）原因：

（a）错误控制输入；

（b）飞控系统部件机械故障。

（7）降低风险措施：

（a）平稳的施加操纵输入；

（b）注意操纵力减轻；

（c）如果飞机响应和预期的相反，终止试验；

（d）最小离地高度为一定值或更高；

（e）大于 V_A 速度时不能使副翼和方向舵满偏；

（f）用恒定的飞机高度来保持空速。

（8）应急措施：

（a）采用失速/非正常姿态改出程序；

（b）如果无法恢复控制，放弃飞机（如果可适用）；

(c) 减速至最低可用速度(低于 V_A),返回直至着陆;

(d) 如果出现结构损伤,不要改变飞机构型。

c. THA 编号:288

(1) 条款号:23.177。

(2) 试验名称:机翼上仰。

(3) 试验描述:AC 23-8B,23.177a 和 b 部分:

(a) 操纵飞机滚转到合适角度以形成定常直线侧滑,但不小于 10°滚转角而且方向舵满反舵(为达到 10°滚转角,如需要可以改变航向)。

(b) 大于 $1.2V_{S1}$(起飞构型)或大于 $1.3V_{S1}$(其他构型)速度下增加推力至 75%最大连续推力。

(c) 松开副翼。

(4) 危险:失去控制。

(5) 风险等级:中。

(6) 原因:

(a) 错误控制输入。

(b) 飞控系统部件机械故障。

(7) 降低风险措施:

(a) 平稳的施加操纵输入;

(b) 注意操纵力减轻;

(c) 如果飞机响应和预期的相反,终止试验;

(d) 最小离地高度为一定值或更高;

(e) 大于 V_A 速度时不能使副翼和方向舵满偏;

(f) 用恒定的飞机高度来保持空速。

(8) 应急措施:

(a) 采用失速/非正常姿态改出程序;

(b) 如果无法恢复控制,放弃飞机(如果可适用);

(c) 减速至最低可用速度(低于 V_A),返回直至着陆;

(d) 如果出现结构损伤,不要改变飞机构型。

d. THA 编号:289

(1) 条款号:23.177。

(2) 试验名称:水平转弯。

(3) 试验描述:AC 23-8B,23.177a 和 b 部分:

(a) 飞机配平在要求的构型;

(b) 使飞机缓慢偏航直至方向舵全偏;

(c) 用副翼保持机翼水平;

(d) 松开方向舵。

(4) 危险:结构失效。

(5) 风险等级:中。

(6) 原因:

(a) 错误的控制输入;

(b) 飞控系统部件机械故障。

(7) 降低风险措施:

(a) 平稳的施加操纵输入;

(b) 注意操纵力减轻;

(c) 如果飞机响应和预期的相反,终止试验;

(d) 最小离地高度为一定值或更高;

(e) 大于 V_A 速度时不能使副翼和方向舵满偏;

(f) 用恒定的飞机高度来保持空速。

(8) 应急措施:

(a) 采用失速/非正常姿态改出程序;

(b) 如果无法恢复控制,放弃飞机(如果可适用);

(c) 减速至最低可用速度(低于 V_A),返回直至着陆;

(d) 如果出现结构损伤,不要改变飞机构型。

e. THA 编号:290

(1) 条款号:23.177。

(2) 试验名称:机翼上仰。

(3) 试验描述:AC 23 - 8B, 23.177a 和 b 部分。

(a) 使飞机滚转到合适角度以形成定常直线侧滑,但不小于 $10°$ 滚转角而且方向舵满反舵(为达到 $10°$ 滚转角,航向如需要可以改变)。

(b) 大于 $1.2V_{S1}$(起飞构型)或大于 $1.3V_{S1}$(其他构型)速度下施加推力至 75% 最大连续推力。

(c) 释放副翼。

(4) 危险:结构失效。

(5) 风险等级:中。

(6) 原因:

(a) 错误的控制输入;

(b) 飞控系统部件机械故障。

(7) 降低风险措施:

(a) 平稳的施加操纵输入;

(b) 注意操纵力减轻;

(c) 如果飞机响应和预期的相反,终止试验;

(d) 最小离地高度为一定值或更高;

（e）大于 V_A 速度时不能使副翼和方向舵满偏；

（f）用恒定的飞机姿态来获得空速控制。

（8）应急措施：

（a）实施失速/非正常姿态改出程序；

（b）如果无法恢复控制，放弃飞机（如果可适用）；

（c）减速至最低可用速度（低于 V_A），返回直至着陆；

（d）如果出现结构损伤，不要改变飞机构型。

f. THA 编号：291

（1）条款号：23.177。

（2）试验名称：稳定直线侧滑。

（3）试验描述：AC 23-8B 23.177 a 和 b 节。

（a）用滚转平衡方向舵输入以保持恒定的航向；

（b）通常分步进行（1/4，1/2，3/4，满舵或 150 lb），速度在 $1.2V_{S1}$ 和 V_A 之间。方向舵和副翼操纵行程和力在正常侧滑范围内基本线性；

（c）超出正常范围，方向舵偏度的小量增加导致侧滑角的增加。直至满蹬舵或 150 lb 力，脚蹬力可能减轻但不会反向；

（d）保持允许的最大横向燃油不平衡。

（4）危险：结构失效。

（5）风险等级：中。

（6）原因：

（a）错误的控制输入；

（b）飞控系统部件机械故障。

（7）降低风险措施：

（a）不超过迎角限制；

（b）平稳的施加操纵输入；

（c）注意操纵力减轻；

（d）如果飞机响应和预期的相反，终止试验；

（e）试飞机组熟悉飞机失速改出技术和发动机重起程序；

（f）限制飞机侧滑角度在过载包线内（试验前明确过载限制）；

（g）最小离地高度为一定值或更高。

（8）应急措施：

（a）实施失速/非正常姿态改出程序；

（b）如果无法恢复控制，放弃飞机（如果适用）；

（c）减速至最低可用速度（低于 V_A），返回直至着陆；

（d）如果出现结构损伤，不要改变飞机构型。

g. THA 编号：292

（1）条款号：23.177。

(2) 试验名称:稳定直线侧滑。

(3) 试验描述:AC 23 - 8B 23.177 a 和 b 部分。

(a) 用滚转平衡方向舵输入以保持恒定的航向;

(b) 通常分步进行(1/4,1/2,3/4,满舵或 150 lb),速度在 1.2V_{S1} 和 V_A 之间。方向舵和副翼操纵行程和力在正常侧滑范围内基本线性;

(c) 超出正常范围,方向舵偏度的小量增加导致侧滑角的增加。直至满蹬舵或 150 lb 力,脚蹬力可能减轻但不会反向;

(d) 保持允许的最大横向燃油不平衡。

(4) 危险:发动机失效。

(5) 风险等级:中。

(6) 原因:长时间侧滑导致的供油不足引起发动机熄火。

(7) 降低风险措施:

(a) 试飞机组熟悉失速改出技术和发动机重起程序。

(b) 如果适用,初始侧滑试验中发动机接通点火开关。

(c) 每侧机翼应有一定量的最小燃油。

(d) 保证备用燃油泵是接通的。

(e) 交叉供油断开。

(f) 应监控燃油压力和燃油流量,如果监测到压力减小,应终止侧滑至少 30 s。

(g) 试验最小高度为一定的离地高度。

h. THA 编号:293

(1) 条款号:23.177。

(2) 试验名称:稳定直线侧滑。

(3) 试验描述:AC 23 - 8B 23.177 a 和 b 部分。

(a) 用滚转平衡脚蹬力以保持恒定的航向;

(b) 通常分步进行(1/4,1/2,3/4,满舵或 150 lb),速度在 1.2V_{S1} 和 V_A 之间。方向舵和副翼操纵行程和力在正常侧滑范围内基本线性;

(c) 超出正常范围,方向舵偏度的小量增加导致侧滑角的增加。直至满蹬舵或 150 lb 力,脚蹬力可能减轻但不会反向;

(d) 保持允许的最大横向燃油不平衡。

(4) 危险:失去控制。

(5) 风险等级:中。

(6) 原因:

(a) 不对称推力条件;

(b) 超出侧滑限制;

(c) 超出控制权限;

(d) 控制系统部件的机械故障；

(e) 静压误差。

(7) 降低风险措施：

(a) 试验前同所有试验参与者检查关键的试验条件和相关风险；

(b) 在模拟机上演习关键试验条件和改出技术；

(c) 横向/航向操纵品质试验时先进行全发工作试验再进行发动机失效试验；

(d) 实时监控关键参数；

(e) 谨慎地逐步增加侧滑角；

(f) 注意控制力减轻；

(g) 缓慢松开控制；

(h) 侧滑时检查姿态作为空速的关联检查；

(i) 在最大侧滑限制时终止试验；

(j) 复习不正常姿态的改出；

(k) 试验最小离地高度为一定值。

(8) 应急措施：

(a) 采用失速/不正常姿态的改出程序；

(b) 如果无法恢复控制，放弃飞机(如果适用)；

(c) 减速至最低可用速度(低于 V_A)，返回直至着陆；

(d) 如果出现结构损伤，不要改变飞机构型。

i. THA 编号：294

(1) 条款号：23.177。

(2) 试验名称：机翼上仰。

(3) 试验描述：AC 23‐8B，23.177a 和 b 部分。

(a) 使飞机滚转到合适角度以形成稳定直线侧滑，但不小于 10°滚转角而且方向舵满反舵(为达到 10°滚转角，航向若需要可以改变)；

(b) 大于 $1.2V_{S1}$(起飞构型)或大于 $1.3V_{S1}$(其他形态)速度下增加推力至 75% 最大连续推力；

(c) 释放副翼。

(4) 危险：发动机失效。

(5) 风险等级：中。

(6) 原因：长时间大侧滑下供油不足。

(7) 降低风险措施：

(a) 燃油压力和燃油流量应监控，如果发现压力和流量有任何减少，侧滑应至少停止 30 s；

(b) 试验应在一定的离地高度(AGL)进行。

31. ［第 23.179 条　删除］

32. 第 23.181 条　动稳定性

a. THA 编号:231

(1) 条款号:23.181(b)。

(2) 试验名称:荷兰滚。

(3) 试验描述:按照 AC 23-8B 中 23.181 动稳定性第 75 条(e,f 和 h):

(a) 试验应该视情况在失速速度和构型最大允许速度范围内进行,构型最大允许速度指 V_{FE},V_{LE},V_{NE} 或者 V_{FC}/M_{FC};

(b) 试验应该在控制面固定和松浮状态下都进行;

(c) 周期左右方向舵脉冲输入然后控制回中,接着固定或者松浮控制,通常能获得最好的荷兰滚数据;

(d) 另一方法是从稳定侧滑中快速松开。一旦控制回归到配平点,对于控制面松浮的荷兰滚则释放控制面,对于控制面固定的荷兰滚则固定控制面;

(e) 如果飞机装备了增稳系统,应该评估其失效对相应模态的影响。

(4) 危险:失去控制。

(5) 风险等级:中。

(6) 原因:

(a) 由于低于预期的横向稳定性,侧滑角快速增加;

(b) 在大迎角和大侧滑情况下较低的动稳定性。

(7) 降低风险措施:

(a) 使用逐步逼近的方法

<u>1</u> 初始使用小幅度方向舵输入。然后方向舵幅值逐渐增加到能够激发荷兰滚模态的最小值;

<u>2</u> 初始应该先在包线中间区域(低迎角、中速度、低马赫数)进行。包线扩展仅在初始结果和预期值比较后进行;

<u>3</u> 试验先进行飞机前重心,后进行后重心;

(b) 确定滚转角和偏航角限制值,如果在自由响应期间达到限制值或者超过限制值,手动恢复;

(c) 监控振荡,如果运动是中性阻尼或者发散,则手动恢复飞机;

(d) 在机动时,全程监控侧滑;

(e) 如果适用,失速改出伞应该确保功能正常并且可使用;

(f) 试飞机组应该熟悉失速改出技术和失速改出伞操作。

b. THA 编号:232

(1) 条款号:23.181(a)。

（2）试验名称：短周期。

（3）试验描述：按照 AC 23-8B 中 23.181 动稳定性第 75 条(b)。

（a）短周期试验条件和构型要求和纵向静稳定性试验一样；

（b）纵向倍脉冲被认为是激发短周期的最优方法；然而，脉冲也能采用但是通常会同时激发出长周期运动；

（c）操纵面固定（在倍脉冲或脉冲之后限制控制在配平位置）和操纵松浮（在操纵回到配平点后释放）两种情况都做试验。

（4）危险：结构损伤。

（5）风险等级：中。

（6）原因：

（a）由于未预期的气动响应导致的操纵过渡；

（b）阻尼过小的短周期运动引起的驾驶员诱发振荡；

（c）电子飞行控制系统异常。

（7）降低风险措施。

（a）使用逐步逼近的方法：

1　初始使用小幅值纵向倍脉冲，然后方向舵幅值逐渐增加到能够激发俯仰响应的最小值；

2　初始应该先在包线中间区域（低迎角、中速度、低马赫数）进行。包线扩展仅在初始结果和预期值比较后进行；

3　试验先进行飞机前重心，后进行后重心；

（b）试验应该在一个合适的高度进行，使得在驾驶员诱发振荡事件中，控制面能够被释放或固定。

c. THA 编号：233

（1）条款号：23.181(b)。

（2）试验名称：荷兰滚。

（3）试验描述：按照 AC 23-8B 中 23.181 动稳定性第 75 条。

（a）需要进行短周期、荷兰滚和长周期试验；

（b）短周期和长周期的试验条件和构型可以和纵向静稳定性的一致；

（c）俯仰和偏航倍脉冲是激发短周期和荷兰滚的最优方法，然而稳定侧滑后的脉冲也可以使用。对于长周期试验，在速度变化实现后，舵面回到初始位置然后释放；

（d）试验应该进行到最大允许速度，最大允许速度指 V_{FE}，V_{LE}，V_{NE} 或者 V_{FC}/M_{FC}；

（e）如果飞机装有增稳系统，应该评估其失效对相应模态的影响。

（4）危险：发动机熄火。

（5）风险等级：中。

（6）原因：

（a）由于低于预期的横向稳定性,侧滑角快速增加;

（b）在大迎角和大侧滑情况下较低动稳定性;

（c）大侧滑角时发动机进气口流场(下风侧)扭曲。

（7）降低风险措施：

（a）使用逐步逼近的方法;

<u>1</u> 初始使用小幅度方向舵输入,然后方向舵幅值逐渐增加到能够激发荷兰滚模态的最小值;

<u>2</u> 试验开始时应该先在包线中间区域(低迎角、中速度、低马赫数)进行。包线扩展仅在初始结果和预期值比较后进行;

<u>3</u> 试验先进行飞机前重心后进行后重心。

（b）建立滚转角和偏航角限制值,如果在自由响应期间达到限制值或者超过限制值,手动恢复;

（c）监控振荡,如果运动是中性阻尼或者发散,则手动恢复飞机;

（d）在机动时,全程监控侧滑;

（e）如果适用,失速改出伞应该确保功能正常并且可用;

（f）试飞机组应该熟悉失速改出技术、失速改出伞操作和发动机重新点火程序;

（g）飞行讲评应该强调发动机重新点火步骤;

（h）如果适用,试验开始时应该在 APU 工作和发动机点火启动的情况下进行。

d. THA 编号:234

（1）条款号:23.181(b)。

（2）试验名称:荷兰滚。

（3）试验描述:据 AC 23-8B 中 23.181 动稳定性第 75 条。

（a）需要进行短周期、荷兰滚和长周期试验;

（b）短周期和长周期的试验条件和构型可以和纵向静稳定性的一致;

（c）俯仰和偏航倍脉冲是激发短周期和荷兰滚的最优方法,然而稳定侧滑后的脉冲也可以使用。对于长周期试验,在速度变化实现后,舵面回到初始位置然后释放;

（d）试验应该进行到最大允许速度,最大允许速度指 V_{FE},V_{LE},V_{NE} 或者 V_{FC}/M_{FC};

（e）如果飞机装有增稳系统,应该评估其失效对相应模态的影响。

（4）危险:结构损伤。

（5）风险等级:中。

（6）原因：

（a）由于低于预期的横向稳定性,侧滑角快速增加;

（b）在大迎角和大侧滑情况下较低动稳定性;

（c）在高速飞行中可能超过预期的侧滑角和尾翼载荷。

（7）降低风险措施。

（a）使用逐步逼近的方法：

1 初始使用小幅度方向舵输入，然后方向舵幅值逐渐增加到能够激发荷兰滚模态的最小值；

2 试验应该首先在包线中间区域（低迎角、中速度、低马赫数）进行。包线扩展仅在初始结果和预期值比较后再进行；

3 试验先进行飞机前重心后进行后重心。

（b）确定滚转角和偏航角限制值，如果在自由响应期间达到限制值或者超过限制值，手动恢复；

（c）监控振荡，如果运动是中性阻尼或者发散，则手动恢复飞机；

（d）在机动时，全程监控侧滑；

（e）如果适用，失速改出伞应该确保功能正常并且可使用；

（f）试飞机组应该熟悉失速改出技术和失速改出伞操作；

（g）实时监控机尾载荷；

（h）限制侧滑角在尾翼载荷包线内。

e. THA 编号：235

（1）条款号：23.181。

（2）试验名称：长周期。

（3）试验描述：据 AC 23-8B 中 23.181 动稳定性第 75 条（c）段。

（a）长周期的试验条件和构型可以和纵向静稳定性试验的一样；

（b）咨询通告（AC 23-8B）表明速度应该通过一个缓慢的俯仰脉冲来改变 10%，然后在松杆之前回到配平位置。CFR23.181（d）表明速度应该改变至少 15% 然后松杆。

（4）危险：失去控制。

（5）风险等级：中。

（6）原因：飞机运动发散导致危险。

（7）降低风险措施：

（a）使用逐步逼近的方法；

1 初始试验应该在包线中间区域（低迎角，中等速度，小马赫数）进行。

2 在包线中间内确定满意的特性后再进行高速和低速试验。

（b）监控振荡，如果运动是中性的或者发散，必须在危险事态进一步发展之前手动改出；

（c）高速试验在松杆之前先加速。低速试验通过初始慢速来进行，如果运动非周期发散，则试验可以且应当立刻中止。

第 7 节　失　速

33. 第 23.201 条　机翼水平失速

a. THA 编号：260

（1）条款号：23.201。

（2）试验名称：确定失速特性。

（3）试验描述：见 AC23 – 8B 第 2 章第 86 条。

（a）螺旋桨起飞位，无动力（慢车）和带功率（75% 最大连续功率，除非导致极端仰角）；

（b）$1.5V_{S1}$ 配平；

（c）减速到高于失速速度 10 kn；

（d）以 1 kn/s 或更低减速率减速直到失速；

（e）失速定义为不可控低头、触发推杆或操纵杆到达后止动点 2 s。

（4）危险：发动机损伤。

（5）风险等级：中。

（6）原因：低速时长时间的大功率运行导致发动机过热。

（7）降低风险措施：

（a）所需最小机组上机；

（b）飞行中监控汽缸盖温度、排气温度；

（c）如果任何温度接近限制值，终止大功率试验，并增加空速（通过下降）来冷却发动机；

（d）如果温度超过限制值，尽快着陆。

b. THA 编号：261

（1）条款号：23.201。

（2）试验名称：确定失速特性。

（3）试验描述：见 AC 23 – 8B 第 2 章第 86 条。

（a）螺旋桨起飞位，无动力（慢车）和带功率（75% 最大连续功率，除非导致极端仰角）；

（b）$1.5V_{S1}$ 配平；

（c）减速到高于失速速度 10 kn；

（d）以 1 kn/s 或更低减速率减速直到失速；

（e）失速定义为不可控低头、推杆器推杆或操纵杆到达后止动点 2 s。

（4）危险：失去控制。

（5）风险等级：高。

（6）原因：

（a）未预期的气动特性；

（b）推杆器未能阻止飞机进入气动失速；

（c）不合适的操纵输入。

（7）降低风险措施：

（a）使用逐步逼近的方法进行失速试飞：

<u>1</u>　从最低风险到最高风险：

（aa）前重心、中重心、后重心；

（bb）不带动力先于带动力；

（cc）机翼水平失速先于转弯失速；

（dd）1kn/s 先于 3kn/s

<u>2</u>　如果超出 FAR 条款规定的滚转角和偏航角限制则立即终止逐步逼近试验。

（b）确定最低高度要求：

<u>1</u>　进入失速；

<u>2</u>　开始改出；

<u>3</u>　改出伞打开如果适用；

<u>4</u>　空中离机。

（c）按需在飞行前检查失速警告和推杆器。

（d）必须安装失速改出伞并保证功能正常、预位。按需进行飞行前和机动前改出伞检查。

（e）最小机组上机。

（f）必须安装应急离机系统并预位。飞行前和机动前检查该系统。

（g）机组按需佩戴头盔和降落伞。

（h）风速应小于一定值（取决于降落伞）。

（i）不要使用剧烈的输入进入失速，所有失速下侧滑球都处于中间位置。

（j）没有不对称推力的失速。

（k）如果飞行偏离控制则将油门杆收至慢车位、并将操纵杆置于中立位置。改出过程中不要增加推力直到速度增加到 $1.2V_S$。

c. THA 编号：262

（1）条款号：23.201。

（2）试验名称：确定失速特性。

（3）试验描述：见 AC 23 - 8B 第 2 章第 86 段。

（a）螺旋桨起飞位，无动力（慢车）和带功率（75% 最大连续功率，除非导致极端仰角）；

（b）$1.5V_{S1}$ 配平；

（c）减速到高于失速速度 10 kn；

(d) 以 1 kn/s 或更低减速率减速直到失速；

(e) 失速定义为不可控低头、推杆器推杆或操纵杆到达后止动点 2 s；

(4) 危险：工作发动机失效。

(5) 风险等级：高。

(6) 原因：

(a) 供油不足；

(b) 汽化器结冰；

(c) 发动机过热；

(d) （喷气机）进气畸变导致压气机失速。

(7) 降低风险措施：

(a) 确定最低进入高度；

(b) 监控发动机温度（气缸温度、排气温度、滑油温度）；

(c) 失速试验中不使用备用油箱；

(d) 如果发动机慢车超过 30 min，清理发动机（即增大发动机功率）；

(e) 如果发动机温度接近极限，降低功率和增加空速，带动力和无动力失速交替进行可能更好；

(f) （喷气机）先进行慢车失速，再进行带动力失速试验；

(g) （喷气机）一出现压气机工作特性变差，减小迎角并收油门至慢车（如果还没设置到慢车）；

(h) （喷气机）如果不能防止"不可逆转"的喘振，发动机关闭；

(i) （喷气机）只要有可能，试验中 APU 运行；

(j) （喷气机）通过遥测系统、机载测试系统或驾驶舱显示器实时监控关键测试参数，明确机组分工（CRM）和任务终止口令；

(k) （喷气机）试验开始时接通发动机点火和引气；

(l) （喷气机）所有失速试验是以小球在中心，并应在对称推力下进行。如果有可能，实时监控侧滑角明确机组分工（CRM）和任务终止口令。

34. 第 23.203 条　转弯飞行失速和加快转弯失速

a. THA 编号：263

(1) 条款号：23.203。

(2) 试验名称：确定失速特性。

(3) 试验描述：见 AC 23 - 8B 第 2 章第 87 条。

(a) 螺旋桨起飞位，无动力（慢车）和带功率（75% 最大连续功率，除非导致极端仰角）；

(b) $1.5V_{S1}$ 配平；

(c) 建立 30° 坡度转弯；

(d) 转弯失速减速率 1 kn/s,加速转弯失速减速率 3~5 kn/s;

(e) 失速定义为不可控低头、触发推杆或拉杆在后止动点 2 s。

(4) 危险:失去控制。

(5) 风险等级:高。

(6) 原因:

(a) 未预期的气动特性;

(b) 推杆器未能阻止飞机进入气动失速;

(c) 不合适的操纵输入。

(7) 降低风险措施:

(a) 使用逐步逼近的方法进行失速试飞:

1 从最低风险到最高风险:

(aa) 前重心、中重心、后重心;

(bb) 不带动力先于带动力;

(cc) 水平失速先于转弯失速;

(dd) 1 kn/s 先于 3 kn/s。

2 如果超出 FAR 规定的滚转角和偏航角限制则终止逐步逼近试验。

3 为以下阶段确定最低高度:

a) 进入失速;

b) 开始改出;

c) 改出伞打开;

d) 空中离机。

(b) 按需在飞行前检查失速警告和推杆器。

(c) 必须安装失速改出伞并保证功能正常、预位。按需进行飞行前和机动前改出伞检查。

(d) 最小机组上机。

(e) 必须安装应急离机系统并预位,飞行前和机动前检查该系统。

(f) 机组按需佩戴头盔和降落伞。

(g) 风速应小于一定值(取决于降落伞)。

(h) 不要使用剧烈的动作进入失速,所有失速下侧滑球都处于中间位置。

(i) 不进行不对称推力的失速。

(j) 如果飞行偏离控制则立即将油门杆拉至慢车位并将操纵杆置于中立位置。

(k) 改出过程中在速度增加到 $1.2V_s$ 过程中不要增加推力。

b. THA 编号:264

(1) 条款号:23.203。

(2) 试验名称:确定失速特性。

(3) 试验描述:见 AC 23 - 8B 第 2 章第 87 条。

(a) 螺旋桨起飞位,无动力(慢车)和带功率(75%最大连续功率,除非导致极端仰角);

(b) 1.5V_{S1}配平;

(c) 建立 30°滚转角转弯;

(d) 转弯失速减速率 1 kn/s,加速转弯失速减速率 3～5 kn/s;

(e) 失速定义为不可控低头、推杆器推杆或操纵杆到达后止动点 2 s。

(4) 危险:发动机损伤。

(5) 风险等级:中。

(6) 原因:低速长时间的大功率工作导致发动机过热。

(7) 降低风险措施:

(a) 飞行中仔细监控汽缸盖温度、排气温度和滑油温度;

(b) 如果任何温度接近限制值,终止大功率试验,并增加空速(通过下降)来冷却发动机;

(c) 如果温度超过限制值,尽快着陆。

c. THA 编号:265

(1) 条款号:23.203。

(2) 试验名称:确定失速特性。

(3) 试验描述:见 AC 23-8B 第 2 章第 87 条。

(a) 螺旋桨起飞位,无动力(慢车)和带功率(75%最大连续功率,除非导致极端仰角);

(b) 1.5V_{S1}配平;

(c) 建立 30°滚转角转弯;

(d) 转弯失速减速率 1 kn/s,加速转弯失速减速率 3～5 kn/s;

(e) 失速定义为不可控低头、触发推杆或拉杆在后止动点 2 s。

(4) 危险:工作发动机失效。

(5) 风险等级:高。

(6) 原因:

(a) 供油不足;

(b) 汽化器结冰;

(c) 发动机过热;

(d) (喷气机)进气道畸变导致压气机失速。

(7) 降低风险措施:

(a) 确定最低进入高度。

(b) 监控发动机温度(气缸温度、排气温度、滑油温度);

(c) 失速试验中不使用备用油箱;

(d) 如果发动机慢车超过 30 min,清理发动机(即增大发动机功率);

（e）如果发动机温度接近极限，降低功率和增加空速，带动力和无动力失速交替进行可能更好；

（f）（喷气机）先做慢车失速试验，再进行带动力失速试验；

（g）（喷气机）一出现压气机工作特性变差，减小迎角并收油门至慢车（如果还没设置到慢车）；

（h）（喷气机）如果不能防止"不可逆转"的喘振，发动机关闭；

（i）（喷气机）只要有可能，试验中 APU 工作；

（j）（喷气机）通过遥测系统、机载测试系统或驾驶舱显示器实时监控关键测试参数，明确机组分工（CRM）和终止口令；

（k）（喷气机）试验开始时接通发动机点火开关和引气；

（l）（喷气机）所有失速试验是以侧滑球在中间，并应在对称推力下。如果有可能，实时监控侧滑角明确机组分工（CRM）和终止口令。

35. ［第 23. 205 条　删除］

36. 第 23. 207 条　失速警告

a. THA 编号：266

（1）条款号：23. 207。

（2）试验名称：失速警告。

（3）试验描述：在做 23. 201 和 23. 203 所需的试验时评估失速警告。

（4）危险：工作发动机失效

（5）风险等级：中

（6）原因：

（a）供油不足；

（b）汽化器结冰；

（c）发动机过热；

（d）（喷气机）进气道畸变导致压气机失速。

（7）降低风险措施：

（a）确定最低进入高度；

（b）监控发动机温度（气缸温度、排气温度、滑油温度）；

（c）失速试验中不使用备用油箱；

（d）如果发动机慢车超过 30 min，清理发动机（即增大发动机功率）；

（e）如果发动机温度接近极限，降低功率和增加空速，带动力和无动力失速交替进行可能更好；

（f）（喷气机）先进行慢车失速，再带动力失速；

（g）（喷气机）一出现压气机工作特性变差，减小迎角并收油门至慢车（如果还没设置到慢车）；

（h）（喷气机）如果不能防止"不可逆转"的喘振，关闭发动机；

（i）（喷气机）只要有可能，试验中 APU 工作；

（j）（喷气机）通过遥测系统、机载测试系统或驾驶舱显示器实时监控关键测试参数，明确机组分工（CRM）和终止口令；

（k）（喷气机）试验开始时接通发动机点火开关和引气；

（l）（喷气机）所有失速试验是以侧滑球在中心，并应在对称推力下。如果有可能，实时监控侧滑角（明确机组分工（CRM）和终止口令）。

b. THA 编号：267

（1）条款号：23.207。

（2）试验名称：失速警告。

（3）试验描述：在做 23.201 和 23.203 所需的试验时评估失速警告。

（4）危险：失去控制。

（5）风险等级：高。

（6）原因：

（a）未预期的气动特性；

（b）推杆器未能阻止飞机进入气动失速；

（c）不合适的操纵输入。

（7）降低风险措施：

（a）使用逐步逼近的方法进行失速试飞：

1 从最低风险到最高风险：

（aa）前重心、中重心、后重心；

（bb）不带动力先于带动力；

（cc）水平失速先于转弯失速；

（dd）1 kn/s 先于 3 kn/s

2 如果超出 FAR 规定的滚转角和偏航角限制则立即终止逐步逼近试验。

（b）为以下阶段确定最低高度：

1 进入失速；

2 开始改出；

3 改出伞打开；

4 空中离机。

（c）按需在飞行前检查失速告警和推杆器；

（d）必须安装失速改出伞并保证功能正常且预位，按需进行飞行前和机动前改出伞检查；

（e）最小机组上机。

（f）必须安装应急离机系统并预位，飞行前和机动前检查该系统；

（g）机组佩戴头盔和降落伞；

（h）风速应小于一定值（取决于降落伞）；

（i）不要使用剧烈的输入进入失速，所有失速下侧滑球都处于中间位置；

（j）不进行不对称推力的失速；

（k）如果飞行偏离控制则立即将油门杆收至慢车位并将操纵杆置于中立位置；

（l）改出过程中在速度增加到 $1.2V_s$ 的过程中不要增加推力。

c. THA 编号：268

（1）条款号：23.207。

（2）试验名称：确定失速特性。

（3）试验描述：在做 23.201 和 23.203 所需的试验时评估失速警告。

（4）危险：工作发动机失效。

（5）风险等级：高。

（6）原因：低速长时间的大功率工作导致发动机过热。

（7）降低风险措施：

（a）飞行中仔细监控汽缸盖温度、排气温度和滑油温度；

（b）如果任何温度接近限制值，终止大功率试验，并增加空速（通过下降）来冷却发动机；

（c）如果温度超过限制值，尽快着陆。

第 8 节　尾　旋

37. 第 23.221 条　尾旋

a. THA 编号：48

（1）条款号：23.221。

（2）试验名称：尾旋。

（3）试验描述：

见 AC23 - 8B，第 100 条 23.221。

（a）重量和重心的临界组合；

（b）舵面偏度设置成最临界的允许公差；

（c）申请方为机组身体安全约束和应急离机系统；

（d）安装好失速改出伞；

（e）最终取证试验时应该拆下失速改出伞；

（f）进入尾旋与失速类似，配平在 $1.5V_s$；

（g）应研究高度的影响；

(h) 应研究起落架、襟翼、功率、快速进入和误操纵的影响,见 AC23 - 8A;

(i) 拆下可能影响改出特性的改装系统,重复临界尾旋试验。

(4) 危险:失速改出伞展开失败。

(5) 风险等级:高。

(6) 原因:发生如下失效。

(a) 驾驶舱失速改出伞开关;

(b) 抛伞电路;

(c) 火药失效;

(d) 钩锁钢索缠绕。

(7) 降低风险措施:

(a) 飞行前应检查抛伞手柄、操纵钢索、连接接头和锁钩;

(b) 每架次后演练机械抛伞系统;

(c) 有应急备份火药抛伞系统;

(d) 飞行前检查应急开关和线路;

(e) 将应急系统的监控电压作为尾旋前检查单内容进行检查;

(f) 火药装置不得超过有效期;

(g) 在飞行前讲评中讲解应急跳伞步骤和高度。

b. THA 编号:49

(1) 条款号:23.221。

(2) 试验名称:尾旋。

(3) 试验描述:见 AC23 - 8B,第 100 条 23.221

(a) 重量和重心的临界组合;

(b) 舵面偏度设置成最临界的允许公差;

(c) 申请方为机组身体安全约束和应急离机系统;

(d) 安装好失速改出伞;

(e) 最终取证试验时应该拆下失速改出伞;

(f) 进入尾旋与失速类似,配平在 1.5Vs;

(g) 应研究高度的影响;

(h) 应研究起落架、襟翼、功率、快速进入和误操纵的影响。见 AC23 - 8A;

(i) 拆下可能影响改出特性的改装系统,重复临界尾旋试验。

(4) 危险:尾旋改出失败。

(5) 风险等级:高。

(6) 原因:

(a) 不可改出的尾旋模态;

(b) 不合适的操纵输入。

(7) 降低风险措施:

（a）进行尾旋伞的安装、预位及功能检查；

（b）机组携带降落伞；

（c）回顾并熟悉机组空中离机程序；

（d）确定进入尾旋、开伞、抛伞、空中离机的最低高度；

（e）熟悉通信方式、伴飞飞机功能、离机程序；

（f）使用逐步逼近的方法：

<u>1</u> 在 6 圈尾旋前先进行 1 圈尾旋；

<u>2</u> 前重心先于后重心；

<u>3</u> 操纵面安装公差从零逐步逼近临界值；

<u>4</u> 无动力先于带动力；

<u>5</u> 干净构型先于起落架/襟翼放下构型；

<u>6</u> 正常操纵先于误操纵。

（g）目视飞行气象条件、远离云层、地面风速小；

（h）飞行员近期完成并精通尾旋操纵；

（i）所需最小飞行机组上机（通常为一人，初始验证后允许两人）

c. THA 编号:50

（1）条款号:23.221。

（2）试验名称:尾旋。

（3）试验描述：

见 AC23－8B,第 100 条 23.221。

（a）重量和重心的临界组合；

（b）舵面偏度设置成最临界的允许公差；

（c）申请方为机组提供身体安全约束和应急离机系统；

（d）安装好失速改出伞；

（e）最终取证试验时应该拆下失速改出伞；

（f）进入尾旋与失速类似,配平在 $1.5V_s$；

（g）应研究高度的影响；

（h）应研究起落架、襟翼、功率、快速进入和误操纵的影响,见 AC23－8A；

（i）拆下可能影响改出特性的改装系统,重复临界尾旋试验。

（4）危险:失速改出伞非指令下展开。

（5）风险等级:高。

（6）原因：

（a）电压波动；

（b）机械故障。

（7）降低风险措施：

（a）除了尾旋试验,其他试验不安装失速改出伞；

(b) 实际检查单(起飞前、尾旋前、尾旋后和着陆前)应在安装失速改出伞后为了所有的飞行进行相应修改。

d. THA 编号:55

(1) 条款号:23.221。

(2) 试验名称:尾旋。

(3) 试验描述:

见 AC23-8B,第 100 条 23.221。

(a) 重量和重心的临界组合;

(b) 舵面偏度设置成最临界的允许公差;

(c) 申请方为机组提供身体安全约束和应急离机系统;

(d) 安装好失速改出伞;

(e) 最终取证试验时应该拆下失速改出伞;

(f) 进入尾旋与失速类似,配平在 $1.5V_S$;

(g) 应研究高度的影响;

(h) 应研究起落架、襟翼、功率、快速进入和误操纵的影响,见 AC23-8A;

(i) 拆下可能影响改出特性的改装系统,重复临界尾旋试验。

(4) 危险:发出指令后尾旋伞无法展开。

(5) 风险等级:高。

(6) 原因:发生以下失效。

(a) 驾驶舱尾旋伞开关;

(b) 展开电路;

(c) 火药;

(d) 伞未充气;

(e) 伞未预位;

(f) 锁钩未锁紧导致意外抛伞。

(7) 降低风险措施:

(a) 飞行前应检查开关、电池和线路情况;

(b) 人工打开作为备份手段;

(c) 将电路监控电压作为尾旋前检查单内容进行检查;

(d) 熟悉一旦失效应急离机高度;

(e) 尾旋试验前进行尾旋伞功能试验。

e. THA 编号:130

(1) 条款号:23.221。

(2) 试验名称:尾旋。

(3) 试验描述:

见 AC23-8B,第 100 条 23.221。

（a）重量和重心的临界组合；

（b）操纵舵偏设置成临界的允许公差；

（c）申请方为机组提供身体约束和应急离机系统；

（d）安装好失速改出伞；

（e）最终取证试验应该拆下改出伞；

（f）进入尾旋与失速类似，配平在 $1.5V_s$；

（g）应研究高度的影响；

（h）应研究起落架、襟翼、功率、加速进入和误操纵的影响。见 AC23 - 8A；

（i）拆下可能影响改出特性的改装系统，重复临界尾旋试验。

（4）危险：空中碰撞。

（5）风险等级：高。

（6）原因：

（a）与伴飞飞机碰撞；

（b）失控时与其他飞机碰撞。

（7）降低风险措施：

（a）机组佩戴降落伞；

（b）机组回顾飞行中离机程序；

（c）确定进入尾旋、开伞、抛伞和空中离机的最低高度；

（d）熟悉通信方式、伴飞飞机功能和离机程序；

（e）在指定的净空空域实施试验；

（f）根据空中交通情况所需协调空管和伴飞飞机；

（g）所需最小机组上机（通常是一人，初始验证后允许两人）。

第 9 节　地面和水上操纵特性【备用】

第 10 节　其他飞行要求【备用】

第3章 结 构

第1节 总 则【备用】

第2节 飞 行 载 荷

38. 第23.321条 总则【备用】

39. 第23.331条 对称飞行情况【备用】

40. 第23.333条 飞行包线【备用】

41. 第23.335条 设计空速【备用】

42. 第23.337条 限制机动载荷系数【备用】

43. 第23.341条 突风载荷系数

a. THA 编号:303

(1) 条款号:23.341。

(2) 试验名称:机动载荷。

(3) 试验描述:通常试验时逐步逼近到80%载荷,分析后扩展到100%载荷。使用的典型机动动作包括收敛转弯、推拉杆、侧滑(有或没有方向舵反向)、滚转退出。不进行摆尾机动。仅从单侧回到中立位置或方向舵反转到另外一侧。

(4) 危险:超过最大过载。

(5) 风险等级:高。

(6) 原因:机动时意外超过最大过载。

(7) 降低风险措施:

(a) 飞行试验的极限不要超过实际已知的飞机限制的一定百分比；

(b) 任何适用的时候都采用逐步逼近的方法；

(c) 如果必要，在特定速度下对方向舵反转进行限制；

(d) 如果可用，使用遥测监控。

(8) 应急程序：着陆前，在至少一定高度以上进行操纵性检查。

b. THA 编号：304

(1) 条款号：23.341。

(2) 试验名称：飞行载荷机动。

(3) 试验描述：通常试验时逐步逼近到80％载荷，分析后扩展到100％载荷。使用的典型机动动作包括收敛转弯、推拉杆、侧滑（有或没有方向舵反向）、滚转退出。不进行摆尾机动。仅从单侧回到中立或方向舵反转到另一侧。

(4) 危险：飞机失控。

(5) 风险等级：高。

(6) 原因：载荷机动动作中攻角或侧滑过大。

(7) 降低风险措施：

(a) 飞行试验的极限不要超过实际已知的飞机限制的一定百分比；

(b) 飞行前熟悉飞机失控和尾旋改出程序；

(c) 设定最低高度为一定值。

(8) 应急程序：如果飞机失控：

(a) 油门杆—IDLE 位；

(b) 操纵杆—中立位。

如果仍不能恢复：使用飞机飞行手册（AFM）中的失控改出程序。

c. THA 编号：305

(1) 条款号：23.341。

(2) 试验名称：飞行载荷机动。

(3) 试验描述：通常先逐步逼近到80％载荷，分析后扩展到100％载荷。使用的典型机动动作包括收敛转弯、推拉杆、侧滑（有或没有方向舵反向）、滚转退出。不进行摆尾机动。仅从单侧回到中立或方向舵反转到另一侧。

(4) 危险：超过垂尾最大载荷。

(5) 风险等级：高。

(6) 原因：机动时意外超过最大过载。

(7) 降低风险措施：

(a) 飞行试验的极限不要超过实际已知的飞机限制的一定百分比；

(b) 任何适用的时候都采用逐步逼近的方法；

(c) 如果必要，在特定速度下对方向舵反转进行限制；

(d) 如果可用，使用遥测监控。

（8）应急程序：着陆前，在至少一定高度以上进行操纵性检查。

44. 第 23.343 条　设计燃油载重

a. THA 编号：306

（1）条款号：23.343。

（2）试验名称：机动载荷。

（3）试验描述：通常试验时先逐步逼近到 80% 载荷，分析后扩展到 100% 载荷。使用的典型机动动作包括收敛转弯、推拉杆、侧滑（有或没有方向舵反向）、滚转退出。禁止摆尾机动。仅从单侧回到中立或方向舵反转到另一侧。

（4）危险：超过最大过载。

（5）风险等级：高。

（6）原因：尝试机动时意外超过最大过载。

（7）降低风险措施：

（a）飞行试验的极限不要超过实际已知的飞机限制的一定百分比；

（b）任何适用的时候都采用逐步逼近的方法；

（c）如果必要，在特定速度下对方向舵反转进行限制；

（d）如果可用，使用遥测监控。

（8）应急程序：着陆前，在至少一定高度以上进行操纵性检查。

b. THA 编号：307

（1）条款号：23.343。

（2）试验名称：机动载荷。

（3）试验描述：通常试验时先逐步逼近到 80% 载荷，分析后扩展到 100% 载荷。使用的典型机动动作包括收敛转弯、推拉杆、侧滑（有或没有方向舵反向）、滚转退出。禁止摆尾机动。仅从单侧回到中立或方向舵反转到另一侧。

（4）危险：飞机失去控制。

（5）风险等级：高。

（6）原因：载荷机动动作中攻角或侧滑过大。

（7）降低风险措施：

（a）飞行试验的极限不要超过实际已知的飞机限制的一定百分比；

（b）飞行前熟悉飞机失控和尾旋改出程序；

（c）设定最低的高度为一定值。

（8）应急程序，如果飞机失控：

（a）油门杆—IDLE 位；

（b）操纵杆—中立位。

如果仍不能恢复：使用飞机飞行手册（AFM）中的失控改出程序。

c. THA 编号：308

（1）条款号：23.343。

（2）试验名称:机动载荷。

（3）试验描述:通常试验先逐步逼近到80％载荷,分析后扩展到100％载荷。使用的典型机动动作包括收敛转弯、推拉杆、侧滑(有或没有方向舵反向)、滚转退出。禁止摆尾机动。仅从单侧回到中立或方向舵反转到另一侧。

（4）危险:超过垂尾最大载荷。

（5）风险等级:高。

（6）原因:尝试机动时意外超过最大过载。

（7）降低风险措施:

（a）飞行试验的极限不要超过实际已知的飞机限制的一定百分比;

（b）任何适用的时候都采用逐步逼近的方法;

（c）如果必要,在特定速度下对方向舵反转进行限制;

（d）如果可用,使用遥测监控。

（8）应急程序:着陆前,在至少一定的离地高度以上进行操纵性检查。

45. 第 23.345 条　增升装置

a. THA 编号:309

（1）条款号:23.345。

（2）试验名称:机动载荷。

（3）试验描述:通常试验逐步逼近到80％载荷,分析后扩展到100％载荷。使用的典型机动动作包括收敛转弯、推拉杆、侧滑(有或没有方向舵反向)、滚转退出。禁止摆尾机动。仅从单侧回到中立或方向舵反转到另一侧。

（4）危险:超过垂尾最大载荷。

（5）风险等级:高。

（6）原因:尝试机动时意外超过最大过载。

（7）降低风险措施:

（a）飞行试验的极限不要超过实际已知的飞机限制的一定百分比;

（b）任何适用的时候都采用逐步逼近的方法;

（c）如果必要,在特定速度下对方向舵反转进行限制;

（d）如果可用,使用遥测监控。

（8）应急程序:着陆前,在至少一定高度以上进行操纵性检查。

b. THA 编号:310

（1）条款号:25.345。

（2）试验名称:机动载荷。

（3）试验描述:通常试验逐步逼近到80％载荷,分析后扩展到100％载荷。使用的典型机动动作包括收敛转弯、推拉杆、侧滑(有或没有方向舵反向)、滚转退出。禁止摆尾机动。仅从单侧回到中立或方向舵反转到另一侧。

（4）危险：飞机失去控制。

（5）风险等级：高。

（6）原因：载荷机动动作中攻角或侧滑过大。

（7）降低风险措施：

（a）飞行试验的极限不要超过实际已知的飞机限制的一定百分比；

（b）飞行前熟悉飞机失控和尾旋改出程序；

（c）设定最低高度为一定值。

（8）应急程序，如果飞机失控：

（a）油门杆—IDLE 位；

（b）操纵杆—中立位。

如果仍不能恢复：使用飞机飞行手册（AFM）中的失控改出程序。

c. THA 编号：311

（1）条款号：25.345。

（2）试验名称：机动载荷。

（3）试验描述：通常试验逐步逼近到 80％载荷，分析后扩展到 100％载荷。使用的典型机动动作包括收敛转弯、推拉杆、侧滑（有或没有方向舵反向）、滚转退出。禁止摆尾机动。仅从单侧回到中立或方向舵反转到另一侧。

（4）危险：超过最大过载。

（5）风险等级：高。

（6）原因：尝试机动时意外超过最大过载。

（7）降低风险措施：

（a）飞行试验的极限不要超过实际已知的飞机限制的一定百分比；

（b）任何适用的时候都采用逐步逼近的方法；

（c）如果必要，在特定速度下对方向舵反转进行限制；

（d）如果可用，使用遥测监控。

（8）应急程序：着陆前，在至少一定高度以上进行操纵性检查。

46. 第 23.347 条 非对称飞行情况

a. THA 编号：312

（1）条款号：23.347。

（2）试验名称：机动载荷。

（3）试验描述：通常试验逐步逼近到 80％载荷，分析后扩展到 100％载荷。使用的典型机动动作包括收敛转弯、推拉杆、侧滑（有或没有方向舵反向）、滚转退出。禁止摆尾机动，仅从单侧回到中立或方向舵反转到另一侧。具备快速机动能力的特技类飞机进行取证时，必须对机翼和平尾进行额外的非对称载荷设计。

（4）危险：超过垂尾最大载荷。

（5）风险等级：高。

（6）原因：尝试机动时意外超过最大过载。

（7）降低风险措施：

（a）飞行试验的极限不要超过实际已知的飞机限制的一定百分比；

（b）任何适用的时候都采用逐步逼近的方法；

（c）如果必要，在特定速度下对方向舵反转进行限制；

（d）如果可用，使用实时监控。

（8）应急程序：着陆前，在至少一定的高度（AGL）以上的高度进行操纵性检查。

b. THA 编号：313

（1）条款号：23.347。

（2）试验名称：机动载荷。

（3）试验描述：通常试验时逐步逼近到80％载荷，分析后扩展到100％载荷。使用的典型机动动作包括收敛转弯、推拉杆、侧滑（有或没有方向舵反向）、滚转退出。禁止摆尾机动，仅从单侧回到中立或方向舵反转到另一侧。具备快速机动能力的特技类飞机进行取证时，必须对机翼和平尾进行额外的非对称载荷设计。

（4）危险：飞机失去控制。

（5）风险等级：高。

（6）原因：载荷机动动作中攻角或侧滑过大。

（7）降低风险措施：

（a）飞行试验的极限不要超过实际已知的飞机限制的一定百分比；

（b）飞行前对飞机失控和尾旋改出程序进行讲评；

（c）最低高度为一定值。

（8）应急程序：如果飞机失控：

（a）油门杆—IDLE 位；

（b）操纵杆—中立位。

如果仍不能恢复：使用飞机飞行手册（AFM）中的失控改出程序。

c. THA 编号：314

（1）条款号：23.347。

（2）试验名称：机动载荷。

（3）试验描述：通常试验逐步逼近到80％载荷，分析后扩展到100％载荷。使用的典型机动动作包括收敛转弯、推拉杆、侧滑（有或没有方向舵反向）、滚转退出。禁止摆尾机动，仅从单侧回到中立或方向舵反转到另一侧。具备快速机动能力的特技类飞机进行取证时，必须对机翼和平尾进行额外的非对称载荷设计。

（4）危险：超过最大过载。

（5）风险等级：高。

（6）原因：尝试机动时意外超过最大过载。

（7）降低风险措施：

（a）飞行试验的极限不要超过飞机限制的一定百分比；

（b）任何适用的时候都采用逐步逼近的方法；

（c）如果必要，在特定速度下对方向舵反转进行限制；

（d）如果可用，使用实时监控。

（8）应急程序：着陆前，在至少一定高度以上进行操纵性检查。

47. 第 23.349 条 滚转情况

a. THA 编号：269

（1）条款号：23.349。

（2）试验名称：机动载荷。

（3）试验描述：

通常先逐步逼近至 80% 载荷，分析后扩展至 100% 载荷。使用的典型机动：收敛转弯，推拉杆，侧滑（采用或不采用方向舵反向），滚转退出。不要反复操纵方向舵从一侧到另一侧，仅操纵方向舵回中或操纵方向舵从一侧到另一侧。

（4）危险：超出垂尾最大载荷。

（5）风险等级：高。

（6）原因：机动时意外超过最大过载。

（7）降低风险措施：

（a）飞行试验的极限不要超过飞机限制的一定百分比；

（b）如果需要，采用逐步逼近的方法进行试飞；

（c）如果需要，将方向舵反转的使用方法限制在飞机的几个具体速度；

（d）如果可用，使用实时监控。

（8）应急程序：着陆前，在一定的最低离地高度处执行一个操纵性检查。

b. THA 编号：270

（1）条款号：23.349。

（2）试验名称：机动载荷。

（3）试验描述：

通常先逐步逼近至 80% 载荷，分析后扩展至 100% 载荷。使用的典型机动：收敛转弯，推拉杆，侧滑（采用或不采用方向舵反向），滚转退出。不要反复操纵方向舵从一侧到另一侧，仅操纵方向舵回中或操纵方向舵从一侧到另一侧。

（4）危险：飞机失控。

（5）风险等级：高。

（6）原因：载荷机动动作中迎角或侧滑角太大。

（7）降低风险措施：

（a）飞行试验的极限不要超过飞机限制的一定百分比；

(b) 飞行熟悉评失去控制和尾旋的改出程序。

(c) 最小离地高度为一定值。

(8) 应急程序:着陆前,在一定的最低离地高度处执行一个操纵性检查。

c. THA 编号:271

(1) 条款号:23.349。

(2) 试验名称:机动载荷。

(3) 试验描述:

通常先逐步逼近至 80% 载荷,分析后扩展至 100% 载荷。使用的典型机动:收敛转弯,推拉杆,侧滑(采用或不采用方向舵反向),滚转退出。不要反复操纵方向舵从一侧到另一侧,仅操纵方向舵回中或操纵方向舵从一侧到另一侧。

(4) 危险:超出最大过载。

(5) 风险等级:高。

(6) 原因:机动时意外超过最大过载。

(7) 降低风险措施:

(a) 飞行试验的极限不要超过飞机限制的一定百分比;

(b) 如果需要,采用逐步逼近的方法进行试飞;

(c) 如果需要,将方向舵反转的使用方法限制在飞机的几个具体速度;

(d) 如果条件允许,使用实时监控。

(8) 应急程序:着陆前,在最低离地高度处执行一个操纵性检查。

48. 第 23.351 条　偏航情况

a. THA 编号:315

(1) 条款号:23.351。

(2) 试验名称:飞行载荷机动。

(3) 试验描述:通常试验逐步逼近到 80% 载荷,分析后扩展到 100% 载荷。使用的典型机动动作包括收敛转弯、推拉杆、侧滑(有或没有方向舵反向)、滚转退出。禁止摆尾机动。仅从单侧回到中立或方向舵反转到另一侧。

飞机在零偏航无加速飞行时,方向舵操纵突然移动到:

(a) 操纵系统或操纵面止动点;

(b) 飞机偏航到稳定侧滑角,突然驾驶舱方向舵操纵回到中立位置。

(4) 危险:超过垂尾最大载荷。

(5) 风险等级:高。

(6) 原因:尝试机动时意外超过最大过载。

(7) 降低风险措施:

(a) 飞行试验的极限不要超过实际已知的飞机限制的一定百分比;

(b) 任何适用的时候都采用逐步逼近的方法;

(c) 如果必要,在特定速度下对方向舵反转进行限制;

(d) 如果可用,使用遥测监控。

(8) 应急程序:着陆前,在至少一定的高度以上进行操纵性检查。

b. THA 编号:316

(1) 条款号:23.351。

(2) 试验名称:飞行载荷机动。

(3) 试验描述:通常试验逐步逼近到 80% 载荷,分析后扩展到 100% 载荷。使用的典型机动动作包括收敛转弯、推拉杆、侧滑(有或没有方向舵反向)、滚转退出。禁止摆尾机动。仅从单侧回到中立或方向舵反转到另一侧。

飞机在零偏航无加速飞行时,方向舵操纵突然移动到:

(a) 操纵系统或操纵面止动点;

(b) 飞机偏航到稳定侧滑角,突然驾驶舱方向舵操纵回到中立位置。

(4) 危险:飞机失去控制。

(5) 风险等级:高。

(6) 原因:载荷机动动作中攻角或侧滑过大。

(7) 降低风险措施:

(a) 飞行试验的极限不要超过实际已知的飞机限制的一定的百分比;

(b) 飞行前熟悉飞机失控和尾旋改出程序;

(c) 设定最低高度为一定值。

(8) 应急程序,如果飞机失控:

(a) 油门杆—IDLE 位;

(b) 操纵杆—中立位。

如果仍不能恢复:使用飞机飞行手册(AFM)中的失去控制改出程序。

c. THA 编号:317

(1) 条款号:23.351。

(2) 试验名称:飞行载荷机动。

(3) 试验描述:通常试验逐步逼近到 80% 载荷,分析后扩展到 100% 载荷。使用的典型机动动作包括收敛转弯、推拉杆、侧滑(有或没有方向舵反向)、滚转退出。禁止摆尾机动。仅从单侧回到中立或方向舵反转到另一侧。

飞机在零偏航无加速飞行时,方向舵操纵突然移动到:

(a) 操纵系统或操纵面止动点;

(b) 飞机偏航到稳定侧滑角,突然驾驶舱方向舵操纵回到中立位置。

(4) 危险:超过最大过载。

(5) 风险等级:高。

(6) 原因:尝试机动时意外超过最大过载。

(7) 降低风险措施:

(a) 飞行试验的极限不要超过实际已知的飞机限制的一定百分比；

(b) 任何适用的时候都采用逐步逼近的方法；

(c) 如果必要,在特定速度下对方向舵反转进行限制；

(d) 如果可用,使用遥测监控；

(8) 应急程序:着陆前,在至少一定的高度上进行操纵性检查。

49. 第 23.361 条　发动机扭矩【备用】

50. 第 23.363 条　发动机架的侧向载荷【备用】

51. 第 23.365 条　增压舱载荷【备用】

52. 第 23.367 条　发动机失效引起的非对称载荷【备用】

53. 第 23.369 条　机翼后撑杆【备用】

54. 第 23.371 条　陀螺和气动载荷【备用】

55. 第 23.373 条　速度控制装置【备用】

第 3 节　操纵面和操纵系统载荷【备用】

第 4 节　水平安定和平衡翼面【备用】

第 5 节　垂直翼面【备用】

第 6 节　副翼和特殊装置【备用】

第 7 节　地面载荷【备用】

第 8 节 水载荷【备用】

第 9 节 应急着陆情况【备用】

第 10 节 疲劳评定【备用】

第4章 设计与构造

第1节 总 则【备用】

第2节 机 翼【备用】

第3节 操纵面【备用】

第4节 操纵系统【备用】

第5节 起落架【备用】

第6节 浮筒和船体【备用】

第7节 载人和装货设施

60. 第 23.779 条　驾驶舱操纵器件的动作和效果【备用】

61. 第 23.781 条　驾驶舱操纵手柄形状【备用】

62. 第 23.783 条　舱门【备用】

63. 第 23.785 条　座椅、卧铺、担架、安全带和肩带【备用】

64. 第 23.787 条　行李舱和货舱【备用】

65. 第 23.791 条　旅客通告标示【备用】

66. 第 23.803 条　应急撤离【备用】

67. 第 23.805 条　飞行机组应急出口【备用】

68. 第 23.807 条　应急出口【备用】

69. 第 23.811 条　应急出口的标记【备用】

70. 第 23.812 条　应急照明【备用】

71. 第 23.813 条　应急出口通道【备用】

72. 第 23.815 条　过道宽度【备用】

73. 第 23.831 条　通风

a. THA 编号:318

(1) 条款号:23.831(b)。

(2) 试验名称:烟雾渗透/烟雾探测。

(3) 试验描述:

烟雾探测系统有效性试验应该在巡航阶段和使用最大正常空气流量下的正常机舱内外压差状态进行。试验时应使用试验区域内具有代表性的易燃材料。

完整程序见 AC 25-9A。

参见 AC23-17B:23 部飞机和飞艇取证系统和设备指南。

（4）危险：缺氧。

（5）风险等级：中。

（6）原因：机组人员可能暴露在10 000 ft或更高的座舱高度。

（7）降低风险措施：

（a）飞行机组和试飞工程师：

1 熟悉并完全理解试验程序以及氧气系统、防烟护目镜和其他安全设备的使用；

2 飞行试验前，在地面进行机上相关程序的演练。

（b）一名飞行员在试验过程中全程佩戴防护性供氧设备和防烟护目镜；

（c）当烟雾影响机上操作时，所有机组人员需要佩戴防护性供氧设备和防烟护目镜；

（d）向空管报告试验的性质；

（e）试验应在一定的高度和低流量的空域进行，以便有足够的时间改出和避免潜在的空中交通冲突；

（f）试验需在目视飞行气象条件下进行；

（g）至少有一位进行过此类试验的飞行机组成员参与试验；

（h）使用无毒烟雾发生器；

（i）指定一位机组人员负责检查观察员的安全。

b. THA 编号：319

（1）条款号：23.831（b）。

（2）试验名称：驾驶舱烟雾渗透/排放。

（3）试验描述：

烟雾探测系统有效性试验应该在巡航阶段和使用最大正常空气流量下的正常机舱内外压差状态进行。试验时应使用试验区域内具有代表性的易燃材料。

烟雾程序见 AC 25-9A。

参见 AC23-17B：23部飞机和飞艇取证系统和设备指南。

（4）危险：失去控制。

（5）风险等级：中。

（6）原因：由于看不清飞行仪表，导致机组人员无法操纵飞机。

（7）降低风险措施：

（a）飞行机组和试飞工程师：

1 熟悉并完全理解试验程序以及氧气系统、防烟护目镜和其他安全设备的使用。

2 飞行试验前，在地面进行机上相关程序的演练。

（b）一名飞行员在试验过程中全程佩戴防护性供氧设备和防烟护目镜；

（c）当烟雾影响机上操作时，所有机组人员需要佩戴防护性供氧设备和防烟护目镜；

（d）向空管报告试验的性质；

（e）试验应在一定的高度和低流量的空域进行，以便有足够的时间改出和避免潜在的空中交通冲突；

（f）试验需在目视飞行气象条件下进行；

（g）至少有一位进行过此类试验的飞行机组成员参与试验；

（h）使用无毒烟雾发生器。

c. THA 编号：320

（1）条款号：23.831(b)。

（2）试验名称：烟雾渗透/排放。

（3）试验描述：

烟雾探测系统有效性试验应该在巡航阶段和使用最大正常空气流量下的正常机舱内外压差状态进行。试验时应使用试验区域内具有代表性的易燃材料。

烟雾程序见 AC 25–9A。

参见 AC23–17B：23 部飞机和飞艇取证系统和设备指南。

（4）危险：失去控制。

（5）风险等级：中。

（6）原因：由于看不清飞行仪表，导致机组人员无法操纵飞机。

（7）降低风险措施：

（a）飞行机组和试飞工程师：

1 熟悉并完全理解试验程序以及氧气系统、防烟护目镜和其他安全设备的使用。

2 飞行试验前，在地面进行机上相关程序的演练。

（b）一名飞行员在试验过程中全程佩戴防护性供氧设备和防烟护目镜；

（c）当烟雾影响机上操作时，所有机组人员需要佩戴防护性供氧设备和防烟护目镜；

（d）向空管报告试验的性质；

（e）试验应在一定的高度和低流量的空域进行，以便有足够的时间改出和避免潜在的空中交通冲突；

（f）试验需在目视飞行气象条件下进行；

（g）至少有一位进行过此类试验的飞行机组成员参与试验；

（h）使用无毒烟雾发生器；

（i）指定一位机组人员负责检查观察员的安全。

d. THA 编号：321

（1）条款号：23.831(b)。

（2）试验名称：烟雾渗透/烟雾探测。

（3）试验描述：

烟雾探测系统有效性试验应该在巡航阶段和使用最大正常空气流量下的正常机舱内外压差状态进行。试验时应使用试验区域内具有代表性的易燃材料。

烟雾程序见 AC 25-9A。

参见 AC23-17B：23 部飞机和飞艇取证系统和设备指南。

（4）危险：火灾。

（5）风险等级：中。

（6）原因：需要使用烟雾发生器。

（7）降低风险措施：

（a）熟悉 AFM 程序中的机舱火警和烟雾程序。

（b）防烟护目镜和氧气面罩准备到位。

（c）使用无毒的烟雾发生器。

（d）准备好便携式灭火瓶。

e. THA 编号：322

（1）条款号：23.831(b)。

（2）试验名称：烟雾渗透/烟雾探测。

（3）试验描述：

烟雾探测系统有效性试验应该在巡航阶段和使用最大正常空气流量下的正常机舱内外压差状态进行。试验时应使用试验区域内具有代表性的易燃材料。

烟雾程序见 AC 25-9A。

参见 AC23-17B：23 部飞机和飞艇取证系统和设备指南

（4）危险：观察者被烟雾熏呛。

（5）风险等级：中。

（6）原因：

（a）行李舱的观察员需要在烟雾发生器放出的模拟烟雾下工作；

（b）行李舱的观察员与驾驶舱机组隔离。

（7）降低风险措施：

（a）必须使用无毒烟雾；

（b）必须为行李舱观察员提供独立的供氧设备，并且保证在整个试验过程中有足够的呼吸氧气；

（c）机组人员和行李舱的观察员以及他们站位的双向通信设备必须是可用的；

（d）指定一位机组人员负责检查观察员的安全。

f. THA 编号：323

（1）条款号：23.831(a)。

（2）试验名称：一氧化碳浓度。

（3）试验描述：

一氧化碳浓度不能超过 20000 分之一(摩尔数比)。

试验程序:

(a) 飞机可以在任何重量和重心状态;

(b) 使用"CO"显示记录仪,记录以下试验的数据:

<u>1</u>　速度 V_{REF},以最大连续推力或满油门和最大油气混合状态爬升;

<u>2</u>　以 75% 最大连续推力和最大油气混合状态巡航;

<u>3</u>　V_{REF} 速度,襟翼收上,以发动机慢车状态飘降。

详细程序见 AC 23 - 8B;

参见 AC23 - 17B:23 部飞机和飞艇取证系统和设备指南。

(4) 危险:失去控制。

(5) 风险等级:中。

(6) 原因:一氧化碳超标导致机组失能。

(7) 降低风险措施:

(a) 飞行试验前,在地面进行浓度测试;

(b) 保证氧气面罩可以很快供氧。

第 8 节　增　压

74. 第 23.841 条　增压座舱

a. THA 编号:272

(1) 条款号:23.841。

(2) 试验名称:巡航。

(3) 试验描述:参见 AC23 - 17B:23 部飞机和飞艇取证系统和设备指南

(4) 危险:缺氧。

(5) 风险等级:高。

(6) 原因:增压不足。

(7) 降低风险措施:

(a) 机组人员监控压差,在释压功能失效情况下及时超控;

(b) 座舱压力超过 10000 ft 或引气关闭情况下,机组成员应全程佩戴氧气面罩;

(c) 对于高度在 14000 ft 以上的试验,至少有一个控制飞机的机组人员全程佩戴氧气面罩;

(d) 至少保证客舱里面有一个成员持续和机组人员保持通话;

(e) 驾驶舱机组有备用氧气源(比如便携式氧气瓶、接通驾驶舱备用供氧系统等)。

b. THA 编号:273

(1) 条款号:23.841。

(2) 试验名称:巡航。

(3) 试验描述:参见 AC23-17B:23 部飞机和飞艇取证系统和设备指南。

(4) 危险:结构损伤。

(5) 风险等级:高。

(6) 原因:

(a) 增压不足。

(b) 增压太大。

(7) 降低风险措施:

(a) 机组人员监控压差,在释压功能失效情况下及时超控;

(b) 座舱压力超过 10000ft 或引气关闭情况下,机组成员应全程佩戴氧气面罩;

(c) 对于高度在 14000ft 以上的试验,至少有一个控制飞机的机组人员全程佩戴氧气面罩;

(d) 至少保证客舱里面有一个成员持续和机组人员保持通话;

(e) 驾驶舱机组有备用氧气源(比如便携式氧气瓶、接通驾驶舱备用供氧系统等)。

75. 第 23.843 条 增压试验

a. THA 编号:295

(1) 条款号:23.843(b)。

(2) 试验名称:巡航。

(3) 试验描述:

见 AC25-7C 程序,以下试验可以在飞机起飞限制高度内的任何机场进行。增压系统以正常模式工作。另外需要考虑 MMEL 派遣的状态,必须通过附加试验来证明 MMEL 构型的符合性。

(a) 稳定爬升/下降。稳定爬升/下降状态下的增压系统试验应该在飞机使用限制范围内(重量、高度、温度和构型)能达到的最大爬升/下降率的条件下进行。

1 起飞后,保持稳定、连续爬升到飞机审定的最大使用升限。

2 保持高度直至座舱压力高度稳定。

3 以使用限制范围内的最大下降率,稳定下降至着陆机场。

(b) 分段爬升/下降。分段爬升/下降状态下的增压系统试验应该在飞机使用限制范围内(重量、高度、温度和构型)能达到的最大爬升/下降率的条件下进行。

1 起飞后,分段爬升至需审定的最大使用升限。每段高度增量应该在 5000~7500ft。

2 在每一改平高度保持足够时间,使座舱压力高度稳定。

3 从最大高度开始分段下降,在每一改平高度,使座舱压力高度稳定。每段高度增量应该在 7500～10 000 ft。

(c) 正释压。如有两个释压活门,在试验中应抑制其中一个。

1 起飞后,爬升到能产生最大座舱压差的使用升限。

2 手动关闭排气活门,使座舱压差增大;

3 验证座舱压差警告功能工作正常;

4 验证释压活门功能正常且不超过最大座舱压差。

(d) 负释压/应急下降。如有两个释压活门,在试验中应抑制其中一个。

1 在巡航高度,执行飞机临界构型下的应急下降,使飞机产生负压差。

2 验证机身没有超过最大负压差。

(e) 手动座舱压力控制。如果有手动压力控制功能,应该在飞机和飞行包线内的正常和应急使用情况下验证这些功能。

(f) 舱门和应急出口的试验

1 飞行前,应检查所有舱门和应急门并置于预位。

2 飞机在需审定的最大高度和座舱压差条件下飞行后返回,着陆后立即打开所有的客舱门和应急门,与飞行前的操作相比,任何舱门和应急门的使用特性应该没有变化。

(4) 危险:缺氧。

(5) 风险等级:高。

(6) 原因:增压不足。

(7) 降低风险措施:

(a) 机组人员监控压差,在释压功能失效情况下及时超控;

(b) 座舱压力超过 10 000 ft 或引气关闭情况下,机组成员应全程佩戴氧气面罩;

(c) 对于高度在 14 000 ft 以上的试验,至少有一个控制飞机的机组人员全程佩戴氧气面罩;

(d) 至少保证客舱里面有一个成员持续和机组人员保持通话;

(e) 驾驶舱机组有备用氧气源(比如便携式氧气瓶、接通驾驶舱备用供氧系统等)。

第 9 节　防火【备用】

第 10 节　其他【备用】

第5章 动力装置

第1节 总 则

76. 第23.901条 安装

a. THA 编号:296

(1) 条款号:23.901。

(2) 试验名称:发动机运转。

(3) 试验描述:AC23-8B 中无明确的指导。

(4) 危险:发动机损伤。

(5) 风险等级:中。

(6) 原因:

(a) 发动机压气机在慢车或者低于慢车状态下工作特性变差;

(b) 涡轮可能发生热损伤;

(c) 发动机在引气不平衡情况下工作;

(d) 发动机低压压气机共振,由于:

1 侧风;

2 进气畸变;

3 反推气流再吸入。

(7) 降低风险措施:

(a) 不要在引气隔离阀打开时操作发动机,除非"低功率"发动机引气已经关闭(如果适用于发动机安装);

(b) 以不平衡功率工作时,监控低功率发动机的涡轮排气温度,特别是在加大油门时;

(c) 确定系统设计不允许危险的发动机引气回流;

(d) 避免侧风速超过一定数值时起动发动机或执行固定式发动机运转;

(e) 尽量减少发动机在超出正常运行飞行包线以外的迎角和侧滑角范围工作;

(f) 避免使用大功率反推;

（g）回顾风扇应变试验的危险。

b. THA 编号：297

（1）条款号：23.901。

（2）试验名称：发动机运转。

（3）试验描述：AC23-8B 中无明确的指导。

（4）危险：飞机损伤。

（5）风险等级：低。

（6）原因：

发动机振动引发的共振。

（7）降低风险措施：

（a）飞行前进行发动机振动测量以确保不存在受迫振动频率和共振；

（b）经常检查发动机直到装载了标准发动机平衡装置的飞机完成不平衡临界试验；

（c）监控发动机振动；

（d）结冰情况下，准备应对增强的发动机振动和可能的机身共振。准备改变功率设定和/或退出结冰状态。

77. 第 23.903 条 发动机

a. THA 编号：298

（1）条款号：23.903（d）～（f）。

（2）试验名称：空中起动。

（3）试验描述：空中起动。AC23-8B 中无明确的指导

（4）危险：失去座舱增压。

（5）风险等级：高。

（6）原因：双发熄火。

（7）降低风险措施：

（a）通报空管飞机正在单发工作；

（b）APU 必须作为直接或备用的气源和电源工作；

（c）机组佩戴氧气面罩；

（d）在空起包线边界尝试空中起动前确保空起包线中间能够成功起动；

（e）在每次进行发动机空中起动试验前，在地面检查点火器（所有发动机）的工作情况；

（f）尝试在更有利的空速和高度下重新点火。

b. THA 编号：299

（1）条款号：23.903（d）～（f）。

（2）试验名称：空中起动。

(3) 试验描述：

AC23-8B 无明确的指导。

空中起动。

(4) 危险：单发应急情况。

(5) 风险等级：高。

(6) 原因：发动机起动异常，起动、悬挂、发动机着火、起动失败。

(7) 降低风险措施：

(a) 通报空管飞机正在单发工作；

(b) APU 必须作为直接或备用的气源和电源工作；

(c) 机组佩戴氧气面罩；

(d) 在尝试包线边界起动前，确保空起包线中间能够成功起动；

(e) 在进行每次发动机空中起动飞行前，在地面检查点火器(所有发动机)的工作情况；

(f) 尝试在更有利的空速和高度下重新点火。

c. THA 编号：300

(1) 条款号：23.903(d)～(f)。

(2) 试验名称：空中起动。

(3) 试验描述：

AC23-8B 无明确的指导。

空中起动。

(4) 危险：双发熄火。

(5) 风险等级：高。

(6) 原因：

(a) 非试验发动机失去推力；

(b) 发动机起动异常、起动、悬挂、发动机着火、起动失败。

(7) 降低风险措施：

(a) 通报空管飞机正在单发飞行；

(b) APU 必须作为直接或备用的气源和电源工作；

(c) 机组人员佩戴氧气罩；

(d) 在尝试包线边界起动前，确保发动机在空中起动包线的中部成功起动；

(e) 在每次进行发动机空中起动试验前在地面检查点火器(两个或所有发动机)的工作情况；

(f) 尝试在更有利的空速和高度上重新点火。

78. 第23.904条　自动功率储备系统

a. THA 编号：324

(1) 条款号：23.904。

（2）试验名称：V1 中断起飞。

（3）试验描述：

详见 FAR 23 部附录 H。

临界时间间隔。当执行一个 APR（Automatic Power Reserve）起飞时，临界时间间隔是从 V1 点倒退 1 s 到最低性能全发飞行航迹线与发动机和 APR 失效航迹线的交点之间的时间间隔。发动机和 APR 失效航迹线与单发失效的航迹线相交于高于起飞表面 400 ft 处。发动机和 APR 失效航迹线是基于飞机性能，且在起飞表面 400 ft 处必须具有至少 0.5% 的正爬升梯度。

（4）危险：受控撞地。

（5）风险等级：高。

（6）原因：

（a）由于爬升性能下降无法完成越障；

（b）APR 失效。

（7）降低风险措施：

（a）熟悉机场的障碍物和撤离路线；

（b）熟悉发动机失效安全速度和操纵技术；

（c）性能数据适用于所有构型；

（d）对于每次起飞，尤其是在发动机真实失效时，确定有足够的爬升梯度、越障能力和跑道长度；

（e）试验按性能减小的顺序进行；

（f）在试验前，确保有足够的燃油可以支持飞机飞往备降机场；

（g）在松刹车前，检查 APR 状态。

b. THA 编号：325

（1）条款号：23.904。

（2）试验名称：V1 中断起飞。

（3）试验描述：

详见 FAR 23 部附件 H。

临界时间间隔。当执行一个 APR（Automatic Power Reserve）起飞时，临界时间间隔是从 V1 点倒退 1 s 到最低性能全发飞行航迹线与发动机和 APR 失效航迹线的交点之间的时间间隔。发动机和 APR 失效航迹线与单发失效的航迹线相交于高于起飞表面 400 ft 处。发动机和 APR 失效航迹线是基于飞机性能，且在起飞表面 400 ft 处必须具有至少 0.5% 的正爬升梯度。

（4）危险：在跑道上失去方向控制。

（5）风险等级：高。

（6）原因：

（a）在跑道上方向控制能力不足；

（b）APR 失效。

（7）降低风险措施：

（a）发动机推力减小时的速度始终大于 V_{MCG}；

（b）试验按性能减小的顺序进行；

（c）在松刹车前，检查 APR 状态。

79. 第 23.905 条　螺旋桨【备用】

80. 第 23.907 条　螺旋桨振动【备用】

81. 第 23.909 条　涡轮增压系统【备用】

82. 第 23.925 条　螺旋桨的间距【备用】

83. 第 23.929 条　发动机安装的防冰【备用】

84. 第 23.933 条　反推力系统【备用】

a. THA 编号：326

（1）条款号：23.933（a）（1）（ii）。

（2）试验名称：着陆—反推。

（3）试验描述：

纵向和航向的稳定性和操纵性—着陆时对称打开反推力装置。

（4）危险：发动机外来物损伤。

（5）风险等级：高。

（6）原因：

（a）发动机排气再吸入发动机进气道；

（b）外来物进入发动机进气道。

（7）降低风险措施：

（a）监控过度的抬头或偏航趋势（如有需要，收回反推和/或接通前轮转弯系统以保持控制）；

（b）有足够长度和宽度的跑道，且有足够的净空道和缓冲区；

（c）机组人员佩戴头盔，穿戴防护飞行装备；

（d）机组人员熟悉应急撤离程序；

（e）车辆和设备距离跑道中心线 400 ft 以上，或停放在试验区域后方；

（f）试验期间定期检查反推装置和相关结构；

（g）监控轮胎和刹车的温度；

（h）监控由于排气再吸入而导致的发动机温度的上升；

（i）进行湿跑道试验前先完成干跑道试验。

b. THA 编号:327

（1）条款号:23.933(a)(1)(ii)。

（2）试验名称:着陆—反推。

（3）试验描述:

纵向和航向的稳定性和操纵性—着陆时对称打开反推力装置。

（4）危险:结构损伤。

（5）风险等级:高。

（6）原因:

（a）偏离跑道;

（b）爆胎。

（7）降低风险措施:

（a）监控过度的抬头或偏航趋势(如有需要收回反推和/或接通前轮转弯系统以保持控制);

（b）有足够长度和宽度的跑道,且有足够的无障碍缓冲区域跑道;

（c）机组人员佩戴头盔,穿戴防护飞行装备;

（d）机组人员熟悉应急撤离程序;

（e）车辆和设备距离跑道中心线 400 ft 以上,或停放在试验区域后方;

（f）试验期间定期检查反推装置和相关结构;

（g）监控轮胎和刹车的温度;

（h）监控由于排气再吸入而导致的发动机温度的上升;

（i）进行湿跑道试验前先完成干跑道试验;

（j）确定基于飞机的速度和剩余跑道长度的试验中止准则;

（k）监控飞机的速度和剩余跑道长度以决定何时需要中止试验;

（l）准备好刹停速度与刹车距离之间关系的数据。

c. THA 编号:328

（1）条款号:23.933(a)(1)(ii)。

（2）试验名称:着陆—反推。

（3）试验描述:

纵向和航向的稳定性和操纵性—着陆时对称打开反推力装置。

（4）危险:失去控制。

（5）风险等级:高。

（6）原因:

（a）过大的上仰或偏航;

（b）爆胎;

（c）延迟刹车导致飞机冲出跑道。

（7）降低风险措施：

（a）监控过渡的抬头或偏航趋势（如有需要收回反推和/或接通前轮转弯系统以保持控制）；

（b）有足够长度和宽度的跑道，且有足够的净空道和缓冲区；

（c）机组人员佩戴头盔，穿戴防护飞行装备；

（d）机组人员熟悉应急撤离程序；

（e）车辆和设备距离跑道中心线 400 ft 以上，或停放在试验区域后方；

（f）试验期间定期检查反推装置和相关结构；

（g）监控轮胎和刹车的温度；

（h）监控由于排气再吸入而导致的发动机温度的上升；

（i）进行湿跑道试验前先完成干跑道试验；

（j）确定基于飞机的速度和剩余跑道长度的试验中止准则；

（k）监控飞机的速度和剩余跑道长度以决定何时需要中止试验；

（l）准备好刹车开始速度与刹车距离之间关系的数据。

85. 第 23.934 条　涡轮喷气和涡轮风扇发动机反推系统试验【备用】

86. 第 23.937 条　涡轮螺旋桨阻力限制系统【备用】

87. 第 23.939 条　动力装置的工作特性

a. THA 编号：301

（1）条款号：23.939(a)。

（2）试验名称：动力装置工作特性。

（3）试验描述：

必须在飞行中检查涡轮发动机工作特性，以确定在飞机和发动机运行限制内的正常和应急操作时不会有不利的特性出现。

（4）危险：单发应急情况。

（5）风险等级：高。

（6）原因：

（a）压气机失速或喘振；

（b）超温；

（c）熄火。

（7）降低风险措施：

（a）每次试验在单个发动机上执行；

（b）逐步逼近油门杆瞬态速率；

(c) 逐步逼近的临界高度(高高度)和临界空速(低空速);

(d) 进行引气关断试验前先进行引气接通试验;

(e) 如果遭遇喘振,收油门杆至慢车;

(f) 监控涡轮燃气温度(TGT);

(g) 如果慢车时涡轮燃气温度持续上升,则关断发动机;

(h) 在重新起动后,确认发动机响应和滑油系统运行和振动水平的显示正常。做好发动机熄火后下降的预案。

b. THA 编号:329

(1) 条款号:23.939(b)。

(2) 试验名称:动力装置工作特性。

(3) 试验描述:必须在飞行中通过飞行试验的方法检查涡轮增压的活塞式发动机工作特性,以确定在飞机和发动机运行限制内正常和应急操作时不会有危害性的特性出现。

(4) 危险:单发应急情况。

(5) 风险等级:高。

(6) 原因:

(a) 超增压;

(b) 喘振;

(c) 富油;

(d) 气阻。

(7) 降低风险措施:

(a) 每次试验仅在一个发动机上执行;

(b) 逐步逼近油门杆瞬态速率;

(c) 逐步逼近的临界高度(高高度)和临界空速(低空速)逼近;

(d) 如果遭遇喘振,收油门杆至慢车;

(e) 监控涡轮燃气温度(TGT);

(f) 在重新起动后,确认发动机响应和滑油系统运行和振动水平的显示正常。要预计到发动机熄火后飞机需要下降。

88. 第 23.943 条　负加速度

a. THA 编号:330

(1) 条款号:23.943。

(2) 试验名称:Push Over(过推杆)。

(3) 试验描述:发动机、APU、液压系统和燃油系统在负加速度条件下运行。

(4) 危险:飞机载荷超限。

(5) 风险等级:高。

（6）原因：超速和拉起时飞机过载超限。

（7）降低风险措施：

（a）回顾发动机空中起动程序；

（b）试验在对无动力着陆合适的邻近空域执行；

（c）试验前通告空管可能请求无动力下降和着陆；

（d）保持非试验侧油箱燃油量在安全位置，接通非试验发动机增压泵；

（e）确保飞机上所有松动的物体被牢固地系紧。

b. THA 编号：331

（1）条款号：23.943。

（2）试验名称：飞机 Push Over(过推杆)。

（3）试验描述：发动机、APU、液压系统和燃油系统在负加速度条件下运行。

（4）危险：失去飞行控制所需的液压源。

（5）风险等级：高。

（6）原因：

（a）液压系统出现气穴现象；

（b）由于燃油系统供油能力不足导致双发失效。

（7）降低风险措施：

（a）回顾发动机空中起动程序；

（b）试验在对无动力着陆合适的邻近空域执行；

（c）试验前通告空管可能请求无动力下降和着陆；

（d）保持非试验侧油箱燃油量在安全位置，接通非试验发动机增压泵；

（e）确保飞机上所有松动物体被牢固地系紧。

c. THA 编号：332

（1）条款号：23.943。

（2）试验名称：飞机 Push Over(过推杆)。

（3）试验描述：发动机、APU、液压系统和燃油系统在负加速度条件下运行。

（4）危险：双发熄火。

（5）风险等级：高。

（6）原因：燃油供应不足。

（7）降低风险措施：

（a）回顾发动机空中起动程序；

（b）试验在对无动力着陆合适的邻近空域执行；

（c）试验前通告空管可能请求无动力下降和着陆；

（d）保持非试验侧油箱燃油量在安全位置，接通非试验发动机增压泵；

（e）确保飞机上所有松动物体被牢固地系紧。

第 2 节 燃油系统【备用】

第 3 节 燃油系统部件【备用】

第 4 节 滑油系统【备用】

第 5 节 冷却【备用】

第 6 节 液体冷却【备用】

第 7 节 进气系统【备用】

第 8 节 排气系统【备用】

第 9 节 动力装置的操纵器件和附件【备用】

第 10 节 动力装置的防火【备用】

第6章 设 备

第1节 总 则

89. 第23.1301条 功能和安装

a. THA 编号:302

(1) 条款号:23.1301。

(2) 试验名称:TAWS(GPWS 或 EGPWS)—非着陆构型撞地警告(模式 4)。

(3) 试验描述:

(a) 从 1000 ft 离地高度开始,起落架收起,襟翼不在着陆构型;

(b) 以合适空速大约 500 ft/min 下降;

(c) 查看"TOO LOW GEAR"和"PULL UP"指示;

(d) 放下起落架并继续下降;

(e) 查看"TOO LOW FLAPS"指示;

(f) 试验标准见 TSO C151b 附录 3;

(g) TAWS 要求见 AC23-18;

其他要求序见 AC-17B 的 23.1303 节。

(4) 危险:失速。

(5) 风险等级:中。

(6) 原因:

(a) 速度降低;

(b) 机组专注于试验。

(7) 降低风险措施:

(a) 在离地高度 150 ft(喷气式)和离地高度 100 ft(涡桨),不把杆飞行员报告终止试验;

(b) 采用进近襟翼和适当的空速以保持失速余量 g。

b. THA 编号:333

(1) 条款号:23.1301。

(2) 试验名称：TAWS(GPWS 或 EGPWS)—相对下滑道过大下偏(模式 5)。

(3) 试验描述：

(a) 飞机在着陆构型以 V_{REF} 空速建立仪表着陆系统(ILS)进场程序；

(b) 下降率增加到 200 ft/min(总下沉率至少 500 ft/min)，下降到低于下滑道；

(c) 保持下降率直到观察到"GLIDESLOPE"(模式 5)警告或最小下降指示(两点或最小高度)；

(d) 其他试验细节见 TSOC151b 附录 3 段落 3.0 和表格 H；

(e) TAWS 要求见 AC23-18；

(f) 其他要求见 AC-17B 的 23.1303 节。

(4) 危险：受控撞地(CFIT)。

(5) 风险等级：中。

(6) 原因：

(a) 未警告，系统没有提供戒备和/或警告；

(b) 错误的戒备和/或警告；

(c) 危险的误导性信息(HMI)；

(d) 机组疏忽或注意力分散。

(7) 降低风险措施：

(a) 如果飞行中任何阶段安全存在疑问，飞机需要先爬升到预设的安全高度；

(b) 飞行前讲评应包括所有的试验机动，试验区域的使用，试验中断的标准和程序；

(c) 执行试验的飞行员应熟悉试验区域和有过 GPWS 试验经验；

(d) 一直保持对高度和障碍物的意识；

(e) 试验在白天目视飞行气象条件下进行，且地面可见；

(f) 确保机组已根据当地气压进行了高度表拨正；

(g) 在试验进行前调查试验区域的空中交通情况，未记录的障碍物、气象条件(湍流)；

(h) 为把杆飞行员和不把杆飞行员都熟悉机组程序；

(i) 如果高度/偏离下滑道以下 2 点(满刻度)，不把杆飞行员将报告终止试验；

(j) 通知空管飞机将开展下降到下滑道以下的警告试验。

c. THA 编号：334

(1) 条款号：23.1301。

(2) 试验名称：TAWS(GPWS 或 EGPWS)—起飞后负爬升率或掉高度(模式 3)。

(3) 试验描述：

(a) 完成正常起飞或低空进场，起落架和襟翼保持在起飞位置；

(b) 在或低于 700 ft 离地高度推杆至大约 300 ft/min 下降率；

（c）保持下降直到"Don't Sink（不要下沉）"和"Pull Up（拉起）"警告或者到达最低安全高度，即终止试验；

（d）注：试验跑道周边地形必须平坦；

（e）飞行试验指导见 TSOC151b 附录 3；

（f）TAWS 要求见 AC23 - 18；

（g）其他要求见 AC - 17B 的第 2 节。

（4）危险：受控撞地（CFIT）。

（5）风险等级：中。

（6）原因：

（a）未警告，系统没有提供戒备和/或警告；

（b）错误的戒备和/或警告；

（c）危险的误导性信息（HMI）；

（d）机组疏忽或注意分力散。

（7）降低风险措施：

（a）如果飞行中任何阶段的安全存在疑问，飞机爬升到预设的安全高度；

（b）飞行前的讲评应包括所有的试验机动，试验区域的使用，试验中断的标准和程序；

（c）把杆飞行员和不把杆飞行员都应熟悉机组程序；

（d）根据地形检查单发失效性能；

（e）执行试验的飞行员应熟悉试验场地和有过 GPWS 试验经验；

（f）一直保持对高度和障碍物的意识；

（g）试验在白天目视飞行气象条件下进行且地面可见；

（h）确保机组根据当地气压进行高度表拨正；

（i）不把杆飞行员将报出终止试验高度。

d. THA 编号：335

（1）条款号：23.1301。

（2）试验名称：TAWS（GPWS 或 EGPWS）—前视地形防撞（模式 2 和模式 4）。

（3）试验描述：

（a）前视地形防撞（FLTA）飞行试验考虑：

1 地形或障碍物已知的海拔高度应该在大约 300 ft 以内；

2 水平飞行高度在地形/障碍物之上大约 500 ft。

（b）验证：

1 所有提醒（戒备和警告）都在试验中合适的时候出现；

2 所有弹出的、自动调节的或其他显示特性工作；

3 显示器准确地描绘地形。

注：前述进行试验的地形至少离最近的机场 15 n mile。如果这一要求不能满

足,飞行高度要降到离地高度/障碍物 300 ft 或至少触发一个 TAWS 提醒。

(c) 详细的飞行试验程序见 AC25 – 23;

(d) 同时参考 TSOC151b 附录 3 段落 1.0 和 2.0;

(e) TAWS 要求见 AC23 – 18;

(f) 其他要求见 AC – 17B 的 23.1303。

(4) 危险:受控撞地(CFIT)。

(5) 风险等级:中。

(6) 原因:

(a) 未警告,系统没有提供戒备和/或警告;

(b) 错误的戒备和/或警告;

(c) 危险的误导性信息(HMI);

(d) 机组疏忽或注意力分散;

(e) 飞机性能不足以避免撞地。

(7) 降低风险措施:

(a) 如果飞行中任何阶段的安全存在疑问,爬升到预设的安全高度;

(b) 飞行前讲评应包括所有的试验机动,试验区域的使用、试验中断的标准和程序;

(c) 把杆飞行员和不把杆飞行员都应熟悉机组程序;

(d) 检查有关低空交通和鸟类活动警告的交通通告(NOTAM),根据地形检查单发失效性能;

(e) 执行试验的飞行员应熟悉试验场地和有过 GPWS 试验经验;

(g) 一直保持对高度和障碍物的意识;

(h) 一直保持对交通情况的注意,使用空中交通警告和防撞系统 TCAS;

(i) 试验在白天目视飞行气象条件下进行;

(j) 确保机组已根据当地气压进行高度表拨正;

(k) 飞过一个已知高度的山顶或高塔校准高度表确保高度表的压力和温度设置符合试验条件,按需修正到误差最小;

(l) 在试验进行前调查试验区域的空中交通情况,未记录的障碍物、气象条件(湍流)、鸟类活动;

(m) 确定一名飞行员或观察员作为安全监控员,负责监控前方地形和/或障碍物的情况。

e. THA 编号:336

(1) 条款号:23.1301。

(2) 试验名称:TAWS(GPWS 或 EGPWS)—过大下降率(模式 1)。

(3) 试验描述:

(a) 航路上下降要求:在离地高度 500 ft 或以上高度改出并恢复平飞;

试验条件:

1 飞行员反应时间:最小 3.0 s;

2 恒定加速度拉起:0.25g;

3 最小离地高度:500 ft AGL;

4 下降率:1 000 ft/min、2 000 ft/min、4 000 ft/min 和 6 000 ft/min;

5 预设飞行员任务:在离地高度 1 000 ft 处平飞;

(b) 中间进近航段下降要求:在离地高度 300 ft 或以上高度改出并恢复平飞。

试验条件:

1 飞行员反应时间:最小 1.0 s;

2 恒定加速度拉起:0.25g;

3 最小离地高度:300 ft AGL;

4 下降率:1 000 ft/min、2 000 ft/min、3 000 ft/min;

5 预设飞行员任务:在离地 500 ft 处平飞;

(c) 最后进近航段下降要求:在离地 100 ft 或以上处恢复平飞。

试验条件:

1 飞行员反应时间:最小 1.0 s;

2 恒定加速度拉起:0.25g;

3 最小离地高度:100 ft AGL;

4 下降率:500 ft/min、750 ft/min、1 000 ft/min 和 1 500 ft/min;

5 预设飞行员任务:按照仪表进近着陆程序(TERPS)的所需净空高度(ROC)要求在离地 250 ft 平飞。

(d) 试验条件见 TSOC151b 附录 3;

(e) TAWS 要求见 AC23-18;

(f) 23.1303 节的附加要求见 AC-17B。

(4) 危险:受控撞地(CFIT)。

(5) 风险等级:中。

(6) 原因:

(a) 未警告,系统没有提供戒备和/或警告;

(b) 错误的戒备和/或警告;

(c) 危险的误导性信息(HMI);

(d) 机组疏忽或注意力分散;

(e) 飞机性能不足以避免撞地。

(7) 降低风险措施:

(a) 如果飞行中任何阶段安全存在疑问,则将飞机飞到预设的安全高度。

(b) 飞行前讲评应包括所有的试验机动试验区域的使用、试验中断的标准和程序。

(c) 为把杆和不把杆的飞行员讲评机组人员程序。

(d) 检查有关低空交通情况或鸟类活动警告的航行通告(NOTAM)。

(e) 根据地形核查单发失效性能。

(f) 试飞员应当熟悉试验区域,且有近地警告系统试验的相关经验。

(g) 一直保持高度和障碍物的意识。

(h) 试验在白天、目视飞行气象条件下进行,且地面可见。

(i) 确保机组已根据当地气压进行了高度表拨正。

(j) 飞过一个已知的山顶或高塔的高度校准高度表确保高度设置符合试验条件的压力和温度。按需修正到高度误差最小。

(k) 试验前调查试验区域内的空中交通状况、未记录的障碍物、天气(湍流)或者鸟类活动。

(l) 确定一名驾驶员或观察员作为安全监控员,负责监控前方地形、障碍物和交通工具情况。

(m) 逐步增大下降率。

(n) 逐步减小高度。

(o) 试验前确定各高度的改出性能,根据结果确定相应的最低高度值。

(p) 由不把杆的飞行员在飞机下降到设定的最小高度时报出终止口令。

(q) 任何风向的风速应小于 30 kn。

(8) 应急程序:

(a) 断开自动驾驶;

(b) 进行 2g 的机动;

(c) 推力设置 MCP。

f. THA 编号:337

(1) 条款号:23.1301。

(2) 试验名称:TAWS(GPWS 或 EGPWS)—过大速率接近地形(模式 2)和非着陆构型撞地(模式 4)。

(3) 试验描述:

(a) 航路上水平飞行要求(模式 2):

水平飞行时(垂直方向速度:±500 ft/min),当飞机离地高度在 700 ft 以内,或者预测在规定的警告时间或距离内达到或少于 700 ft 时,近地警告应当发出。

试验标准见 TSO C151b 附录 3 中的 1.3 段和表 B。

(b) 进近航段(中间航段)水平飞行要求(模式 2):

水平飞行时(垂直方向速度:±500 ft/min),当飞机离地高度在 350 ft 以内,或者预测在规定的警告时间或距离内达到或少于 350 ft 时,近地警告应当发出。

试验标准见 TSO C151b 附录 3 中的 1.5 段和表 D。

(c) 最后进近航段水平飞行要求(模式 2&4)

在最小下降高度(MDA)水平飞行时,当飞机距离地面在 150 ft 以内,或者预测在规定的警告时间或距离内达到或少于 150 ft 时,近地警告应当发出。

试验标准见 TSO C151b 附录 3 中的 1.5 段和表 F。

(d) 前视地形防撞的飞行程序见 AC25-23。

(e) TAWS 要求见 AC23-18。

(f) 23.1303 节的附加要求见 AC-17B。

(4) 危险:空中碰撞。

(5) 风险等级:中。

(6) 原因:

(a) 低高度飞行;

(b) 机组专注于试验;

(c) 空域中的其他飞机。

(7) 降低风险措施:

(a) 检查有关低空交通和鸟类活动警告的交通通告(NOTAM);

(b) 一直保持交通情况的关注。若有,使用空中交通警告和防撞系统(TCAS);

(c) 试验在白天目视飞行气象条件下进行;

(d) 在试验进行前调查试验区域的空中交通情况、未记录的障碍物、气象条件(湍流)、鸟类活动;

(e) 确定一名飞行员或观察员作为监控员,负责监控前方地形、障碍物和交通情况;

(f) 使用雷达最大范围进行跟随飞行。

g. THA 编号:338

(1) 条款号:23.1301。

(2) 试验名称:TAWS(GPWS 或 EGPWS)—过大速率接近地形(模式 2)和非着陆构型撞地(模式 4)。

(3) 试验描述:

航路上水平飞行要求(模式 2):

水平飞行时(垂直方向速度:±500 ft/min),当飞机距离地面在 700 ft 以内,或者预测在规定的警告时间或距离内达到或少于 700 ft 时,近地警告应当发出。

试验标准见 TSO C151b 附录 3 中的 1.3 段和表 B。

(a) 进近航段(中间航段)水平飞行要求(模式 2):

水平飞行时(垂直方向速度:±500 ft/min),当飞机距离地面在 350 ft 以内,或者预测在规定的警告时间或距离内达到或少于 350 ft 时,近地警告应当发出。试验标准见 TSO C151b 附录 3 中的 1.5 段和表 D。

(b) 最后进行航段水平飞行要求(模式 2&4)。在最小下降高度(MDA)水平飞行时,当飞机距离地面在 150 ft 以内,或者将在预定的提醒时间或距离内达到或少于 150 ft 时,近地警告应当发出。试验标准见 TSO C151b 附录 3 中的 1.5 段和表 F。

(c) 前视地形防撞的飞行程序见 AC25 - 23。

(d) TAWS 要求见 AC23 - 18。

(e) 23.1303 节的附加要求见 AC - 17B。

(4) 危险:鸟撞。

(5) 风险等级:中。

(6) 原因:低空飞行在鸟类飞行路线上。

(7) 降低风险措施:

(a) 如果飞行中任何阶段的安全存在疑问,飞机爬升到预设的安全高度;

(b) 检查有关低空交通和鸟类活动警告的交通通告(NOTAM);

(c) 试验在白天目视飞行气象条件下进行;

(d) 在试验进行前调查试验区域的交通情况、未记录的障碍物、气象条件(湍流)、鸟类活动;

(e) 确定一名飞行员或观察员作为安全监控员负责监控前方地形、障碍物、交通量、鸟类活动。

h. THA 编号:339

(1) 条款号:23.1301。

(2) 试验名称:TAWS(GPWS 或 EGPWS)—过大速率接近地形(模式 2)和非着陆构型撞地(模式 4)。

(3) 试验描述:

(a) 航路上水平飞行要求(模式 2):水平飞行时(垂直方向速度:±500 ft/min),当飞机距离地面在 700 ft 以内,或者预测在规定的警告时间或距离内达到或少于 700 ft 时,近地警告应当发出。试验标准见 TSO C151b 附录 3 中的 1.3 段和表 B。

(b) 进近航段(中间航段)水平飞行要求(模式 2):水平飞行时(垂直方向速度:±500 ft/min),当飞机距离地面在 350 ft 以内,或者预测在规定的警告时间或距离内达到或少于 350 ft 时,近地警告应当发出。试验标准见 TSO C151b 附录 3 中的 1.5 段和表 D。

(c) 最后进近航段水平飞行要求(模式 2 和 4)。在最小下降高度(MDA)水平飞行时,当飞机距离地面在 150 ft 以内,或者预测在规定的警告时间或距离内达到或少于 150 ft 时,近地警告应当发出。试验标准见 TSO C151b 附录 3 中的 1.5 段和表 F。

(d) 前视地形防撞的飞行程序见 AC25 - 23。

(e) TAWS 要求见 AC23 - 18。

(f) 23.1303 节的附加要求见 AC - 17B。

(4) 危险:受控撞地(CFIT)。

（5）风险等级：中。

（6）原因：

（a）未警告系统没有提供戒备和/或警告；

（b）错误的戒备和/或警告；

（c）危险的误导性信息（HMI）；

（d）机组疏忽或注意力分散；

（e）飞机性能不足以避免撞地。

（7）降低风险措施：

（a）如果飞行中任何阶段安全存在疑问，则将爬升到预先设定的安全高度；

（b）飞行前讲评应包括所有的试验机动；

（c）为把杆和不把杆飞行员讲评机组人员程序；

（d）检查有关低空交通情况或鸟类活动警告的航行通告（NOTAM）；

（e）根据地形核查单发失效性能；

（f）试飞员应当熟悉试验区域，且有近地警告系统试验的相关经验；

（g）一直保持对高度和障碍物的意识；

（h）试验应在白天目视飞行气象条件下进行，且地面可见；

（i）确保机组已根据当地气压进行了高度表拨正；

（j）飞过已知的山顶或高塔的高度校准高度表确保高度表的压力和温度设置符合试验条件。按需修正到误差最小；

（k）试验前调查试验区域内的空中交通状况、未记录的障碍物、天气（湍流）或者鸟类活动；

（l）确定一名驾驶员或观察员作为安全监控员，负责监控前方地形、障碍物和交通工具情况。

i. THA 编号：340

（1）条款号：23.1301。

（2）试验名称：TAWS（GPWS 或 EGPWS）—过早下降警告（PDA 模式 6）。

（3）试验描述：

（a）过早下降提醒试飞考虑：

1 在距离跑道 10 n mile 以内进行试验；

2 在最后进近阶段距离跑道 10 n mile，高度 1500 ft 时设置飞机着陆；

3 在距离跑道 10 n mile 处，进入 3°下滑角下降，并保持到 PDA 提醒出现；

4 注意：最后进近应该保持水平飞行和相对不受地形/障碍物的干扰以免触发 FLTA 功能。这个试验可能也验证了 500 ft 语音提示功能（模式 6）。确认 PDA 语音提醒、机场数据库、导航源输入、输入到 TAWS 的大气和/或雷达高度数据的合适性。

（b）详细飞行试验程序见 AC25-23。

（c）过早下降提醒试验条件：

下降率：750、1500、2000、3000 ft/min；

假设跑道标高：标准海平面，平坦地形。

（d）另外的试验细节见 TSO C151b 附件 3 段落 3.0 和表格 H；

（e）TAWS 要求见 AC23-18；

（f）其他 23.1303 节的要求见 AC-17B。

（4）危险：受控撞地（CFIT）。

（5）风险等级：中。

（6）原因：

（a）未警告，系统没有提供戒备和/或警告；

（b）错误的戒备和/或警告；

（c）危险的误导性信息（HMI）；

（d）机组疏忽或注意力分散；

（e）飞机性能不足以避免撞地。

（7）降低风险措施：

（a）如果飞行中任何阶段安全存在疑问，飞到预先设定的安全高度；

（b）飞行前讲评应包括所有的试验机动试验区域的选择，试验中断的标准和程序；

（c）为把杆和不把杆的飞行员讲评机组人员程序；

（d）检查有关低空交通情况或鸟类活动警告的航行通告（NOTAM）；

（e）根据地形核查单发失效性能；

（f）试飞员应当熟悉试验区域，且有近地警告系统试验的相关经验；

（g）一直保持对高度和障碍物的意识；

（h）试验在白天、目视飞行气象条件下进行，且地面可见；

（i）确保机组已根据当地气压进行了高度表拨正；

（j）飞过一个已知的山顶或高塔的高度校准高度表确保高度表的压力和温度设置符合试验条件，按需修正到高度最小；

（k）试验前调查试验区域内的空中交通状况、未记录的障碍物、天气（湍流）或者鸟类活动；

（l）确定驾驶员或观察员作为安全监控员，负责监控前方地形、障碍物和交通工具情况；

（m）逐步增大下降率；

（n）逐步减小高度；

（o）试验前确定各高度的改出性能，根据结果相应的最低高度值；

（p）由不把杆的飞行员在飞机下降到设定的最小高度时报出中止口令；

（q）任何风向的风速应小于 30 kn。

90. 第23.1303条 飞行和导航仪表

a. THA 编号:341

(1) 条款号:23.1303。

(2) 试验名称:TAWS(GPWS 或 EGPWS)—过大速率接近地形(模式 2)和非着陆构型撞地(模式 4)。

(3) 试验描述:

(a) 航路上水平飞行要求(模式 2):水平飞行时(垂直方向速度:$\pm 500\,ft/min$),当飞机离地高度在 700 ft 以内,或者预测在规定的警告时间或距离内达到或少于 700 ft 时,近地警告应当发出。试验标准见 TSO C151b 附录 3 中的 1.3 段和表 B。

(b) 进近航段(中间航段)水平飞行要求(模式 2):水平飞行时(垂直方向速度:$\pm 500\,ft/min$),当飞机离地高度在 350 ft 以内,或者预测在规定的警告时间或距离内达到或少于 350 ft 时,近地警告应当发出。试验标准见 TSO C151b 附录 3 中的 1.5 段和表 D。

(c) 最后进近航段水平飞行要求(模式 2&4)。在最小下降高度(MDA)水平飞行时,当飞机离地高度在 150 ft 以内,或者将在预测在规定的警告时间或距离内达到或少于 150 ft 时,近地警告应当发出。试验标准见 TSO C151b 附录 3 中的 1.5 段和表 F。

(d) 前视地形防撞的飞行程序见 AC25-23;

(e) TAWS 要求见 AC23-18;

(f) 23.1303 节的附加要求见 AC-17B。

(4) 危险:受控撞地(CFIT)。

(5) 风险等级:中。

(6) 原因:

(a) 未警告,系统没有提供戒备和/或警告;

(b) 错误的戒备和/或警告;

(c) 危险的误导性信息(HMI);

(d) 机组疏忽或注意力分散;

(e) 飞机性能不足以避免撞地。

(7) 降低风险措施:

(a) 如果飞行中任何阶段安全存在疑问,则将爬升到预先设定的安全高度;

(b) 飞行前讲评应包括所有的试验机动试验区域的选择,试验中断的标准和程序;

(c) 为把杆和不把杆的飞行员介绍机组人员操作程序;

(d) 检查有关低空交通情况或鸟类活动警告的航行通告(NOTAM);

(e) 根据地形核查单发失效性能;

(f) 试飞员应当熟悉试验区域,且具有近地警告系统试验的相关经验。

(g) 一直保持对高度和障碍物的意识;

(h) 试验应在白天、目视飞行气象条件下进行,且地面可见;

(i) 确保机组人员已根据当地气压进行了高度表拨正;

(j) 飞过某一已知的山顶或高塔的高度校准高度表,从而确保高度表的压力和温度设置符合试验条件。按需修正到误差最小;

(k) 试验前调查试验区域内的空中交通状况、未记录的障碍物、天气(湍流)或者鸟类活动;

(l) 确定一名驾驶员或观察员作为安全监控员,负责监控前方地形、障碍物和交通工具情况;

b. THA 编号:342

(1) 条款号:23.1303。

(2) 试验名称:TAWS(GPWS 或 EGPWS)—非着陆构型撞地(模式 4)。

(3) 试验描述:

(a) 从大约 1000 ft 离地高度开始,起落架收起,襟翼不是着陆构型;

(b) 当前空速和构型下以大约 500 ft/min 下降;

(c) 查看"TOO LOW GEAR"和"PULL UP"指示;

(d) 放下起落架并继续下降;

(e) 查看"TOO LOW FLAPS"指示;

(f) 试验标准见 TSO C151b 附录 3;

(g) TAWS 要求见 AC23 - 18;

(h) 其他的飞行试验程序见 AC - 17B 的 23.1303 节。

(4) 危险:失速。

(5) 风险等级:中。

(6) 原因:

(a) 速度减低;

(b) 机组专注于试验。

(7) 降低风险措施:

(a) 在离地高度 150 ft(喷气式)和离地高度 100 ft(涡桨),不把杆飞行机组成员应报告终止试验;

(b) 飞越平缓地形或飞往跑道(推荐);

(c) 使用进近襟翼构型和适当的空速以保持失速余量。

c. THA 编号:343

(1) 条款号:23.1303。

(2) 试验名称:TAWS(GPWS 或 EGPWS)—起飞后负爬升率或掉高度(模式 3)。

（3）试验描述：

（a）（模式 3）飞行试验考虑：

<u>1</u>　完成正常起飞或低空进场，起落架和襟翼保持在起飞位置；

<u>2</u>　在或低于 700 ft AGL 推杆至大约 300 ft/min 下降率；

<u>3</u>　保持下降直到"Don't Sink（不要下降）"和"Pull Up（拉起）"警告或最小安全高度，先到即止。

注：试验跑道周边地形必须平坦。

（b）飞行试验指导见 TSOC151b 附录 3

（c）TAWS 要求见 AC23 - 18

（d）其他要求见 AC - 17B 的第 2 节

（4）危险：受控撞地（CFIT）。

（5）风险等级：中。

（6）原因：

（a）未警告，系统没有提供戒备和/或警告；

（b）错误的戒备和/或警告；

（c）危险的误导性信息（HMI）；

（d）机组疏忽或注意力分散。

（7）降低风险措施：

（a）如果飞行中任何阶段的安全存在疑问，飞机爬升到预设的安全高度；

（b）飞行前讲评应包括所有试验机动，试验区域的使用，试验中断的标准和程序；

（c）把杆飞行员和不把杆飞行员都应熟悉机组程序；

（d）根据地形检查单发失效性能；

（e）执行试验的飞行员应熟悉试验场地和有过 GPWS 试验经验；

（f）一直保持对高度和障碍物的意识；

（g）在白天、目视飞行气象条件下进行试验；

（h）确保机组根据当地气压进行了高度表拨正；

（i）不把杆飞行员报出终止试验高度。

d. THA 编号：344

（1）条款号：23.1303。

（2）试验名称：TAWS（GPWS 或 EGPWS）—前视地形防撞（模式 2 和模式 4）。

（3）试验描述：

（a）前视地形防撞（FLTA）飞行试验考虑：

<u>1</u>　地形或障碍物已知的海拔高度应该在大约 300 ft 以内；

<u>2</u>　水平飞行高度在地形/障碍物之上大约 500 ft。

（b）验证：

<u>1</u> 所有告警(戒备和警告)都在试验中合适的时候给出;

<u>2</u> 所有弹出的、自动调节的或其他显示特性正常;

<u>3</u> 显示准确地描绘出地形。

注:前述进行试验的地形至少离最近的机场 15 n mile。如果这一要求不现实,飞行高度要降到离地高度/障碍物 300 ft 或更少以触发一个 TAWS 提醒。

(c) 试飞程序详见 AC25-23;

(d) 同时参考 TSOC151b 附录 3 段落 1.0 和 2.0;

(e) TAWS 要求见 AC23-18;

(f) 其他要求见 AC-17B 的 23.1303。

(4) 危险:受控撞地(CFIT)。

(5) 风险等级:中。

(6) 原因:

(a) 未警告,系统没有提供戒备和/或警告;

(b) 错误的戒备和/或警告;

(c) 危险的误导性信息(HMI);

(d) 机组疏忽或注意力分散;

(e) 飞机性能不足以避免撞地。

(7) 降低风险措施:

(a) 如果飞行中任何阶段的安全存在疑问,爬升到预设的安全高度;

(b) 飞行前讲评应包括所有试验机动,试验区域的使用,试验中断的标准和程序;

(c) 把杆飞行员和不把杆飞行员都机组程序应熟悉;

(d) 检查有关低空交通和鸟类活动警告的交通通告(NOTAMA);

(e) 根据地形检查单发失效性能;

(f) 执行试验的飞行员应熟悉试验场地和有过 GPWS 试验经验;

(g) 保持时刻对高度和障碍物的意识;

(h) 保持时刻注意交通情况,使用防撞系统 TCAS(如果适用);

(i) 试验在白天目视飞行气象条件下进行;

(j) 确保机组已根据当地气压进行了高度表拨正;

(k) 飞过一个已知高度的山峰或高塔校准高度表,确保高度表的设置符合试验地气压和温度条件;

(l) 在试验前调查试验区域的交通情况,未记录的障碍物,气象条件(湍流)、鸟类活动;

(m) 确定一名飞行员或观察员作为安全监控员负责监控前方地形和/或障碍物的情况。

e. THA 编号:345

(1) 条款号:23.1303。

（2）试验名称：TAWS(GPWS 或 EGPWS)—过大下降率（模式 1）。

（3）试验描述：

（a）航路上下降要求：在离地高度 500 ft 或以上高度改出并恢复平飞

试验条件：

<u>1</u> 飞行员反应时间：最小 3.0 s；

<u>2</u> 恒定加速度拉起：0.25g；

<u>3</u> 最小离地高度：500 ft AGL；

<u>4</u> 下降率：1 000 ft/min、2 000 ft/min、4 000 ft/min 和 6 000 ft/min；

<u>5</u> 预设飞行员任务：在离地高度 1 000 ft 处平飞。

（b）中间进近航段下降要求：在高出地形 300 ft 或以上高度改出并恢复平飞

试验条件：

<u>1</u> 飞行员反应时间：最小 1.0 s；

<u>2</u> 恒定加速度拉起：0.25g；

<u>3</u> 最小离地高度：300 ft AGL；

<u>4</u> 下降率：1 000 ft/min、2 000 ft/min、3 000 ft/min；

<u>5</u> 假设飞行员任务：在离地 500 ft 处平飞。

（c）进场终段下降要求：在离地 100 ft 或以上高度改出并恢复平飞

试验条件：

<u>1</u> 飞行员反应时间：最小 1.0 s；

<u>2</u> 恒定加速度拉起：0.25g；

<u>3</u> 最小离地高度：100 ft AGL；

<u>4</u> 下降率：500 ft/min、750 ft/min、1 000 ft/min 和 1 500 ft/min；

<u>5</u> 预设飞行员任务：按照仪表进近着陆程序（TERPS）的所需净空高度（ROC）要求在离地 250 ft 平飞。

（d）试验条件见 TSOC151b 附录 3。

（e）TAWS 要求见 AC23 - 18。

（f）23.1303 节的附加要求见 AC - 17B。

（4）危险：受控撞地（CFIT）。

（5）风险等级：中。

（6）原因：

（a）未警告，系统没有提供戒备和/或警告；

（b）错误的戒备和/或警告；

（c）危险的误导性信息（HMI）；

（d）机组疏忽或注意力分散；

（e）飞机性能不足以避免撞地。

（7）降低风险措施：

（a）如果飞行中任何阶段安全存在疑问则爬升到预先设定的安全高度。

（b）飞行前讲评应包括所有的试验机动试验区域的使用，试验中断的标准和程序。

（c）把杆和不把杆的飞行员熟悉机组人员程序。

（d）检查有关低空交通情况或鸟类活动警告的航行通告（NOTAM）。

（e）根据地形核查单发失效性能。

（f）试飞员应当熟悉试验区域，且有近地警告系统试验的相关经验。

（g）一直保持对高度和障碍物的意识。

（h）试验应在白天、目视飞行气象条件下进行，且地面可见。

（i）确保机组人员已根据当地气压进行高度表拨正。

（j）飞过一个已知的山顶或高塔的高度校准高度表确保高度表压力和温度设置符合试验条件。按需修正到高度误差最小。

（k）试验前调查试验区域内的空中交通状况、未记录的障碍物、天气（湍流）或者鸟类活动。

（l）确定一名驾驶员或观察员作为安全监控员，负责监控前方地形、障碍物和交通工具情况。

（m）下降率逐步增大。

（n）高度逐步降低。

（o）试验前确定各高度的改出性能，根据结果确定相应的最低高度值。

（p）由不把杆的飞行员在飞机下降到设定的最小高度时报出终止口令。

（q）任何风向的风速应小于 30 kn。

（8）应急程序：

（a）断开自动驾驶；

（b）进行 2g 的机动；

（c）推力设置 MCP。

f. THA 编号：346

（1）条款号：23.1303。

（2）试验名称：TAWS（GPWS 或 EGPWS）—过大速率接近地形（模式 2）和非着陆构型撞地（模式 4）。

（3）试验描述。

（a）航路上水平飞行要求（模式 2）：

水平飞行时（垂直方向速度：±500 ft/min），当飞机距离地面在 700 ft 以内，或者预测在规定的警告时间或距离内达到或少于 700 ft 时，近地警告应当发出。试验标准见 TSO C151b 附录 3 中的航段 1.3 段和表 B。

（b）进近航段（中间航段）水平飞行要求（模式 2）：

水平飞行时（垂直方向速度：±500 ft/min），当飞机离地高度在 350 ft 以内，或者预测在规定的警告时间或距离内达到或少于 350 ft 时,近地警告应当发出。试验标准见 TSO C151b 附录 3 中的 1.5 段和表 D。

(c) 最后进近航段水平飞行要求(模式 2 和 4)。

在最小下降高度(MDA)水平飞行时,当飞机离地高度在 150 ft 以内,或者预测在规定的警告时间或距离内达到或少于 150 ft 时,近地警告应当发出。

(d) 试验标准见 TSO C151b 附录 3 中的 1.5 段和表 F。

(e) TAWS 要求见 AC23 - 18。

(f) 23.1303 节的附加要求见 AC - 17B。

(4) 危险:空中碰撞。

(5) 风险等级:中。

(6) 原因:

(a) 低高度飞行;

(b) 机组专注于试验;

(c) 空域中的其他飞机。

(7) 降低风险措施:

(a) 检查有关低空交通和鸟类活动警告的交通通告(NOTAM);

(b) 一直保持对空中交通情况的注意。如果可用,使用空中交通警告和防撞系统(TCAS);

(c) 试验在白天目视飞行气象条件下进行,且地面可见;

(d) 在试验开始前调查试验区域的空中交通情况、未记录的障碍物、气象条件(湍流)、鸟类活动;

(e) 确定一名飞行员或观察员作为安全监控员,监控前方地形、障碍物和交通情况;

(f) 使用雷达最大范围进行飞行跟踪。

g. THA 编号:347

(1) 条款号:23.1303。

(2) 试验名称:TAWS(GPWS 或 EGPWS)—过大速率接近地形(模式 2)和非着陆构型撞地(模式 4)。

(3) 试验描述:

(a) 航路上水平飞行要求(模式 2):水平飞行时(垂直方向速度:±500 ft/min),当飞机离地高度在 700 ft 以内,或者预测在规定的警告时间或距离内达到或少于 700 ft 时,近地警告应当发出。试验标准见 TSO C151b 附录 3 中的 1.3 段和表 B。

(b) 进近航段(中间航段)水平飞行要求(模式 2):水平飞行时(垂直方向速度:±500 ft/min),当飞机离地高度在 350 ft 以内,或者预测在规定的警告时间或距离内达到或少于 350 ft 时,近地警告应当发出。试验标准见 TSO C151b 附录 3 中的 1.5 段和表 D。

（c）进场终段水平飞行要求（模式 2 和 4）。在最小下降高度（MDA）水平飞行时，当飞机离地高度在 150 ft 以内，或者将在预测在规定的警告时间或距离内达到或少于 150 ft 时，近地警告应当发出。试验标准见 TSO C151b 附录 3 中的 1.5 段和表 F。

（d）前视地形防撞的飞行程序见 AC25 - 23。

（e）TAWS 要求见 AC23 - 18。

（f）23.1303 节的其他要求见 AC - 17B。

（4）危险：鸟撞。

（5）风险等级：中。

（6）原因：低空飞行在鸟类飞行路线上。

（7）降低风险措施：

（a）如果飞行中任何阶段的安全存在疑问，飞机爬升到预设的安全高度；

（b）检查有关低空交通和鸟类活动警告的交通通告（NOTAM）；

（c）试验在白天目视飞行气象下进行，且地面可用；

（d）在试验进行前调查试验区域的交通情况、未记录的障碍物、气象条件（湍流）、鸟类活动；

（e）确定一名飞行员或观察员作为安全监控员负责监控前方地形、障碍物、交通量、鸟类活动；

h. THA 编号：348

（1）条款号：23.1303。

（2）试验名称：TAWS(GPWS 或 EGPWS)—相对下滑道过大下偏（模式 5）。

（3）试验描述：

（a）着陆构型以 V_{REF} 空速建立仪表着陆系统（ILS）进场程序；

（b）下沉率增加 200 ft/min（总下沉率至少 500 ft/min），下沉到低于下滑道；

（c）保持下沉率直到观察到"GLIDESLOPE"（模式 5）警告或最小下降指示（两点或最小高度）；

（d）详细的飞行试验程序见 TSOC151b 附录 3 段落 3.0 和表格 H；

（e）TAWS 要求见 AC23 - 18；

（f）其他要求见 AC - 17B 的 23.1303 节。

（4）危险：受控撞地（CFIT）。

（5）风险等级：中。

（6）原因：

（a）未警告，系统没有提供戒备和/或警告；

（b）错误的戒备和/或警告；

（c）危险的误导性信息（HMI）；

（d）机组疏忽或注意力分散。

(7) 降低风险措施:

(a) 如果飞行中任何阶段的安全存在疑问,爬升到预设的安全高度;

(b) 飞行前讲评应包括所有试验机动,试验区域的使用,试验中断的标准和程序;

(c) 执行试验的飞行员应熟悉试验场地和有过 GPWS 试验经验;

(d) 一直保持对高度和障碍物的意识;

(e) 试验在白天目视飞行气象条件下进行;

(f) 确保机组已根据当地气压进行了高度表拨正;

(g) 在试验进行前调查试验区域的空中交通情况,未记录的障碍物,气象条件(湍流);

(h) 把杆飞行员和不把杆飞行员都应该熟悉机组程序;

(i) 在偏离下滑道以下 2 点(满刻度)不把杆飞行员将报出终止试验高度;

(j) 通知空管下降到下滑道以下的警告试验。

i. THA 编号:349

(1) 条款号:23.1303。

(2) 试验名称:TAWS(GPWS 或 EGPWS)—过早下降警告(PDA 模式 6)。

(3) 试验描述:

(a) 过早下降提醒试飞考虑:

1 在距离跑道 10 n mile 以内进行试验;

2 在最后进近阶段距离跑道 10 n mile,高度 1500 ft AGL 时设置飞机着陆;

3 在距离跑道 10 n mile 处,起动一个 3°下降,并保持到 PDA 提醒出现。

注意:最后进近应该保持水平飞行和相对不受地形/障碍物的干扰以免触发 FLTA 功能。这个试验可能也验证了 500 ft 语音提示功能(模式 6)。确认 PDA 语音提醒、机场数据库、导航源输入、输入到 TAWS 的大气和/或雷达高度数据的合适性。

(b) 详细飞行试验程序见 AC25-23。

(c) 过早下降提醒测试条件:

下降率:750、1500、2000、3000 ft/min。

假设跑道标高:标准海平面、平坦地形。

(d) 另外的测试细节见 TSO C151b 附件 3 段落 3.0 和表格 H。

(e) TAWS 要求见 AC23-18。

(f) 其他 23.1303 节的要求见 AC-17B。

(4) 危险:受控撞地(CFIT)。

(5) 风险等级:中。

(6) 原因:

(a) 未警告,系统没有提供戒备和/或警告;

(b) 错误的戒备和/或警告;

（c）危险的误导性信息（HMI）；

（d）机组疏忽或注意力分散；

（e）飞机性能不足以避免撞地。

（7）降低风险措施：

（a）如果航程中任何阶段的安全存在疑问，飞到预先设定的安全高度；

（b）飞行前讲评应包括所有的试验机动，试验区域的使用，试验中断的标准和程序；

（c）把杆和不把杆的飞行员应熟悉机组人员程序；

（d）检查有关低空交通情况或鸟类活动警告的航行通告（NOTAM）；

（e）根据地形核查单发失效性能；

（f）试飞员应当熟悉试验区域，且有近地警告系统试验的相关经验；

（g）一直保持对高度和障碍物的意识；

（h）试验应在白天目视飞行气象条件下进行，且地面可见；

（i）确保机组人员已根据当地气压进行了高度表拨正；

（j）飞过已知的山顶或高塔的高度校准高度表确保高度表的压力和温度设置符合试验条件。按需修正到误差差最小；

（k）试验前调查试验区域内的空中交通状况、未记录的障碍物、天气（湍流）或者鸟类活动；

（l）确定一名驾驶员或观察员作为安全监控员，负责监控前方地形、障碍物和交通情况；

（m）逐步增大下降率；

（n）逐步减小高度；

（o）试验前确定各高度的改出性能，根据结果确定相应的最低高度值；

（p）由不把杆的飞行员在飞机下降到设定的最小高度时报出终止口令；

（q）任何风向的风速应小于 30 kn。

91. 第 23.1305 条　动力装置仪表【备用】

92. 第 23.1307 条　其他设备【备用】

93. 第 23.1309 条　设备、系统及安装【备用】

第 2 节　仪表：安装

94. 第 23.1311 条　电子显示仪表系统【备用】

95. 第 23.1321 条　布局和可见度【备用】

96. 第 23.1322 条　警告灯、戒备灯和提示灯【备用】

97. 第 23.1323 条　空速指示系统

a. THA 编号:365

(1) 条款号:23.1323。

(2) 试验名称:地速基线。

(3) 试验描述:

按照 AC23-8B 附录 9 所描述。以恒定的指示空速在同一已知距离反向来回各飞行一次。试验通过已知距离的时间以获得地速。取反向来回地速的平均值以消除风的影响获得真空速。因此,飞行高度必须足够低以准确确定时间,但也应足够高以避免地面效应,至少 1.5 倍翼展。

(4) 危险:撞地。

(5) 风险等级:中。

(6) 原因:(a)未留意高度;(b)任务量饱和。

(7) 降低风险措施:

(a) 应指派一名机组人员一直监控离地高度。

考虑因素:为获得有效数据,必须保持空速恒定。这意味着通常使用拉杆方法(改变俯仰来保持速度),若没有仔细监控,将导致飞机逐渐下降。

(b) 计划的高度不应低于 150 ft AGL。

考虑因素:低空飞行以计时更精确。定义最低高度,为意外偏离提供一个安全缓冲区。

(c) 地面试验的最小速度应不小于 $1.3V_s$

考虑因素:飞行太接近失速速度,若飞行员没有注意飞得太低或太慢,可能很难避免撞地。

(d) 应在每次试验结束后转弯前执行机翼水平爬升,为下次试验准备。

考虑因素:当为下次试验寻找视线参考时,或当为下次试验条件改变构型时,在非常低的高度转弯,可能会减小对高度/速度的注意。

(e) 没有非必需的机组人员

考虑因素:尽管非灾难性试验,但低高度飞行带来较高风险。因此应仅承载所需的机组人员。这并非要求最小机组人员。单飞行员的飞机在试验中两名机组上机帮助监控高度会更安全,且总体上减小了飞行员的飞行负担。

(f) 只要可能,应使用第二名机组人员来减轻工作量。

考虑因素:第二名机组人员可能用于帮助监控高度、计时、进行所需的无线电通信等。

98. 第 23.1325 条 静压系统

a. THA 编号:366

(1) 条款号:23.1325。

(2) 试验名称:塔台飞越。

(3) 试验描述:

按照 AC23-8B 附录 9 所描述。以恒定的高度从一已知距离飞越带有一个基准静压传感器的塔台。飞机实际的压力高度同试验的压力高度对比,以确定误差与飞机构型和速度的函数关系。

(4) 危险:撞地。

(5) 风险等级:中。

(6) 原因:

(a) 未留意高度;

(b) 任务量饱和。

(7) 降低风险措施:

(a) 应指派一名机组人员一直监控离地高度。

考虑因素:为获得有效数据,必须保持空速恒定。这意味着通常使用拉杆方法(改变俯仰来保持速度),若没有仔细监控,将导致飞机逐渐下降。

(b) 计划的高度应不低于 150 ft AGL。

考虑因素:低空飞行以计时更准确。定义最低高度,为意外偏离提供一个安全缓冲区。

(c) 地面试验的最小速度应不小于 $1.3V_s$。

考虑因素:飞行太接近失速速度,若飞行员没有注意飞得太低或太慢,可能很难避免撞地。

(d) 应在每次试验结束后转弯前执行杨翼水平爬升,为下次试验做准备。

考虑因素:当为下次试验提供视线参考时,或当为下次试验条件改变构型时,在非常低的高度转弯,可能会减小对高度和/或速度的注意。

(e) 没有非必需的机组人员。

考虑因素:尽管非灾难性试验,但低高度飞行带来较高风险。因此应仅承载所需的机组人员。这并非要求最小机组人员。单飞行员的飞机在试验中两名机组上机帮助监控高度会更安全,且总体上减轻了飞行员的飞行负担。

(f) 只要可能,应使用第二名机组人员来减轻工作量。

考虑因素:第二名机组人员可能用于帮助监控高度、计时、进行所需的无线电通信等。

99. 第 23.1326 条 空速管加温指示系统【备用】

100. 第 23.1327 条　磁航向指示器【备用】

101. 第 23.1329 条　自动驾驶仪系统

a. THA 编号:386

(1) 条款号:23.1329。

(2) 试验名称:自动驾驶仪故障。

(3) 试验描述。

(a) 故障试验:

1 爬升、巡航和下降。

飞行员发现故障后最少延迟 3 s 再采取修正动作。载荷不应超过 0～2g。速度不应超过 V_{NE} 或 V_{MO}/M_{MO} 和 V_D/M_D 的中间速度。过程中应测量高度损失值。

2 机动飞行。

故障引起的提醒后最少 1 s 再采取修正动作。载荷不应超过 0～2g。速度不应超过 V_{NE} 或 V_{MO} 和 M_{MO} 和 V_D/M_D 的中间速度。过程中测量高度损失。

3 回振信号试验。

确定一个足够大幅度的回振信号的效果,这一幅度使各个活动控制舵面的伺服放大器饱和。

(b) 飞控恢复:

在恰当的延时后,通过更大力克服或选择紧急快速断开的方法恢复。飞行员应能够通过全手动控制恢复飞机到正常飞行姿态,恢复过程中不超过以上载荷或速度限制或发生危险的机动。

(c) 细节见 AC23 - 17 第 123.1329 节第 244 页起。

(4) 危险:失去全部推力。

(5) 风险等级:高。

(6) 原因:单发进近过程中,第二台发动机失效。

(7) 降低风险措施:

(a) 在进行单发失效操纵前,回顾双发熄火和紧急发动机重启程序;

(b) 在滑翔距离内有恰当着陆点的区域执行此试验。

b. THA 编号:387

(1) 条款号:23.1329。

(2) 试验名称:自动驾驶仪故障。

(3) 试验描述。

(a) 故障测试:

1 爬升、巡航和下降。

飞行员发现故障后最少延迟 3 s 再采取修正动作。载荷不应超过 0～2g。速度

不应超过 V_{NE} 或 V_{MO}/M_{MO} 和 V_D/M_D 的中间速度。过程中应测量高度损失值。

2　机动飞行。

故障引起的提醒后最少 1 s 再采取修正动作。载荷不应超过 0～2g。速度不应超过 V_{NE} 或 V_{MO} 和 M_{MO} 和 V_D/M_D 的中间速度。过程中测量高度损失。

3　回振信号试验。

确定一个足够大幅度的回振信号的效果,这一幅度使各个活动控制舵面的伺服放大器饱和。

(b) 飞控恢复:

在恰当的延时后,通过更大力克服或选择紧急快速断开的方法恢复。飞行员应能够通过全手动控制恢复飞机到正常飞行姿态,恢复过程中不超过以上载荷或速度限制或发生危险的机动。

(c) 细节见 AC23-17 第 123.1329 节第 244 页起。

(4) 危险:受控撞地(CFIT)。

(5) 风险等级:高。

(6) 原因:飞行员专注于相关试验任务。

(7) 降低风险措施:

(a) 高风险点(低高度)使用最小机组;

(b) 在每次飞行前检查自动驾驶断开功能;

(c) 飞行员监控控制;

(d) 熟悉终止程序和改出技术;

(e) 安全飞行员在进近过程中监视跑道,并报出高度;

(f) 确定一个最小安全试验初始高度,并制定一个中止高度;

(g) 气象:

1　目视飞行气象条件;

2　地面可见(低高度试验点);

3　清晰的地平线。

c. THA 编号:9292

(1) 条款号:23.1329。

(2) 试验名称:自动驾驶仪故障。

(3) 试验描述:

(a) 爬升、巡航和下降。

飞行员发现故障后最少延迟 3 s 再采取修正动作。载荷不应超过 0～2g。速度不应超过 V_{NE} 或 V_{MO}/M_{MO} 和 V_D/M_D 的中间速度。过程中应测量高度损失值。

(b) 机动飞行。

故障引起的提醒后最少 1 s 再采取修正动作。载荷不应超过 0～2g。速度不应超过 V_{NE} 或 V_{MO} 和 M_{MO} 和 V_D/M_D 的中间速度。过程中测量高度损失。

（c）回振信号试验。

确定一个足够大幅度的回振信号的效果，这一幅度使各个活动控制面的伺服放大器饱和。

（4）危险：结构失效。

（5）风险等级：高。

（6）原因：

（a）改出过程中超过负载；

（b）自动驾驶急剧满偏故障。

（7）降低风险措施：

（a）最小机组。

（b）在每次飞行前检查自动驾驶断开功能。

（c）飞行员监控控制。

（d）熟悉终止程序和改出技术。

（e）确定一个最低试验开始高度。

（f）监控结构数据。

（g）合理的逐步逼近飞行条件（高高度到低高度；飞行员反应时间由短到长）。

（h）气象：

1 目视飞行气象条件；

2 地面可见（低高度试验点）；

3 清晰的地平线。

（i）在模拟器上练习改出动作。

考虑因素：模拟器逼真度越高越好。这应该在每次试验前练习最好，以保持连续性。

（j）在模拟器上练习急剧满偏故障改出。

考虑因素：假设一个急剧满偏故障发生，飞机的改出可能恶化状态。在模拟器上进行此仿真模拟，可能提供一些急剧满偏故障充分发展前识别和终止它的见解。

d. THA 编号：11817

（1）条款号：23.1329。

（2）试验名称：自动驾驶仪研发试飞。

（3）试验描述：

（a）功能的演示：

（b）自动驾驶系统应在所有环境条件（包括湍流）下通过所有合适的机动执行其设计功能，除非某些操纵限制或情况说明已包括在飞行手册中。所有的这些机动应该平顺地完成，且不会对飞机造成超出 $0\sim 2g$ 的载荷：

（c）细节见 AC23-17 第 123.1329 节第 244 页起。

（4）危险：结构失效。

（5）风险等级：中。

（6）原因：

（a）速度超过 V_{NE} 或 V_D/M_D；

（b）改出过程中载荷过大。

（c）自动驾驶仪急剧满偏故障。

（7）降低风险措施：

（a）监控速度超限。在速度超出 V_{NE}，或 V_{MO}/M_{MO} 和 V_D/M_D 的中间点速度（对已确定 V_{MO}/M_{MO} 的飞机）前断开 AP 并改出。

（b）在此科目试飞前，飞机速度包线必须扩展到 V_D/M_D。

（c）监控飞机的结构数据。

（d）在模拟器上练习机动和改出。

（e）监控数据以确定飞机的性能。

e. THA 编号：11818

（1）条款号：23.1329。

（2）试验名称：自动驾驶仪研发试飞。

（3）试验描述。

（a）功能的演示；

（b）自动驾驶系统应在所有环境条件（包括湍流）下通过所有合适的机动执行其设计功能，除非某些操纵限制或情况说明已包括在飞行手册中。所有的这些机动应该平顺地完成，且不会对飞机造成超出 0～2g 的载荷；

（c）细节见 AC23 - 17 第 123.1329 节第 244 页起。

（4）危险：失速。

（5）风险等级：中。

（6）原因：

（a）低速飞行时达到失速；

（b）不恰当的机动改出；

（c）自动驾驶仪故障。

（7）降低风险措施：

（a）试验前确认失速特性；

（b）在每次飞行前检查自动驾驶断开功能；

（c）飞行员监控控制；

（d）熟悉终止程序和改出动作；

（e）确定一个最低试验高度；

（f）气象：

1 目视飞行气象条件；

2 地面可见（低高度试验点）；

<u>3</u>　清晰的地平线。

（g）拉杆不超过抖杆触发（失速警告）。

f. THA 编号：11819

（1）条款号：23.1329。

（2）试验名称：自动驾驶仪故障。

（3）试验描述：

（a）功能的演示。

（b）自动驾驶系统应在所有环境条件（包括湍流）下通过所有合适的机动执行其设计功能，除非某些操纵限制或情况说明已包括在飞行手册中。所有的这些机动应该平顺地完成，且不会对飞机造成超出 $0\sim2g$ 的载荷。

（c）细节见 AC23‑17 第 123.1329 节第 244 页起。

（4）危险：飞机撞击地面。

（5）风险等级：高。

（6）原因：自动驾驶仪灾难性故障导致飞机猛烈低头。

（7）降低风险措施：

（a）离地 100 ft 以下，自动驾驶将不使用或不允许使用；

（b）注意电路断路器的位置，以便自动驾驶断开失效时立即切断电源；

（c）离地 500 ft 以下，一个机组的双手保持在操纵上。

102. 第 23.1331 条　使用能源的仪表【备用】

103. 第 23.1335 条　飞行指引系统【备用】

104. 第 23.1337 条　动力装置仪表安装【备用】

第 3 节　电气系统和设备【备用】

第 4 节　灯【备用】

第 5 节　安全设备【备用】

第 6 节　其他设备【备用】

第 7 章　使用限制和资料

【备用】

参 考 文 献

［1］ NASA 试飞安全风险数据库,Http://ftsdb. grc. nasa. gov[DB/OL].

［2］ CCAR-25-R4,中国民用航空规章:运输类飞机适航标准[S].

［3］ FAR25, Part 25 Airworthiness Standard: Transport Category Airplanes [S].

［4］ CCAR-23-R3,中国民用航空规章:正常类、实用类、特技类和通勤类飞机适航规定[S].

［5］ FAR23, Part 23 Airworthiness Standard: Normal, Utility, Acrobatic and Commuter Category Airplanes [S].

［6］ AP-21-AA-2014-31R1,航空器型号合格审定试飞安全计划[S]. 中国民用航空局航空器适航审定司,2014

［7］ Order 4040. 26B, Aircraft Certification Service Flight Test Risk Management Program,2012

［8］ 修忠信,由立岩,等. 运输类飞机合格审定飞行试验指南[M].上海:上海交通大学出版社,2013

［9］ 马恒儒.特殊场务条件下的民机飞行试验概论.上海:上海交通大学出版社,2013

［10］ 14CFR25, Appendix C [S].

［11］ AC25-7A, Flight Test Guide for Certification of Transport Category Airplanes[S].

［12］ AC25-9A, Smoke Detection, Penetration, and Evacuation Tests and Related Flight Manual Emergency Procedures [S].

［13］ AC25-20, Pressurization, Ventilation and Oxygen Systems Assessment for Subsonic Flight Including High Altitude Operation [S]

［14］ AC25-23, Airworthiness Criteria for the Installation Approval of Terrain Awareness and Warning System (TWAS) for Part 25 Airplanes [S].

［15］ AC1329-1A, Approval of Flight Guidance Systems [S]

［16］ AC25. 1419-1A, Certification of Transport Category Airplanes for Flight in Icing Conditions [S]

[17] AC23 – 8B Flight Test Guide for Certification of Part 23 Airplanes [S]

[18] AC23 – 17B，Systems and Equipment Guide for Certification of Part 23 Airplanes and Airships [S]

[19] AC23 – 18 Installation of Terrain Awareness and Warning System (TAWS) Approved for Part 23 Airplanes [S]

[20] AC20 – 73A，Aircraft Ice Protection [S].

[21] AC120 – 29A，Criteria for Approval of Category I and Category II Weather Minima for Approach [S].

[22] Walt Blake. Jet Transport Performance Methods [M]. 2009

[23] Wayne M. Olson. Aircraft Performance Flight Testing [R]. Air Force Flight Test Center Edwards AFB CA，2000

[24] 段卓毅,等.飞机安全-事故调查、分析和应用[M].北京:北京航空工业出版社,2012

[25] 郑作禄.运输类飞机适航标准技术咨询手册[M].北京:北京航空工业出版社,1995